U0257040

Fractal Functions, Dimensions and Signal Analysis

分形函数、维数与信号分析

〔意〕圣・巴纳吉 〔印〕伊瓦姆斯 〔印〕戈里桑卡 著

华小强 周鹤峰 译

中国科学技术大学出版社

安徽省版权局著作权合同登记号:第 12222067 号

图书在版编目(CIP)数据

分形函数、维数与信号分析/(意)圣·巴纳吉(Santo Banerjee),(印)伊瓦姆斯(Easwaramoorthy),(印)戈里桑卡(Gowrisankar)著;华小强,周鹤峰译.—合肥:中国科学技术大学出版社,2023.9
ISBN 978-7-312-05532-4

Ⅰ. 分… Ⅱ. ①圣… ②伊… ③戈… ④华… ⑤周… Ⅲ. ①信号分析 ②信号处理 Ⅳ. TN911

中国国家版本馆 CIP 数据核字(2023)第 086198 号

分形函数、维数与信号分析
FENXING HANSHU、WEISHU YU XINHAO FENXI

出版 中国科学技术大学出版社
安徽省合肥市金寨路 96 号,230026
http://press.ustc.edu.cn
https://zgkxjsdxcbs.tmall.com
印刷 安徽国文彩印有限公司
发行 中国科学技术大学出版社
开本 787 mm×1092 mm 1/16
印张 10
字数 237 千
版次 2023 年 9 月第 1 版
印次 2023 年 9 月第 1 次印刷
定价 50.00 元

内 容 简 介

全书共6章,主要介绍分形的理论知识及应用,内容包括确定性分形的数学背景、分形函数、分形函数的分数阶微积分、可数数据的分形插值函数、多重分形分析和小波分解在EEG信号分类中的应用,以及模糊多重分形分析在ECG信号分类中的应用。

本书将理论与实际应用紧密结合,为信息与通信领域从事信号分析及应用的广大科研人员和工程设计人员提供必要的分形信号处理资料。

前　　言

传统插值技术在对不规则的数据点进行插值时可以生成光滑或分段可导的插值函数。然而,大多数自然对象,如闪电、云、山脉和墙壁裂缝等,都具有不规则的复杂结构,这些复杂结构无法用欧氏几何进行恰当描述,原因是欧氏几何只能处理规则的对象和函数,无法精确拟合从现实环境中获得的不规则数据。因此,需要一种逼近理论中的非线性工具来解决这些问题。巴恩斯利(Barnsley)在迭代函数系统(Iterated Function Systems,IFS)理论的基础上提出了分形插值函数(Fractal Interpolation Function,FIF)的概念,它能精确地逼近某些在放大后具有自相似性的自然发生函数。

FIF 在逼近理论中有着至关重要的作用,所以有必要对此类函数的方差比展开讨论。FIF 通常处处不可微但处处连续,与经典插值函数相比,它更加适用于逼近粗糙曲线和重构自然发生函数。然而,对于某些放大后具有自相似性的函数而言,人们往往希望用一条光滑的曲线逼近,为此,巴恩斯利等人提出了存在不定积分的 FIF,这类 FIF 由某种对特定数据集进行插值的特殊 IFS 生成,积分后性质不变。此外,在插值区间首端点处的 n 阶导数可计算的情况下,他们还进一步探讨了 n 阶可导 FIF 的构造问题。这种可导函数实际上不能看作为分形的例子,但是因函数方程中引入了尺度因子,且图像的豪斯多夫-贝西科维奇(Hausdorff-Besicovitch)维数是非整数,故仍称其为 FIF。这类 FIF 在非线性逼近中得到了广泛应用,对它们的研究也在不断扩展。

如前所述,基于分形函数的相关研究和自然对象,我们编写了《分形函数、维数与信号分析》,全书内容安排如下:第 1 章介绍如何利用各种 IFS 在度量空间中构造分形。第 2 章介绍 FIF 的数学背景,并给出其图形表征方法。第 3 章讨论线性 FIF 的分数阶积分和分数阶导数,并在第 4 章进一步证明当 x_n 为单调有界序列、y_n 为有界序列时,由可数迭代函数系统(Countable Iterated Function System,CIFS)生成的 FIF 的存在性。此外,当 FIF 在数据序列首端点或末端点的积分预定义时,我们还介绍了 FIF 的分数阶积分和整数阶积分。最后,我们着重介绍了 FIF 的分数阶导数和分数阶积分,分数阶微积分可以精确处理那些处处不可微但处处连续的 FIF,所以是一种非常适合分析这类 FIF 的数学工具，但这种运算也可能导致分形对象或函数的分形维数发生改变。作为分形函数的应用部分，本书第 5、6 两章讨论了生物医学信号分析。第 5 章简要地概述了信号处理及其数学背景，并介绍了一种基于小波的去噪方法，用于恢复受非平稳噪声污染的脑电图（Electroencephalogram, EEG）信号；同时研究了如何利用多重分形测度，如广义分形维数（Generalized Fractal Dimension，GFD）来识别正常和癫痫 EEG 信号。EEG 信号异常识别在神经科学领域中得到了广泛研究，尤其是通过 EEG 信号对正常和癫痫受试者进行分类，这是生物医学领域的一个关键研究方向；EEG 信号去噪是生物医学信号处理中的另一项重要课题，在对 EEG 信号进行后续诊断分析之前，必须校正或减小其中的噪声。另外，本章还探究了三种能清晰识别正常和癫痫 EEG 信号的方法，它们分别是修正、改进和高级形式的 GFD 方法，这些方法基于 GFD 和离散小波变换（Discrete Wavelet Transform，DWT）来分析 EEG 信号。在第 6 章中，我们介绍了模糊多重分形分析在基于心脏心跳间期动力学的 ECG 信号分析方面的应用，可以实现青年和老年受试者的区分。

到目前为止，几乎所有关于分形函数的书籍都涉及了小波变换和小波信号，而本书首次强调了分形函数分数阶微积分在生物医学信号分析中的应用。我们欢迎读者走进分形领域，了解分形函数、分形维数及其在生物医学信号分析中的应用。本书由 6 章组成：

第 1 章首先概述了压缩映射的 IFS，同时为了构造确定性分形，将巴恩斯利提出的 IFS 框架推广到局部迭代函数系统（Local Iterated Function System，LIFS）和 CIFS；随后，研究了局部可数迭代函数系统（Local Countable Iterated Function System，LCIFS）吸引子的存在性，并证明了 LCIFS 的局部吸引子可表示为 LIFS 吸引子收敛序列的极限；最后，简要地介绍了在后续章节中将会用到的各种分形维数。

第 2 章介绍了 FIF 的概念及其推广形式（如隐变量 FIF 和 α-FIF）；同时，在本章的最后一部分对传统微积分理论进行了介绍。传统微积分理论是一种有效的经验工具，允许我们将样条插值的概念推广到分形函数。

第 3 章探讨了不同类型 FIF 的黎曼-刘维尔（Riemann-Liouvelli）分数阶微积分；分别研究了带有常尺度因子和变尺度因子的二次 FIF 的黎曼-刘维尔分数阶积分（阶数 $\beta>0$）；此外，还通过恰当的例子说明了自由参数对 FIF 形状的显著影响。

对于上述提到的传统分形插值方法及其所有推广形式而言，其 FIF 均是基于有限数据集构造的,也就是说,插值理论解决的是有限数据集$\{(x_n,y_n):n=1,2,\cdots,N\}$连续插值函数的重构问题。然而,在一些像采样和重构理论一样的实际问题中,可能会出现无限数据点的情况。近年来,单变量FIF已经从有限数据集向可数数据集的情形发展,这促使我们在第4章中讨论可数数据集FIF的分数阶微积分。第4章对数据序列及其插值函数进行了介绍和描述,其中的插值函数实际上是对塞切莱安(Secelean)框架的推广;同时讨论了在数据序列$\{(x_n,y_n):n\in\mathbf{N}^+\}$给定的情况下连续插值函数$f$的存在性,其中$(x_n)_{n=1}^{\infty}$是一个单调实数序列,$(y_n)_{n=1}^{\infty}$是一个有界实数序列;另外还研究了在数据序列FIF给定的情况下CIFS的存在性,并进一步论证了黎曼-刘维尔分数阶积分和FIF导数的存在性。

在第5章和第6章中,我们分别将设计的多重分形方法应用到EEG信号癫痫发作检测和基于心脏心跳间期动力学的心电图(Electrocardiography, ECG)信号检测中。正常、癫痫发作间期和癫痫发作期的EEG信号的多重分形测度存在显著差异。同样,青年和老年受试者的ECG心跳间期信号的多重分形测度也表现出很大差异。为了定义模糊广义分形维数(Fuzzy Generalized Fractal Dimensions,FGFD),我们在经典的GFD方法中引入模糊隶属函数(Fuzzy Membership Function,FMF),从而建立起模糊信号多重分形理论,并将该理论用于分形波形混沌特性的分类。第6章介绍了一种生物医学信号的模糊多重分形测度,可用于鉴别受试者的年龄组。

圣・巴纳吉
伊瓦姆斯
戈里桑卡

目　　录

第 1 章 确定性分形的数学背景

1.1 引　言

数学中用欧氏几何来描述自然对象的历史与科学本身的出现时间一样古老。在我们的直观理解中，直线、正方形、矩形、圆形与球体等都是传统几何学的基本形状，数学主要关心的是如何用这些基本形状来模拟、逼近或分析自然现象。事实上，自然界中的物体包括但不限于这些通常只由整数维表征的欧几里得对象，但我们却将自己禁锢在了整数维空间中。即便是现在，我们在初等教育阶段也只会学习“有长度的物体是一维的，有长度和宽度的物体是二维的，有长度、宽度和高度的物体是三维的”。那么是否有人想过为什么人们总是往整数维空间靠拢呢？据我们所知几乎没人思考过这个问题，即使现实中存在着非整数维对象。然而，有一个人解决了这一问题，他就是伯努瓦·曼德勃罗(Benoit B. Mandelbrot)。曼德勃罗在其创造性的工作中提出了一个新的科学术语——分形。多年来他对这类问题一直感到困惑，他意识到自然界并不仅仅局限于欧几里得空间或整数维空间，相反，人们周围所能看到的大部分自然物体的形状都很复杂，无法用传统的欧氏几何来充分描述它们，而分形几何能定量地描述这样的复杂结构，这使得它不可替代。曼德勃罗用分形的概念彻底地革新了欧氏几何，分形的概念几乎在每一个科学分支中都引发了广泛关注。他在著作《大自然的分形几何学》中提出了这一新概念，自此以后，这本书就一直是科学家和数学爱好者的标准参考书[1]，从某种意义上说，分形的概念将许多表面上不相关的主题整合到了一起。

在大量的研究工作中，分形的思想几乎被应用于每一个科学分支，以便更深刻地理解许多尚未解决的问题。然而，现实中并没有一个完美的分形定义，定义分形最简单的方法是将其视为一个在不同放大倍数下都表现出自相似性的对象。“分形”通常是一种粗糙或零碎的几何形状，并且可以分成多个局部，每个局部(至少近似地)都是整体的缩小形式，这种特性称为自相似性。“分形”一词源自拉丁语“fractus”，意思是破碎或断裂，用来描述形状极不规则以至于无法用传统几何形状进行拟合的物体。在曼德勃罗的原文中，他从数学上将“分形”定义为豪斯多夫(Hausdorff)维数严格大于其拓扑维数的集合。粗略地讲，分形集比经典几何中所考虑的集合更加“不规则”，具有严格的自相似性或统计自相似性，曼德勃罗等人利用这一性质对大量的自然现象进行了建模。哈钦森(Hutchinson)从理论上给出了严格的自相似性的概念，巴恩斯利(Barnsley)将这一概念进行了推广。迭代函数系统(Iterated Function Systems,IFS)是一种能在具有特定自相似性的度量空间中生成分形的有效工具,哈钦森根据 IFS 理论给出了确定性分形的传统解释,同时,巴恩斯利完成了对 IFS 理论(也称哈钦森-巴恩斯利理论或 HB 理论)的公式化,将分形定义和构造为由巴拿赫(Banach)不动点定理生成的完备度量空间中的非空紧不变子集。[2,3,7-9]得益于分形在理解自然现象方面的广泛应用,分形分析一直是科学界关注的一个焦点。作为一种非线性应用工具、一种有趣的理论,分形分析在数学发展中发挥了重要作用。

卡尔·魏尔斯特拉斯(Karl Weierstrass)给出了一个分形函数的例子,该函数称为魏尔斯特拉斯函数,具有处处连续但处处不可微的非直观性质,其图像在如今看来就是一种分形。在许多物理和生物非线性系统中都存在着天然的复杂性和不规则性,人们利用分形理论对这两种特性进行了分析,并借助非整数或分数测度对这两种特性进行了度量,这类非整数或分数测度称为分形维数。在逼近理论中,传统插值技术在数据点不规则的情况下仍能生成光滑或分段可导的插值函数。然而,自然界中的大多数现象,如闪电、云、山脉和墙壁裂缝等,都具有不规则的复杂结构,无法用欧氏几何来恰当地描述它们。因此,在逼近理论中需要一种非线性工具来解决这类问题。巴恩斯利在 IFS 理论的基础上提出了分形插值函数(Fractal Interpolation Function,FIF),它能精确地逼近在放大后具有某种自相似性的自然发生函数。[4] FIF 处处连续但不一定可导,所以与经典插值函数相比,FIF 能够更加精细地逼近粗糙曲线,进而利用粗糙曲线来精确地重构自然发生函数。尽管如此,某些在放大后具有自相似性的函数仍然需要用一条光滑的曲线逼近。为此,巴恩斯利和哈林顿(Harrington)探讨了当 p 阶可导 FIF 在插值区间首端点处的 p 阶导数给定时 FIF 的构造问题。[5]

近年来,人们将大量的数学方法与分形分析广泛联系起来。考虑到分数阶微积分的重要性,人们对分数阶微积分与分形的一般关系进行了研究。在这些研究的基础上,人们不断地将分数阶微积分与文献可查的分形函数图像相互关联。一般而言,函数的插值和逼近是借助光滑函数来实现的,并且该光滑函数通常分段可导,然而现实世界的波形和信号并不具备这一特性。本书的主要目的就是提供一种利用 FIF 及其分数阶微积分来逼近粗糙(处处不可微)函数的思想。在此背景下,本书提出利用分形函数族来推广任意的光滑或粗糙插值函数,同时介绍数据序列的各种 FIF 构造方法,并对这些 FIF 的保形性展开研究。此外,为了逼近粗糙函数,本书还将探讨 FIF 的分数阶微积分,并以此来展示 FIF 的分数阶数和分形维数之间的相关性。

人类的脑细胞形成于怀孕的第 120～160 天。人们普遍认为,从这一阶段开始脑电信号便在人的一生中时刻反映着大脑活动和身体状态。在这一研究方向上,人们将大量先进的数字信号处理方法用于分析生物医学信号,以辅助人类了解大脑的活动。生物医学信号对许多疾病的早期诊断起着至关重要的作用,这种生物医学信号包括从心脏采集的心电图(Electrocardiogram,ECG)、从肌肉采集的肌电图(Electromyogram,EMG)、从大脑采集的脑电图(Electroencephalogram,EEG)、从大脑采集的脑磁图(Magnetoencephalogram,MEG)、从胃采集的胃电图(Electrogastrogram,EGG)和从眼神经采集的眼电图(Electrooculogram,EOG)。作为分形理论的应用部分,本书将从多重分形的角度来讨论信号分析，尤其是将分形方法应用于 EEG 和 ECG 等生物医学信号的分析和诊断。EEG 信号是指大脑皮层中许多锥体神经元的树突和突触兴奋期间流动的电流容量，当神经元被激活时，突触电流在树突内形成，该电流会产生一个可被肌电仪测量的磁场，以及一个可被 EEG 系统测量的头皮次级电场。近年来，在全球范围内人们对更温和、更强大的临床医疗服务需求日益增长，为了满足这些需求就要研究新的医学策略、研制新的医学设备，从而帮助医生诊断、监测和治疗人体异常和疾病。生物医学信号的结构复杂，却是丰富的数据来源，若制备得当，则可能会促进医学技术的发展。在当前的医学技术发展变革中，生物医学信号的制备是趋于数字化的，这一点可从生物医学科学中得到印证，生物医学科学已经将数字化的信号处理思想吸纳为生物医学信号制备的核心理念。生物医学技术的探索和创新离不开数字信号制备技术的持续发展，为了强调这一点，本书将利用先进的数字信号制备技术来解决大脑活动（本质上是 EEG 信号）的估计问题。与此类似，ECG 是临床上最常用的生命体征，它有助于人们理解许多与年龄相关的心脏疾病。关于 ECG 的自动分类方法已有大量的文献进行了研究，这些方法主要基于模式识别、人工神经网络、支持向量机、线性鉴别分析、聚类技术和其他软计算技术，研究人员对这些方法进行了广泛分析。在所有的临床诊断中，医生都要根据患者的年龄组来诊断疾病，在诊断的开始阶段，医生会基于心跳间期动力学来对 ECG 进行分析，从而区分患者的年龄。

分形分析提供了一种强大的数学工具，它非常适用于建模那些复杂度高、极不规则且无法用欧氏几何进行恰当描述的自然现象，这种混沌特性也可以在具有复杂动态过程的生物时间序列中观察到。因此，基于广义分形维数（Generalized Fractal Dimensions，GFD）的多重分形理论可能是一种计算人脑异常程度的有效技术，尤其是利用 EEG 信号来有效计算生理和病理条件下人脑癫痫的病变程度，多重分形理论以 GFD 作为计算 EEG 信号复杂度、不规则性和混沌特性的测度。EEG 信号异常识别是神经科学中一个被广泛研究的领域，本书为了区分正常和癫痫 EEG 信号，引入了三种全新形式的 GFD，包括修正广义分形维数（Modified Generalized Fractal Dimension，MGFD）、改进广义分形维数（Improved Generalized Fractal Dimension，IGFD）和高级广义分形维数（Advanced Generalized Fractal Dimension，AGFD）。此外，还介绍了一种基于小波去噪的新方法来改进 EEG 信号的预处理分析过程，并利用多重分形测度对正常人和癫痫患者的 EEG 信号识别问题进行了研究。

在所有的非线性技术中，关联维数测量法最适用于处理实验系统获取的数据。估测的关联维数绝对值不能代表数据的复杂度，因为它只是一个从分形维数谱系统得到的标量值，而单值维数不足以表征混沌波形的非均匀性或非齐次性。一般来说，混沌吸引子是非齐次的，这种非齐次集称为多重分形，可以用 GFD 或雷尼（Renyi）分形维数表征，与只使用部分分形维数相比，使用整个分形维数族来描述混沌特性更加有效。到目前为止，人们已经用多重分形测度（即 GFD）分析了非线性信号在不同条件下的混沌特性，还利用 GFD 分析了带噪图像的复杂度。此外，为了估计魏尔斯特拉斯函数波形的混沌特性，人们还将经典 GFD 推广到了模糊广义分形维数（Fuzzy Generalized Fractal Dimensions，FGFD）。

鉴于确定性分形在 FIF 中的应用，本章旨在介绍确定性分形的基本概念。本章将简要介绍不动点定理、IFS和分形维数的概念。因为我们只对分形插值感兴趣，所以大多数理论结果都没有给出证明，但相关证明的参考文献会在对应的地方标出。本章首次通过几种IFS概念来描述确定性分形，IFS能够为分形提供一个全局的描述，这里提到的所有IFS概念在文献[4]中都有更详细的阐述。维数思想在度量空间集合中的应用比在信号中更广泛，虽然维数概念只有在针对一些更复杂的对象（如函数测度或函数类）时才有意义，但也有几种有趣的适用于一般对象的维数概念存在。因此，在本章末尾将简要地介绍分形维数的概念。

1.2 迭代函数系统

哈钦森根据IFS理论给出了确定性分形的传统解释。同时，巴恩斯利对IFS理论（也称HB理论）进行了公式化，将分形定义和构造为由巴拿赫不动点定理生成的完备度量空间中的非空紧不变子集。[2,3,7-9]本节将简要地讨论由巴拿赫压缩IFS所生成的完备度量空间中确定性分形（或度量分形）的构造问题。

定义1.1 如果存在一个常数 $\alpha\in[0,1)$，对于所有的 $x,y\in X$ 都满足下述条件，则称自映射 f 是在度量空间 (X,d) 上的压缩映射（压缩）：

$$d(f(x),f(y))\leqslant \alpha d(x,y) \tag{1.1}$$

其中常数 α 称为压缩因子或压缩比，$d(x,y)$ 表示 x 与 y 之间的距离。

定义1.2 （不动点）如果度量空间 (X,d) 中的一个点 x 满足方程 $f(x)-x=0$，则称 x 是映射 $f:X\to X$ 的一个不动点。

给定函数 f 的不动点在映射 f 下是不变的，所以它也称为不变点。如图1-1所示，对于定义在 $\mathbf{R}$ 上的函数 f，其不动点是曲线 $y=f(x)$ 和直线 $y=x$ 的交点。因此，对于定义在 $\mathbf{R}$ 上的恒等函数，$\mathbf{R}$ 中所有的点都是其不动点；而在相同的定义域中，函数 $f(x)=x^2$ 有两个不动点，分别是1和0。此外，对于定义在 $\mathbf{R}$ 上的函数 $f(x)=x^2-1$，在 $\mathbf{R}$ 中没有不动点。这些例子表明，函数在其定义域上不一定有唯一的不动点，斯特凡·巴拿赫（Stefan Banach）在1922年探讨了完备度量空间中不动点的唯一性。

设 $f:X\to X$ 是一个压缩因子为 α 的压缩映射，$x_0\in X$ 是度量空间 (X,d) 中的一个任意点，且不在集合 $\{x\in X:f(x)=x\}$ 里，运用归纳法定义一个迭代序列

$$x_{n+1}=f(x_n)$$

其中 $n\geqslant 0$，该迭代序列也称皮卡尔（Picard）逐次逼近过程，可用于寻找 f 在 X 中的不动点，序列 (x_n) 中任意两点之间的距离可按下式估计：

$$\begin{aligned}
d(x_n,x_{n+1}) &= d(f(x_{n-1}),f(x_n))\\
&\leqslant \alpha d(x_{n-1},x_n)\\
&\leqslant \alpha^2 d(x_{n-2},x_{n-1})\\
&\cdots\\
&\leqslant \alpha^n d(x_0,x_1)
\end{aligned}$$

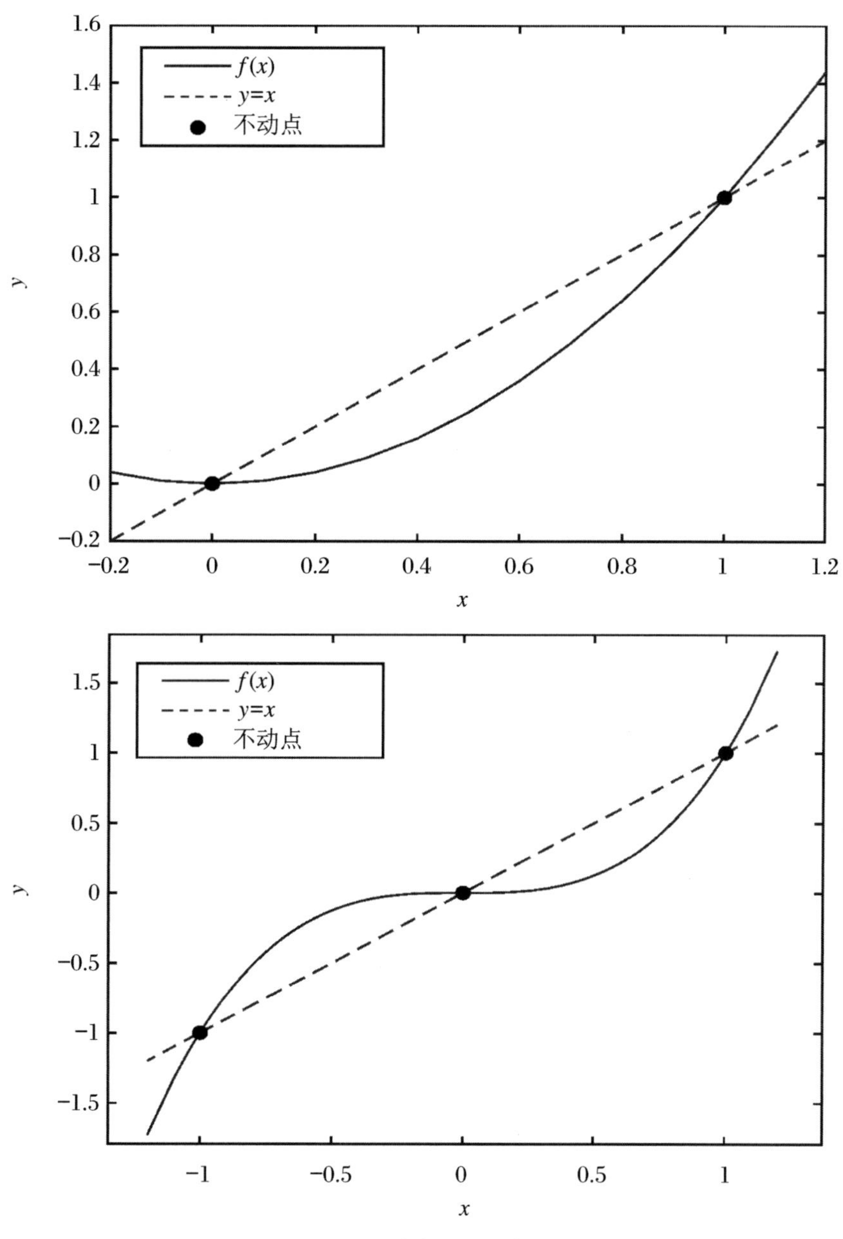

图 1-1　不动点的图形表示

对于任意的 $n,m\in\mathbf{N}^+$ 以及 $n<m$，都有

$$d(x_n,x_m)\leqslant\sum_{i=n}^{m-1}d(x_i,x_{i+1})\leqslant\sum_{i=n}^{m-1}\alpha^i d(x_0,x_1)\leqslant\frac{\alpha^n}{1-\alpha}d(x_0,x_1)$$

成立。因此，对于给定的 $\epsilon>0$，若选择充分大且满足 $\dfrac{d(x_0,x_1)\alpha^n}{1-\alpha}<\epsilon$ 的 n_0，则对于 $n,m\geqslant n_0$，我们有 $d(x_n,x_m)<\epsilon$，这表明 (x_n) 是柯西序列。如果 X 是完备的，那么每个柯西序列都收敛。假设 X 是一个完备空间，那么在 X 中存在一个点 x' 满足：当 $n\to\infty$ 时，$x_n\to x'$。观察当 $m\to\infty$ 时距离的极限，可得

$$d(x_n,x')\leqslant\frac{\alpha^n}{1-\alpha}d(x_0,x_1)$$

该不等式给出了以 x_n 作为不动点 x 的估计时的显式误差估计。因我们一开始采用的映射 f 是压缩映射，故 f 处处连续，又因为 $f(x')=x'$，故 $x_n\to x'$ 意味着 $f(x_n)\to f(x')$，设 X 中存在两个点 x' 和 y' 满足 $f(x')=x'$ 和 $f(y')=y'$，因为 f 是压缩映射，所以有

$$d(x',y')=d(f(x'),f(y'))\leqslant\alpha d(x',y')<d(x',y')$$

这意味着 $d(x',y')=0$，所以有 $x'=y'$。

综上所述，可以得出定理 1.1，即巴拿赫压缩原理。

定理 1.1　设 (X,d) 是一个完备度量空间，f 是一个定义在 X 上的压缩映射，则 f 存在唯一的不动点 x^*。

定理 1.1 描述的巴拿赫压缩原理已被应用于许多领域。本节将介绍如何利用巴拿赫压缩原理和 IFS 在完备度量空间中构造分形（也称确定性分形）。在与巴拿赫压缩原理相关联的完备度量空间中研究分形及其性质，有助于理解分形几何学，这种研究方法称为 HB 理论，详情请参阅文献[2,8,9]。

定义 1.3　令 $\mathbf{N}_n^+$ 表示 $\mathbf{N}^+$ 的子集 $\{1,2,\cdots,n\}$，其中 $n\in\mathbf{N}^+$。考虑 X 上的一个压缩比为 $\alpha_k\in[0,1)$，$k\in\mathbf{N}_n^+$ 的有限压缩映射族 $f_1,f_2,\cdots,f_n$，简记为 $(f_k)_{k\in\mathbf{N}_n^+}$，则系统 $\{X;f_k:k\in\mathbf{N}_n^+\}$ 称为 IFS 或有限 IFS。

设 (X,d) 是一个完备度量空间，$\mathscr{H}(X)$ 是 X 的所有非空紧子集类，$\mathscr{H}(X)$ 通常是 X 的一个超空间，包含 X 的所有非空紧子集。定义 X 中的一个点 x 与 $\mathscr{H}(X)$ 中的一个紧子集 A 之间的距离为

$$d(x,A)=\inf\{d(x,a):a\in A\}\tag{1.2}$$

接着定义两个集合 $A,B\in\mathscr{H}(X)$ 之间的距离为

$$d(A,B)=\sup\{d(a,B):a\in A\}\tag{1.3}$$

于是，$\mathscr{H}(X)$ 中集合 A 和 B 之间的豪斯多夫距离可定义为

$$H_d(A,B)=\max\{d(A,B),d(B,A)\}\tag{1.4}$$

超空间 $\mathscr{H}(X)$ 关于豪斯多夫度量 H_d 完备。

定义 1.4　定义自映射 $F:\mathscr{H}(X)\to\mathscr{H}(X)$ 为

$$\begin{aligned}F(A)&=f_1(A)\cup f_2(A)\cup\cdots\cup f_n(A)\\&=\bigcup_{k\in\mathbf{N}_n^+}f_k(A),\quad\forall A\in\mathscr{H}(X)\end{aligned}\tag{1.5}$$

则自映射 F 称为 $\mathscr{H}(X)$ 中的哈钦森-巴恩斯利映射(Hutchinson-Barnsley Mapping，HB 映射)。

对于所有的 $A\in\mathscr{H}(X)$，定义映射 $f:\mathscr{H}(X)\to\mathscr{H}(X)$ 为

$$f(A) = \{f(a): a \in A\}$$

若 f 是 X 上一个压缩比为 α 的压缩映射，则 f 也是 $\mathscr{H}(X)$ 上一个具有相同压缩比 α 的压缩映射。也就是说，如果 f 是 X 上的一个压缩映射，那么 f 也是 X 的超空间上的一个具有相同压缩比的压缩映射。定理 1.2 指出，如果相关函数 f_k 是压缩映射，那么 HB 映射也是压缩映射。

定理 1.2　设 (X,d) 是一个度量空间，$\mathscr{H}(X)$ 是 X 非空紧子集的一个相关超空间，豪斯多夫度量为 H_d，若 f_k 在所有的 $k\in\mathbf{N}_n^+$ 时都是 X 上的压缩映射，那么 HB 映射 F 也是 $\mathscr{H}(X)$ 上的一个压缩映射。

证　设 $A,B\in\mathscr{H}(X)$ 并考察 $n=2$ 的情形，可得

$$\begin{aligned} H_d(F(A),F(B)) &= H_d\left(\bigcup_{k=1}^{2} f_k(A),\ \bigcup_{k=1}^{2} f_k(B)\right) \\ &\leqslant \max\{H_d(f_1(A),f_1(B)),H_d(f_2(A),f_2(B))\} \\ &\leqslant \max\{\alpha_1 H_d(A,B),\alpha_2 H_d(A,B)\} \\ &\leqslant \alpha H_d(A,B) \end{aligned}$$

其中 $\alpha=\max\{\alpha_k: k\in\mathbf{N}_2^+\}$。

定理 1.3　设 (X,d) 是一个完备度量空间，$(\mathscr{H}(X),H_d)$ 是一个与 (X,d) 相关的豪斯多夫度量空间。若式(1.5)中的自映射 F 是由 IFS$\{X;f_k:k\in\mathbf{N}_n^+\}$ 定义的，那么 F 在 $\mathscr{H}(X)$ 中有唯一的不动点 A^*，即存在唯一的非空集 $A^*\in\mathscr{H}(X)$ 使得 F 满足自参考方程

$$A^* = F(A^*) = \bigcup_{k\in\mathbf{N}_n^+} f_k(A^*)$$

并且对于任意的 $B\in\mathscr{H}(X)$，有

$$\lim_{p\to\infty} F^{\circ p}(B) = A^*$$

此极限在豪斯多夫度量下求得。

证　由空间 (X,d) 的完备性可知，$(\mathscr{H}(X),H_d)$ 也是一个完备度量空间，而定理 1.2 表明 F 是 $\mathscr{H}(X)$ 上的一个压缩映射。因此，根据巴拿赫压缩原理(定理 1.1)，完备度量空间 $(\mathscr{H}(X),H_d)$ 上的压缩映射 F 具有唯一不动点，证毕。

定理 1.3 中的 $F^{\circ p}$ 表示 HB 映射 F 的 p 次复合，即 $F^{\circ p}=\underbrace{F\circ F\circ\cdots\circ F}_{p次}$，函数的迭代过程如图 1-2 所示。

定义 1.5　由定理 1.3 得到的非空紧集 A^* 称为 IFS$\{X;f_k:k\in\mathbf{N}_n^+\}$ 的不变集、自参考集、吸引子或确定性分形。

由于分形在非线性逼近中的广泛应用，人们不断尝试将分形的哈钦森-巴恩斯利经典框架扩展到更一般的空间和 CIFS 或无限 IFS。[28-37] 后续章节将对广义 IFS 及其吸引子理论的一些基本定义和结果进行介绍。

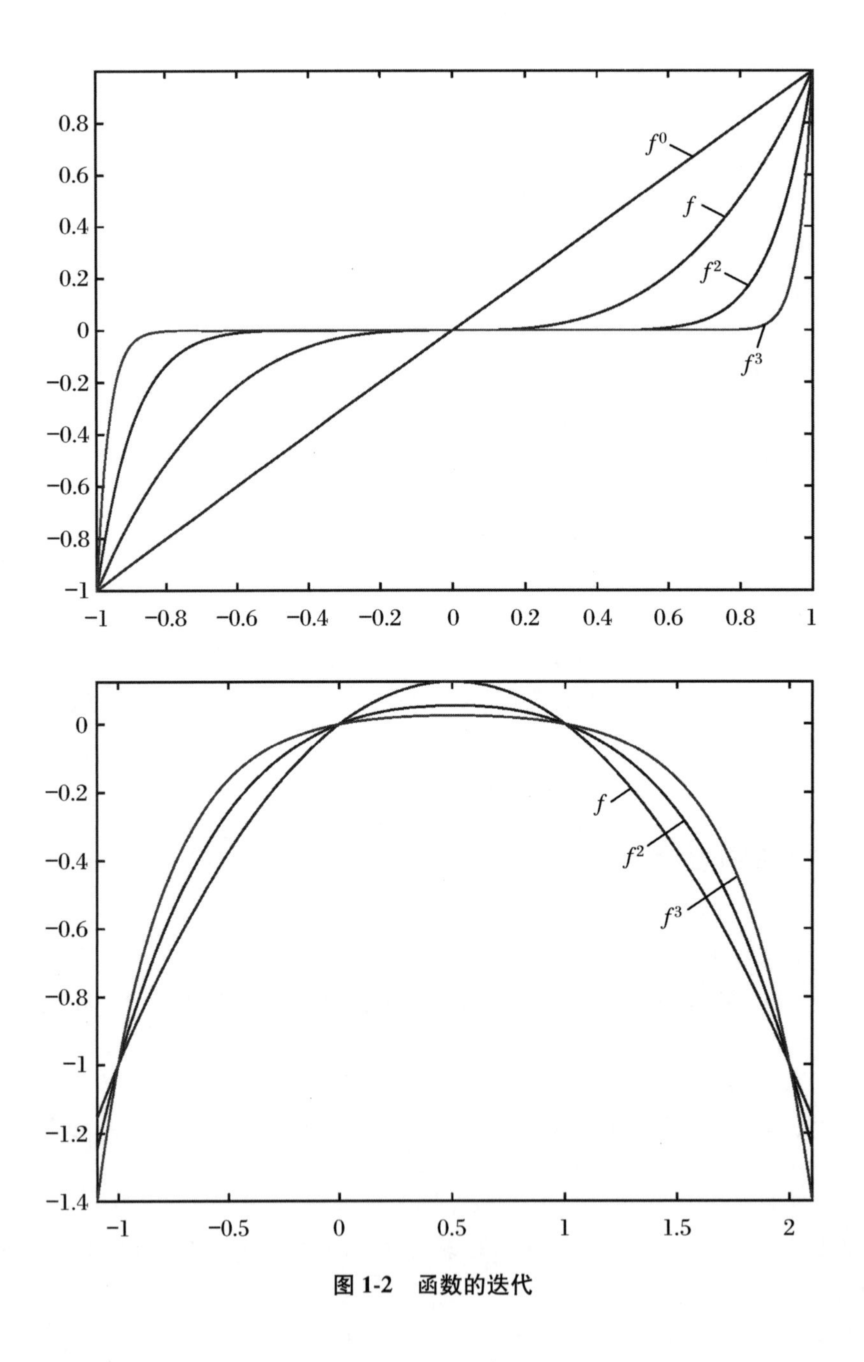
f^0
f
f^2
f^3
0.8
0.6
0.4
0.2
0
−0.2
−0.4
−0.6
−0.8
−1
−1 −0.8 −0.6 −0.4 −0.2 0 0.2 0.4 0.6 0.8 1
f
f^2
f^3
0
−0.2
−0.4
−0.6
−0.8
−1
−1.2
−1.4
−1 −0.5 0 0.5 1 1.5 2

图 1-2　函数的迭代

1.3　可数迭代函数系统

有限 IFS 的 HB 理论在过去数十年里得到了广泛研究，部分研究针对不同的空间和压缩映射类型对有限 IFS 进行了扩展。本节我们将介绍有限 IFS 的 HB 理论的一种扩展形式——CIFS，塞切莱安(Secelean)利用 CIFS 构造了确定性分形并推广了 CIFS 理论。[28]在对 CIFS 的基本性质进行简要回顾后，本节将利用 IFS 吸引子对 CIFS 吸引子的特点及其逼近过程进行介绍。

考察一个紧度量空间 X 上的巴拿赫压缩序列 $(f_n)_{n\geqslant 1}$，相应的压缩因子为 $r_n\in[0,1)$，$n\geqslant 1$，则称函数系统 $\{X;f_n:n\geqslant 1\}$ 为 CIFS。

定义自映射 $F:\mathscr{H}(X)\to\mathscr{H}(X)$，在所有的 $B\in\mathscr{H}(X)$ 时都满足

$$\mathscr{F}(B)=\overline{\bigcup_{n=1}^{\infty}f_n(B)} \tag{1.6}$$

那么自映射 F 是一个压缩因子为 $r\leqslant\sup r_n(n\geqslant 1)$ 的巴拿赫压缩映射。

定理 1.4　式(1.6)定义的自映射 $\mathscr{F}$ 存在唯一的不动点 A^*，即存在唯一的非空集 $A^*\in\mathscr{K}(X)$，使得 $\mathscr{F}$ 满足自参考方程

$$A^*=\mathscr{F}(A^*)=\overline{\bigcup_{n=1}^{\infty}f_n(A^*)}$$

并且对于任意的 $B\in\mathscr{H}(X)$，都有 $\lim\limits_{n\to\infty}\mathscr{F}^{\circ n}(B)=A^*$ 成立，这里的极限在豪斯多夫度量下求得。

由定理 1.4 得到的非空紧不变集 A^* 称为 CIFS$\{X;f_n:n\geqslant 1\}$ 的吸引子，吸引子 A^* 就是由压缩 CIFS 生成的一个确定性分形。

根据定理 1.3 可知，吸引子 A^* 依赖于相应的 IFS。假设 A_N^* 是 IFS $\{X;f_n:n=1,2,\cdots,N\}$ 的吸引子，且 F_N 是当 $N\geqslant 1$ 时与 $\mathscr{H}(X)$ 相关的 HB 映射(或 HB 算子)，则定理 1.5 揭示了紧度量空间 X 上巴拿赫压缩 IFS 吸引子和 CIFS 吸引子之间的关系。

定理 1.5　若 $B\in\mathscr{H}(X)$，则

$$\mathscr{F}(B)=\lim_{N\to\infty}F_N(B)=\lim_{N\to\infty}\bigcup_{n=1}^{N}f_n(B)$$

特别地，若 A 是 CIFS$\{X;f_n:n\geqslant 1\}$ 的吸引子，则

$$A=\mathscr{F}(A)=\lim_{N\to\infty}A_N^*=\lim_{N\to\infty}\lim_{n\to\infty}F_N^{\circ n}(B)$$

当然，也可以写为 $A=\lim\limits_{N\to\infty}\lim\limits_{n\to\infty}F_N^{\circ n}(B)$。

上述定理表明：IFS$\{X;f_n:n=1,2,\cdots,N\}(N\geqslant 1)$ 的吸引子依豪斯多夫度量逼近 CIFS$\{X;f_n:n\geqslant 1\}$ 的吸引子。

【例 1-1】　考察欧氏度量空间 $X=[0,1]$，设 $q\in\left(0,\frac{1}{2}\right]$，对于所有的 $n\in\mathbf{N}^+$，都定义

映射 $f_n:[0,1]\to[0,1]$为 $f_n(x)=q^n x+\alpha_n$,其中 $\alpha_1=0,\alpha_n=q^{n-1}+\left(\frac{1-2q}{2-3q}\right)^{n-1}+\alpha_{n-1}$, $n\geqslant2$,则 CIFS$\{X;f_n:n\geqslant1\}$的吸引子给出了无限型康托尔(Cantor)集。

如果 $q=\frac{1}{3},\alpha_n=1-\left(\frac{1}{3}\right)^{n-1},n\geqslant1$,则巴拿赫压缩序列变为

$$f_n=\frac{x}{3^n}+1-\frac{1}{3^{n-1}},\quad n\geqslant1$$

【例 1-2】 设空间 $X=[0,1]\times[0,1]\subset\mathbf{R}^2$,对于每一个 $n=4p+k$,考察如下的压缩映射:

$$f_n(x,y)=\begin{cases}\frac{1}{2^{p+1}}\left(\frac{1}{3}x+2^{p+1}-2,\frac{1}{3}y\right), & k=1\\ \frac{1}{2^{p+1}}\left(\frac{1}{6}x-\frac{\sqrt{3}}{6}y+2^{p+1}-5,\frac{\sqrt{3}}{6}x+\frac{1}{6}y\right), & k=2\\ \frac{1}{2^{p+1}}\left(\frac{1}{6}x+\frac{\sqrt{3}}{6}y+2^{p+1}-\frac{3}{2},\frac{-\sqrt{3}}{6}x+\frac{1}{6}y+\frac{\sqrt{3}}{6}\right), & k=3\\ \frac{1}{2^{p+1}}\left(\frac{1}{3}x+2^{p+1}-\frac{4}{3},\frac{1}{3}y\right), & k=4\end{cases}$$

则 CIFS$\{X;f_n:n\geqslant1\}$的吸引子给出了无限型冯・科赫(von Koch)曲线。

1.4　局部可数迭代函数系统

本节将简要介绍局部迭代函数系统(Local Iterated Function System,LIFS)的基本内涵,并描述用 IFS 吸引子来逼近 LIFS 吸引子的过程。

1.4.1　局部迭代函数系统

如果$\{X_i:i\in\mathbf{N}_n^+\}$是$X$的$n$个非空子集,并且对于每个$X_i$,都存在一个从$X_i$到$X$的连续映射$f_i$,则函数系统$\{X;(X_i,f_i):i\in\mathbf{N}^+\}$称为一个 LIFS。[6] 相比较而言,IFS 是由一个完备度量空间X和一个有限压缩映射集定义的函数系统,有限压缩映射集记为$\{X;f_k:k\in\mathbf{N}_n^+\}$,其压缩因子为$c_k,k\in\mathbf{N}_n^+$。显然,如果$X_i=X$,则 LIFS 变为全局 IFS,$\mathscr{H}(X)$上的 HB 算子$F_{\mathrm{loc},n}$定义为

$$F_{\mathrm{loc},n}(B)=\overline{\bigcup_{i\in\mathbf{N}_n^+}f_i(B\cap X_i)}$$

其中$f_i(B\cap X_i)=\{f_i(x):x\in B\cap X_i\}$。

定理 1.6　设X是一个具有豪斯多夫度量的完备度量空间,$(E_n)_n$为X的一个紧子集序列,满足$E_n\subset E_{n+1}$且$E=\bigcup_{n=1}^{\infty}E_n$,则$\bar{E}=\lim_{n\to\infty}E_n$。

1.4.2 局部可数迭代函数系统的存在性及其解析性质

设$\{X_i: i\in \mathbf{N}^+\}$是 X 的一个非空子集序列，并且每一个 X_i 都存在一个连续映射 $f_i: X_i \to X, i\in \mathbf{N}^+$，则称$\{X;(X_i, f_i): i\in \mathbf{N}^+\}$为一个局部可数迭代函数系统（Local Countable Iterated Function System，LCIFS）。如果 $X_i=X$，则 LCIFS 变为全局 CIFS。若每个 f_i 都是各自定义域上的一个压缩映射，则称 LCIFS 是压缩的或双曲的。

设 $\mathscr{P}(X)$为 X 的幂集，即 $\mathscr{P}(X)=\{S: S\subset X\}$，定义自映射 $\mathscr{W}_{\text{loc}}: \mathscr{P}(X)\to\mathscr{P}(X)$为

$$\mathscr{W}_{\text{loc}}(B) = \overline{\bigcup_{i\in \mathbf{N}^+} f_i(B\cap X_i)}$$

其中 $f_i(S\cap X_i)=\{f_i(x), x\in S\cap X_i\}$。

每个 LCIFS 都至少具有一个局部吸引子（$\mathscr{W}_{\text{loc}}$的不动点），即 $A=\varnothing$。最大的局部吸引子是所有不同局部吸引子的并集，称为 LCIFS 的局部吸引子。如果 X 是紧的，$X_i(i\in \mathbf{N}^+)$闭合，并且 X 中的紧集与 LCIFS$\{X;(X_i, f_i): i\in \mathbf{N}_n^+\}$是压缩的，则局部吸引子可按下述方法计算。

令 $K_0=X$，并设

$$K_n = \mathscr{W}_{\text{loc}}(K_{n-1}) = \overline{\bigcup_{i\in \mathbf{N}^+} f_i(K_{i-1}\cap X_i)},\quad n\in \mathbf{N}^+$$

则$\{K_n, n\in \mathbf{N}^+\}$是一个递减嵌套紧集序列。如果每个 K_n 都是非空的，那么根据康托尔交集定理可得

$$K = \bigcap_{n\in \mathbf{N}^+} K_n \neq \varnothing$$

$$K = \lim_{n\to\infty} K_n$$

此极限可在 $\mathscr{H}(X)$上赋予的豪斯多夫度量 H_d 下求得

$$\begin{aligned} K &= \lim_{n\to\infty} K_n = \lim_{n\to\infty} \overline{\bigcup_{i\in \mathbf{N}^+} f_i(K_{n-1}\cap X_i)} \\ &= \overline{\bigcup_{i\in \mathbf{N}^+} f_i(K\cap X_i)} \\ &= \mathscr{W}_{\text{loc}}(K) \end{aligned}$$

因此，$K=A_{\text{loc}}$，使每个 K_n 都非空的一个条件是$f_i(X_i)\subset X_i, i\in \mathbf{N}^+$。

定理 1.7　设 X 是一个紧度量空间，并且 $X_i(i\in \mathbf{N}^+)$是 X 的一个闭合子集，如果 A 是 CIFS 的一个吸引子，同时 A^*是 LCIFS 的一个局部吸引子，则 A^*是 A 的一个子集。

证　考察序列$\{K_n; n\in \mathbf{N}^+\}$，满足 $K_0=X$，$K_n=\mathscr{W}_{\text{lac}}$ 以及 $K_{n-1}=\overline{\bigcup_{i\in \mathbf{N}^+}(K_{i-1}\cap X_i)}$，$n\in \mathbf{N}^+$，则唯一的吸引子 A 可通过对序列$\{K_n: n\in \mathbf{N}^+\}$求极限得到。设$\{X; f_i: i\in \mathbf{N}_n^+\}$是与 $\mathscr{H}(X)$上的集值图 $\mathscr{W}$ 相关的压缩 CIFS，集值图 $\mathscr{W}$ 定义为$\mathscr{W}(B)=\overline{\bigcup_{i\in \mathbf{N}^+} f_i(B)}$，则 CIFS 的唯一吸引子 A 可通过对序列$\{A_n: n\in \mathbf{N}^+\}$求极限得到，该序列满足 $A_0=X$ 和 $A_n=\mathscr{W}(A_{n-1}), n\in \mathbf{N}^+$。假设 $K_{n-1}\subseteq A_{n-1}, n\in \mathbf{N}^+$，则有

$$A^* = \lim_{n\to\infty} K_n = \lim_{n\to\infty} \overline{\bigcup_{i\in \mathbf{N}^+} f_i(K_{n-1}\cap X_i)}$$

$$\subseteq \lim_{n\to\infty}\overline{\bigcup_{i\in\mathbf{N}^+} f_i(K_{n-1})}$$

$$\subseteq \lim_{n\to\infty}\overline{\bigcup_{i\in\mathbf{N}^+} f_i(A_{n-1})} = \lim_{n\to\infty} A_n = A$$

定理 1.7 揭示了 CIFS 吸引子与 LCIFS 吸引子之间的关系。

定理 1.8 设 X 是一个紧度量空间，$\{X;(X_i,f_i):i\in\mathbf{N}^+\}$ 是一个 LCIFS，$\{X;(X_i,f_i):i\in\mathbf{N}_n^+\}$ 是一个 LIFS。假设 $\lim\limits_{n\to\infty}E_n=E\neq\varnothing$，并且对于其中的每个 n，都有 $E_n\subseteq X$，则 CIFS 的局部吸引子 A^* 可由 LIFS 的局部吸引子 A 逼近，即

$$\lim_n \lim_k F_{\text{loc},n}^k(E_n) = A^*$$

证 设对于 $n\in\mathbf{N}^+$，有 $F_{\text{loc},n}(B)=\bigcup\limits_{i\in\mathbf{N}_n^+} f_i(B\cap X_i)$ 成立，则足以证明

$$\lim_{n\to\infty} F_{\text{loc},n}^k(E_n) = \mathscr{W}_{\text{loc}}^k(E) \tag{1.7}$$

其中极限在豪斯多夫度量 h 下求得。因为 $\{X;(X_i,f_i):i\in\mathbf{N}_n^+\}$ 是一个 LIFS，故对于每个 X_i，都存在一个压缩因子为 $c_i(i\in\mathbf{N}_n^+)$ 的压缩映射 $f_i:X_i\to X$。对于每个正整数 $k\geqslant 1, i_1,i_2,\cdots,i_k$，记 $f_{i_1\cdots i_k}=f_{i_1}\circ\cdots\circ f_{i_k}$，则 $f_{i_1\cdots i_k}$ 显然是一个压缩因子为 $c_{i_1}c_{i_2}\cdots c_{i_k}$ 的压缩映射，即有

$$h(F_{\text{loc},n}^k(E_n),\mathscr{W}_{\text{loc}}^k(E)) \leqslant h(F_{\text{loc},n}^k(E_n),F_{\text{loc},n}^k(E)) + h(F_{\text{loc},n}^k(E),\mathscr{W}_{\text{loc}}^k(E)) \tag{1.8}$$

式(1.8)右边第一项可表示为

$$\begin{aligned} h(F_{\text{loc},n}^k(E_n),F_{\text{loc},n}^k(E)) &= h\Big(\bigcup_{i_1,\cdots,i_k\in\mathbf{N}_n^+} f_{i_1\cdots i_k}(E_n\cap X_n),\ \bigcup_{i_1,\cdots,i_k\in\mathbf{N}_n^+} f_{i_1\cdots i_k}(E\cap X_n)\Big) \\ &\leqslant \sup_{i_1,\cdots,i_k\in\mathbf{N}_n^+} h(f_{i_1\cdots i_k}(E_n\cap X_n),f_{i_1\cdots i_k}(E\cap X_n)) \\ &\leqslant c_{i_1}\cdots c_{i_k} h(E_n\cap X_n, E\cap X_n) \\ &\leqslant h(E_n,E) \end{aligned} \tag{1.9}$$

因为 $\lim\limits_{n\to\infty}E_n=E$，所以当 $n\to\infty$ 时有 $h(E_n,E)\to 0$。现在，我们考察式(1.8)的右边第二项，注意到

$$\mathscr{W}_{\text{loc}}^k(B) = \overline{\bigcup_{i_1,\cdots,i_k\in\mathbf{N}^+} f_{i_1\cdots i_k}(B)} \tag{1.10}$$

由 f_i 的连续性和基本的拓扑学知识可得

$$\begin{aligned} \mathscr{W}_{\text{loc}}^{k+1}(E) &= \mathscr{W}_{\text{loc}}\overline{\Big(\bigcup_{i_1,\cdots,i_k\in\mathbf{N}^+} f_{i_1\cdots i_k}(E)\Big)} \\ &= \overline{\bigcup_{i=1}^{\infty} f_i\Big(\overline{\bigcup_{i_1,\cdots,i_k\in\mathbf{N}^+} f_{i_1\cdots i_k}(E\cap X_i)}\Big)} \\ &\subset \overline{\bigcup_{i=1}^{\infty} f_i\,\overline{\Big(\bigcup_{i_1,\cdots,i_k\in\mathbf{N}^+} f_{i_1\cdots i_k}(E\cap X_i)\Big)}} \\ &= \overline{\bigcup_{i=1}^{\infty} f_i\Big(\bigcup_{i_1,\cdots,i_k\in\mathbf{N}^+} f_{i_1\cdots i_k}(E\cap X_i)\Big)} = W_{\text{loc}}^{k+1}(E) \end{aligned}$$

因为集合序列 $\Big(\bigcup\limits_{i_1,\cdots,i_k\in\mathbf{N}_n^+} f_{i_1\cdots i_k}(E\cap X_n)\Big)_{n\in\mathbf{N}^+}$ 递增，故根据定理 1.6 有

$$\lim_{n\to\infty} F_{\text{loc},n}^k(E) = \lim_{n\to\infty} \bigcup_{i_1,\cdots,i_k\in\mathbf{N}_n^+} f_{i_1\cdots i_k}(E\cap X_n)$$

$$= \overline{\bigcup_{n=1}^{\infty} \bigcup_{i_1,\cdots,i_k \in \mathbf{N}_n^+} f_{i_1\cdots i_k}(E \cap X_n)}$$

$$= \overline{\bigcup_{i_1,\cdots,i_k \in \mathbf{N}^+} f_{i_1\cdots i_k}(E)} = \mathscr{W}_{\mathrm{loc}}^k(E) \tag{1.11}$$

将式(1.9)和式(1.11)代入式(1.8)可得：当 $n,k \to 0$ 时，有

$$h(F_{\mathrm{loc},n}^k(E_n), \mathscr{W}_{\mathrm{loc}}^k(E)) = 0$$

由此我们可以得出结论：

$$\lim_{n\to\infty} \lim_{k\to\infty} F_{\mathrm{loc},n}^k(E_n) = \lim_{k\to\infty} \mathscr{W}_{\mathrm{loc}}^k(E) = A^*$$

定理 1.8 描述了利用 LIFS 吸引子去逼近 LCIFS 吸引子的过程。

1.5　分 形 维 数

测量一个集合或物体的大小有助于理解其基本性质。在数学中，物体由点、线、正方形或立方体的集合构成，那么我们如何测量一个集合的大小？例如，考察一条长度为 L 的直线，其近似长度 $L(\epsilon)$ 可通过尺度ϵ与覆盖直线所需的线段数 $N(\epsilon)$ 的乘积进行估算，即

$$\epsilon \times N(\epsilon) = L(\epsilon) \tag{1.12}$$

若尺度ϵ趋于零，则 $L(\epsilon)$ 趋于直线长度 L，即

$$\lim_{\epsilon\to 0} \epsilon \times N(\epsilon) = L \tag{1.13}$$

如果存在一个正整数 n，使得$\epsilon \geqslant \epsilon/n$，同时长度 L 由较小的尺度ϵ/n 测定，则

$$N(\epsilon/n) \times \epsilon/n = L \tag{1.14}$$

于是

$$N(\epsilon/n) = nN(\epsilon) \tag{1.15}$$

将这一概念扩展到更高维空间，可得

$$N(\epsilon/n) = n^d N(\epsilon) \tag{1.16}$$

其中 $d=1,2,3,\cdots$，这意味着如果尺度以因子 n 减小，那么数值 N 将以因子 n^d 增大。可以严格证明方程(1.16)的解由逆幂律给出，即

$$N(\epsilon) \sim \frac{1}{\epsilon^d} \tag{1.17}$$

其中 $d=1,2,3,\cdots$，方程(1.17)的整数解就是给定对象的欧几里得维数。如果给定对象是一个分形，则

$$\lim_{\epsilon\to 0} \epsilon \times N(\epsilon) = \infty$$

这是因为如果减小尺度，那么可以得到越来越精细的分形结构，使得 $N(\epsilon)$ 充分大，此时方程(1.17)有一个非整数解，该解就是豪斯多夫维数。豪斯多夫维数的定义为：若 U 是 n 维欧氏空间 $\mathbf{R}^n$ 的任意非空子集，则 U 的直径可定义为

$$|U| = \sup\{|x-y| : x, y \in U\}$$

此即 U 中任意点对间的最大距离。如果$\{U_i\}$是一个数值不超过δ，并且覆盖集合K的可数(或有限)直径集，即

$$K \subset \bigcup_{i=1}^{\infty} U_i$$

其中$0<|U_i|\leqslant\delta$对于每个i都成立，则我们说$\{U_i\}$是一个K的δ覆盖。假设K是$\mathbf{R}^n$的一个子集，s是一个非负数，对任意的$\delta>0$，我们定义

$$\mathscr{H}_\delta^s(K) = \inf\left\{\sum_{i=1}^{\infty} |U_i|^s : \{U_i\}\text{是}K\text{的一个}\delta\text{覆盖}\right\}$$

则当δ减小时，K合理的覆盖类也随之减少。因此，当δ减小时下确界$\mathscr{H}_\delta^s(K)$会增大，并且在$\delta\to 0$时趋于一个极限值，即

$$\mathscr{H}^s(K) = \lim_{\delta\to 0} \mathscr{H}_\delta^s(K)$$

此极限对$\mathbf{R}^n$的任意子集K都存在，极限值可以是0或∞，我们称$\mathscr{H}^s(K)$为K的s维豪斯多夫测度。于是，K的豪斯多夫维数或豪斯多夫-贝西科维奇维数可定义为

$$\dim_{\mathrm{H}}(K) = \inf\{s : \mathscr{H}^s(K) = 0\} = \sup\{s : \mathscr{H}^s(K) = \infty\}$$

满足

$$\mathscr{H}^s(K) = \begin{cases} \infty, & s < \dim_{\mathrm{H}}(K) \\ 0, & s > \dim_{\mathrm{H}}(K) \end{cases}$$

如果$s=\dim_{\mathrm{H}}(K)$，那么$\mathscr{H}^s(K)$可能为零或无穷大，又或者满足$0<\mathscr{H}^s(K)<\infty$。

因为豪斯多夫维数是基于测度定义的，且测度相对易于处理，所以豪斯多夫维数具有可在任何集合上定义的优点，并且便于数学运算。其主要缺点是若要显式地计算给定集合K的豪斯多夫维数则相当困难，因为计算涉及对半径小于或等于一个给定数值$\epsilon>0$的球体覆盖取下确界。若仅考虑半径等于的球体覆盖，则可以将计算轻微简化，此时便引出了盒维数的概念。[8]

设$K\in\mathscr{H}(X)$，$N(\epsilon)$表示覆盖K所需闭合球(半径$\epsilon>0$)的最少数量。若

$$\dim_{\mathrm{B}} = \lim_{\epsilon\to 0} \frac{\log N(\epsilon)}{\log(1/\epsilon)} \tag{1.18}$$

存在，则$\dim_{\mathrm{B}}$称为K的盒维数或分形维数。

设K是$\mathbf{R}^n$的一个子集，则K的拓扑维数，记为$\dim_{\mathrm{T}} M$，可按归纳法定义如下：

(1) $\dim_{\mathrm{T}}\varnothing = -1$。

(2) 一个点$p\in K$，如果存在一个该点的任意小邻域，使得K在这个小邻域的边界上的拓扑维数至多为$n-1$，则K在该点的拓扑维数小于或等于n，记为$\dim_{\mathrm{T}}^p K\leqslant n$。

(3) 若K在每个点p的拓扑维数都至多为n，则K的拓扑维数至多为n，即

$$\dim_{\mathrm{T}} K \leqslant n \Leftrightarrow \dim_{\mathrm{T}}^p K \leqslant n$$

对于所有的$p\in K$都成立。此外，如果条件(2)对任意的$n\in\mathbf{N}^+$均不成立，则$\dim_{\mathrm{T}}^p K=\infty$，并且如果条件(3)对任意的$n\in\mathbf{N}^+$均不成立，则$\dim_{\mathrm{T}} K=\infty$。

1.6　广义分形维数

由于不同的不规则结构也可能具有相同的分形维数，分形维数不足以描述那些具有复杂和不均匀缩放特性的对象。[70-71]相比单独的分形维数，GFD 能提供更多关于空间填充特性的信息(示例参见文献[1])。本节将通过雷尼熵对 GFD 进行介绍。

阿尔弗雷德・雷尼(Alfred Renyi)引入了一种测度来量化给定系统的不确定性或随机性，这种测度在信息论中起着至关重要的作用。[75]

对于给定的概率 p_i，$\sum_{i=1}^{N} p_i = 1$，q 阶雷尼熵可由下式给出：

$$RE_q = \frac{1}{1-q}\log\sum_{i=1}^{N} p_i^q$$

其中 $q \geqslant 0$ 且 $q \neq 1$。当 $q = 1$ 时，上式变为不定式，RE_q 的值可能无法定义；当 q 取其他值时，RE_q 的值是一个 q 的递减函数。

若 $q \to 1$，则 $RE_q \to RE_1$，RE_1 由下式定义：

$$RE_1 = -\ln\sum_{i=1}^{N} p_i \log p_i$$

RE_1 称为香农(Shannon)熵。$q \in (-\infty, \infty)$阶雷尼分形维数或 GFD 可由广义雷尼熵定义为

$$D_q = \lim_{r \to 0} \frac{1}{q-1} \frac{\log_2 \sum_{i=1}^{N} p_i^q}{\log_2 r} \tag{1.19}$$

其中 p_i 是概率分布。对于所有的 q，我们都有 $D_q > 0$，并且 D_q 是 q 的单调递减函数，满足 $D_0 \geqslant D_1 \geqslant D_2$。另外，可以看到当研究对象为常信号时概率值只有 1 和 0，所以对于所有的 q 而言，都有 $D_q = D_0 = 0$。

1.6.1　一些特例

(1) 若 $q = 0$，则

$$D_0 = \frac{\log_2 N}{\log_2 r} \tag{1.20}$$

其中 D_0 称为分形维数。

(2) 当 $q \to 1$ 时，D_q 收敛于 D_1，可表示为

$$D_1 = \lim_{r \to 0} \frac{\sum_{i=1}^{N} p_i \log_2 p_i}{\log_2 r} \tag{1.21}$$

其中 D_1 称为信息维数。

(3) 若 $q=2$,则 D_q 称为关联维数。

1.6.2 广义分形维数的极限情形

当 $q=-\infty$ 和 $q=\infty$ 时,GFD 存在两种极限情形:

$$D_{-\infty}=\lim_{r\to 0}\frac{\log_2 p_{\min}}{\log_2 r}$$

$$D_{\infty}=\lim_{r\to 0}\frac{\log_2 p_{\max}}{\log_2 r}$$

其中

$$p_{\min}=\min\{p_1,p_2,\cdots,p_{N_V}\}$$

$$p_{\max}=\max\{p_1,p_2,\cdots,p_{N_V}\}$$

1.6.3 广义分形维数的范围

对于一个给定的分形时间序列,两种极限情形 $D_{-\infty}$ 和 D_{∞} 共同定义了其 GFD 的范围,即

$$R_{\mathrm{GFD}}=D_{-\infty}-D_{\infty} \tag{1.22}$$

1.7 结 束 语

本章我们首先介绍了压缩映射 IFS 的大致框架,并将巴恩斯利的 IFS 框架扩展到了 LIFS 和 CIFS,以构造本章提出的确定性分形。随后,我们对 LCIFS 吸引子的存在性进行了研究,并利用 LIFS 吸引子收敛序列的极限给出了 LCIFS 局部吸引子的唯一表达式。最后,我们介绍了分形维数的各种概念,这些概念将在后续章节中用到。

第2章　分形函数

2.1　引　　言

插值理论关注那些能对特定数据集进行重构的连续函数的存在性，进而为这些实值连续函数的逼近提供理论指导。在逼近理论的发展历史中，除了多项式之外，人们同样将样条函数和三角函数应用到逼近方法中，旨在生成光滑的逼近曲线。然而，许多实际工程信号和自然现象信号的轨迹都是非光滑的，需要用非光滑函数来有效地重构它们。为此，人们基于 IFS 理论探讨了分形函数的概念，并通过将分形函数应用到各种经典的逼近方法中来实现对信号的光滑和非光滑逼近。FIF 与传统插值函数之间存在较大的差异(更多内容请参阅文献[42-59])，前者通常由 IFS 理论构造。IFS 理论建立在将宇宙设想为一个分形之上，因为它可为插值函数提供自参考函数方程，同时在放大后表现出自相似性，所以可用于构造 FIF。此外，通过选择不同的纵向尺度因子，可以得到灵活、优化的插值函数，当然，也能得到特定的传统插值函数。[47]因为分形函数理论在非光滑逼近中的应用相当成功，所以人们对分形函数理论展开了广泛研究，其在数学框架之外的其他方面也都取得了重大进展。本章将基于纵向尺度因子和不同的 IFS 对 FIF 的构造及其演变形式进行介绍。

2.2　插值函数

设$\{x_1,x_2,\cdots,x_n\}$为闭区间$[x_1,x_n]\subset\mathbf{R}$的一个分割，满足$x_1<x_2<\cdots<x_n$，其中$n\in\mathbf{N}^+$。设$\{(x_i,y_i)\in[x_1,x_n]\times\mathbf{R}: i\in\mathbf{N}_n^+\}$是一个给定的数据集或插值点，同时插值函数$f$是一个连续函数$f:[x_1,x_n]\to\mathbf{R}$，满足

$$f(x_i)=y_i$$

其中$i\in\mathbf{N}_n^+$。于是，插值理论需要研究上述数据集的连续插值函数的存在性及其构造问题。

【例 2-1】　考察一个数据集$\{(0,0),(1/2,1/2),(1,0)\}$，连接点$(0,0)$和$(1/2,1/2)$可得直线$f_1(x)=x$。类似地，连接点$(1/2,1/2)$和$(1,0)$可得直线$f_2(x)=-x+1$，于是经

过所有给定数据点的一个简单连续函数便是连接点对(0,0),(1/2,1/2)和(1/2,1/2),(1,0)的直线组合,即

$$f(x)=\begin{cases}x, & x\in\left[0,\dfrac{1}{2}\right]\\ -x+1, & x\in\left[\dfrac{1}{2},1\right]\end{cases}$$

它是一个连接所有给定数据点的连续函数。因此,f 是给定数据点的插值函数,也称为经典插值函数,如图 2-1 所示。

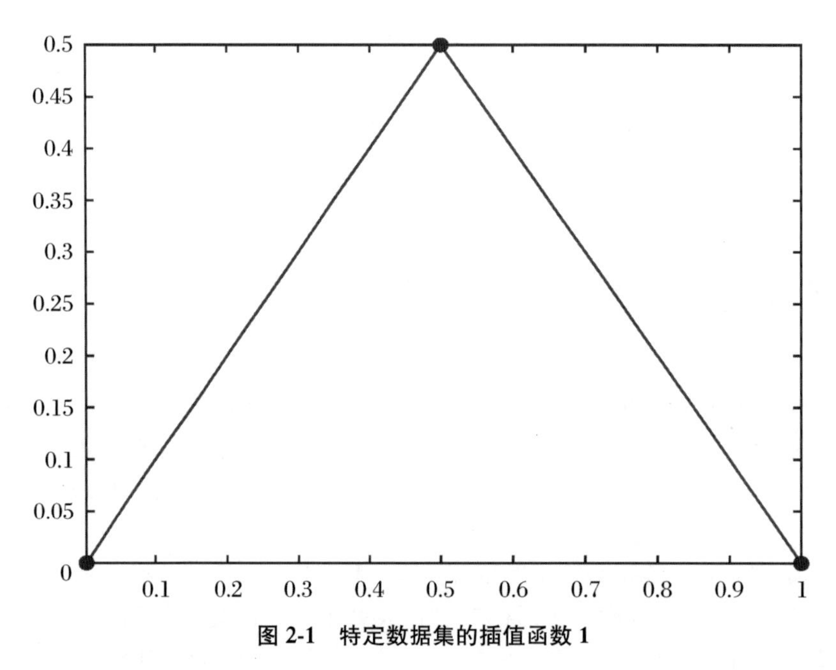

图 2-1　特定数据集的插值函数 1

【例 2-2】 考察数据集{(0,1/5),(1/3,1/2),(1/2,1/3),(3/4,3/4),(1,1/2)},该数据集可由以下连续函数插值:

$$f(x)=\begin{cases}\dfrac{9}{10}x+\dfrac{1}{5}, & x\in\left[0,\dfrac{1}{3}\right]\\ \dfrac{5}{6}-x, & x\in\left[\dfrac{1}{3},\dfrac{1}{2}\right]\\ \dfrac{5}{3}x-\dfrac{1}{2}, & x\in\left[\dfrac{1}{2},\dfrac{3}{4}\right]\\ \dfrac{3}{2}-x, & x\in\left[\dfrac{3}{2},1\right]\end{cases}$$

图 2-2 给出了 f 的图像。

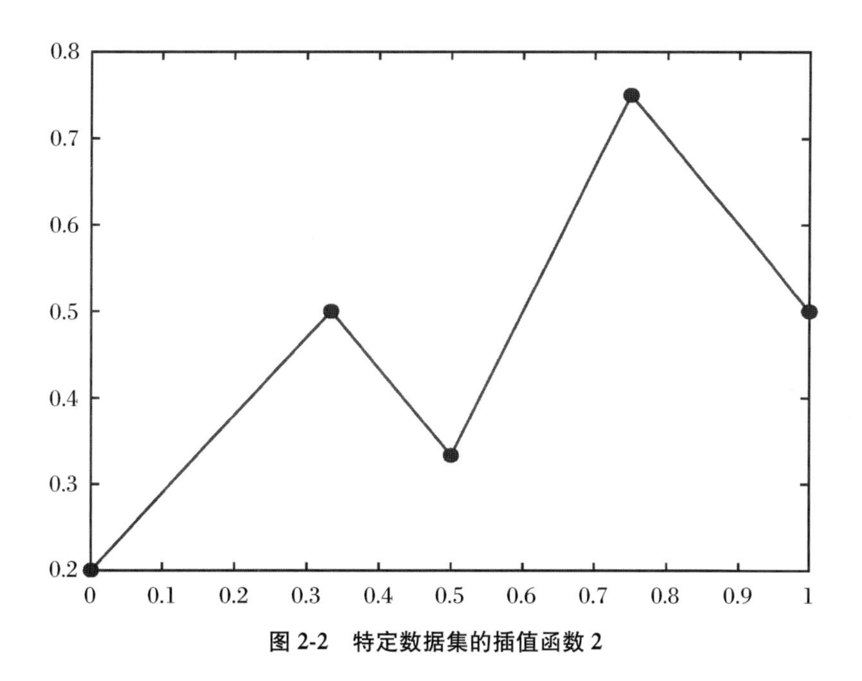

图 2-2 特定数据集的插值函数 2

2.3 分形插值函数

根据 IFS 理论,FIF 可按如下方法构造:首先考虑一个横坐标递增的数据集 $\{(x_i,y_i)\in\mathbf{R}^2: i\in\mathbf{N}_n^+\}$,令 $I=[x_1,x_n]$ 和 $I_i=[x_i,x_{i+1}]$,其中 $i\in\mathbf{N}_{n-1}^+$,同时设 $L_i: I\to I_i(i\in\mathbf{N}_{n-1}^+)$ 是 $n-1$ 个压缩同胚,满足

$$L_i(x_1)=x_i,\quad L_i(x_n)=x_{i+1} \tag{2.1}$$

又设 $X:=I\times[a,b]$,其中 a 和 b 满足 $-\infty<a<\min y_i\leqslant\max y_i<b<\infty$,同时 $R_i: X\to[a,b](i\in\mathbf{N}_{n-1}^+)$ 是连续映射,对于 $x\in I$ 和 $y,y^*\in[a,b]$,满足

$$\begin{cases}R_i(x_1,y_1)=y_i, & R_i(x_n,y_n)=y_{i+1}\\ |R_i(x,y)-R_i(x,y^*)|\leqslant r_i|y-y^*|\end{cases} \tag{2.2}$$

其中 $r_i\in[0,1)$,$i\in\mathbf{N}_{n-1}^+$。显然,R_i 是关于第二个变量 y 的压缩映射。定义函数 $f_i: X\to I_i\times[a,b](i\in\mathbf{N}_{n-1}^+)$为

$$f_i(x,y)=(L_i(x),R_i(x,y)) \tag{2.3}$$

考察 IFS $\mathscr{F}:=\{X; f_i: i\in\mathbf{N}_{n-1}^+\}$及其集值图 $F:\mathscr{H}(X)\to\mathscr{H}(X)$,$F$ 定义为

$$F(B)=\bigcup_{i\in\mathbf{N}_{n-1}^+} f_i(B) \tag{2.4}$$

则有定理 2.1 成立,它就是著名的巴恩斯利分形插值定理。[4]

定理 2.1 式(2.4)定义的自映射 F 有唯一紧集 $\mathbf{G}_g$,满足 $\mathbf{G}_g=F(\mathbf{G}_g)$,并且 $\mathbf{G}_g=\{(x,g(x)): x\in I\}$是连续函数 $g: I\to[a,b]$的图像,该连续函数满足 $g(x_i)=y_i$,

$i \in \mathbf{N}_n^+$。

证 该定理的证明包括以下几个部分：

(1) $\mathbf{G}_g$ 的唯一性；

(2) $\mathbf{G}_g$ 是函数 $g: I \to [a,b]$ 的图像；

(3) 函数 g 的连续性。

我们首先证明"(1) $\mathbf{G}_g$ 的唯一性"。设 $\mathbf{G}_g$ 是 IFS $\mathscr{F}$ 的任意吸引子，则有 $\mathbf{G}_g = F(\mathbf{G}_g) = \bigcup_{i \in \mathbf{N}_{n-1}^+} f_i(\mathbf{G}_g)$ 成立。设 $I' = \{x \in I$：对于某个 $y \in [a,b]$，满足 $(x,y) \in \mathbf{G}_g\}$，显然 $F(I') = I$，但因假设 $\{I, L_i: i \in \mathbf{N}_{n-1}^+\}$ 是双曲的，故有 $F(I) = I$，即 $I' = I$。

接下来，我们证明"(2) $\mathbf{G}_g$ 是函数 $g: I \to [a,b]$ 的图像"。可以证明对于每个 $x \in I$ 都只有一个 $y \in [a,b]$ 与之对应。设 $S_i = \{(x,y) \in \mathbf{G}_g: x = x_i\}$，其中 $i \in \mathbf{N}_n^+$，显然除了 $i=1$ 之外，S_1 和 $f_i(S_1)$ 之间没有公共点，即 $f_1(S_1) = S_1$。因 f_1 是紧度量空间上的一个压缩映射，故有 $S_1 = (x_1, y_1)$，同理可得 $S_n = (x_n, y_n)$。注意到对于映射 f_i，能映射到 S_i 的点只有 S_1，而当 $i \in \mathbf{N}_n^+ \setminus \{1, n\}$ 时，在映射 f_{i+1} 下能映射到 S_i 的点只有 S_n，由此可得

$$S_i = f_i(S_1) \cup f_{i+1}(S_n) = (x_i, y_i)$$

这表明对于所有的 $i \in \mathbf{N}_n^+$，x_i 都只有唯一的像 y_i。考察

$$\delta = \max\{|s - t|: \text{对于某个 } x \in I, \text{使得}(x,s),(x,t) \in \mathbf{G}_g\}$$

因为 $\mathbf{G}_g$ 是一个紧集，δ 的最大值可在 $\mathbf{G}_g$ 中取到，所以我们说 δ 的最大值以 $\delta = |s-t|$ 在 $((x',s),(x',t))$ 处取得，其中 $x' \in (x_i, x_{i+1})$ 对于某些 i 成立。因为 L_i 是 I 上的同胚，所以在 $\mathbf{G}_g$ 中存在两个点 $(L_i^{-1}(x'), u)$ 和 $(L_i^{-1}(x'), v)$，满足

$$s = F_i((L_i^{-1}(x'), u)) \quad \text{和} \quad t = F_i((L_i^{-1}(x'), v))$$

因此

$$\delta = |s - t| = |F_i((L_i^{-1}(x'), u)) - F_i((L_i^{-1}(x'), v))| \leqslant q \cdot |u - v| \leqslant q \cdot \delta$$

由此可知，当 $\delta = 0$ 时，$s = t$，故对于每个 $x \in I$ 都只有一个 $y \in [a,b]$ 与之对应，即 $\mathbf{G}_g$ 是函数 $g: I \to [a,b]$ 的图像，满足 $g(x_i) = y_i$，$i \in \mathbf{N}_n^+$。

我们再来证明"(3) 函数 g 的连续性"。定义 $\Phi: \mathbf{G} \to \mathbf{G}$ 为

$$\Phi(h) = R_i(L_i^{-1}(x), h \circ L_i^{-1}(x)), \quad x \in I_i, i \in \mathbf{N}_{n-1}^+ \tag{2.5}$$

其中 $\mathbf{G} = \{h: I \to \mathbf{R} \mid h \text{ 在 } I \text{ 上连续，并且有 } h(x_1) = y_1, h(x_n) = y_n\}$ 是赋有均匀度量 $\delta(h, h') = \max\{|h(x) - h'(x)|: x \in I\}$ 的完备度量空间，于是

$$\begin{aligned}
&\delta(\Phi(h) - \Phi(h')) \\
&= \max\{|R_i(L_i^{-1}(x), h \circ L_i^{-1}(x)) - R_i(L_i^{-1}(x), h' \circ L_i^{-1}(x))|: x \in I_i, i \in \mathbf{N}_{n-1}^+\} \\
&\leqslant \max\{r_i \cdot |h \circ L_i^{-1}(x) - h' \circ L_i^{-1}(x)|: x \in I_i, i \in \mathbf{N}_{n-1}^+\} \\
&\leqslant r \cdot \delta(h(x), h'(x))
\end{aligned}$$

这表明 Φ 是一个在 $(\mathbf{G}, \delta)$ 上压缩因子为 $r = \max\{r_i: i \in \mathbf{N}_{n-1}^+\} < 1$ 的压缩映射，所以 Φ 具有唯一不动点 g，g 满足函数方程

$$g(x) = R_i(L_i^{-1}(x), g \circ L_i^{-1}(x)), \quad x \in I_i, i \in \mathbf{N}_{n-1}^+ \tag{2.6}$$

进一步可得 g 的图像是 IFSF 的吸引子，且 $g \in \mathbf{G}$，所以 g 是连续的。

定义 2.1 定理 2.1 得到的函数 g 称为与数据集 $\{(x_i, y_i) \in \mathbf{R}^2 : i \in \mathbf{N}_n^+\}$ 相关的 FIF 或分形函数，该函数的图像是 IFSF 的吸引子。

对于一个给定的插值数据集 $\{(x_i, y_i) \in [x_1, x_n] \times \mathbf{R} : i \in \mathbf{N}_n^+\}$，以下过程解释了如何在 $\mathbf{R}^2$ 中构造一个 IFS，使得该 IFS 吸引子也是给定数据集插值函数的图像。

考察 IFS$\{[x_1, x_n] \times \mathbf{R}; f_i : i \in \mathbf{N}_{n-1}^+\}$，其中

$$f_i\begin{pmatrix} x \\ y \end{pmatrix} = \begin{pmatrix} a_i & 0 \\ c_i & \alpha_i \end{pmatrix}\begin{pmatrix} x \\ y \end{pmatrix} + \begin{pmatrix} b_i \\ d_i \end{pmatrix} \tag{2.7}$$

对于 $i \in \mathbf{N}_{n-1}^+$ 成立，根据式(2.1)，f_i 将给定数据集的端点即 (x_1, y_1) 和 (x_n, y_n) 分别映射到每个子区间的端点 (x_i, y_i) 和 (x_{i+1}, y_{i+1})，所以对于所有的 $i \in \mathbf{N}_{n-1}^+$，映射 f_i 都满足如下约束：

$$f_i\begin{pmatrix} x_1 \\ y_1 \end{pmatrix} = \begin{pmatrix} x_i \\ y_i \end{pmatrix} \tag{2.8}$$

$$f_i\begin{pmatrix} x_n \\ y_n \end{pmatrix} = \begin{pmatrix} x_{i+1} \\ y_{i+1} \end{pmatrix} \tag{2.9}$$

于是，对于所有的 $i \in \mathbf{N}_{n-1}^+$，由上述约束都可以得到如下的线性方程组：

$$\begin{cases} a_i x_1 + b_i = x_i \\ a_i x_n + b_i = x_{i+1} \\ c_i x_1 + \alpha_i y_1 + b_i = y_i \\ c_i x_n + \alpha_i y_n + b_i = y_{i+1} \end{cases} \tag{2.10}$$

变换 f_i 的作用是将平行于 y 轴的线段映射到另一条与 y 轴相平行的线段，并且若线段 L 的长度为 l，则对于所有的 $i \in \mathbf{N}_{n-1}^+$，线段 $f_i(L)$ 的长度为 $\alpha_i l$。换言之，线段长度 L 与线段 $f_i(L)$ 的长度比为 $|\alpha_i|$（图 2-3），我们称 α_i 为变换 f_i 对所有 $i \in \mathbf{N}_{n-1}^+$ 的纵向尺度因子。如果 α_i 是线性方程组(2.10)的一个自由参数，则它给出了线性方程组(2.10)的唯一解。因此，a_i、b_i、c_i 和 d_i 可由下列方程组唯一确定：

$$\begin{cases} a_i = \dfrac{x_{i+1} - x_i}{x_n - x_1} \\ b_i = \dfrac{x_n x_i - x_1 x_{i+1}}{x_n - x_1} \\ c_i = \dfrac{(y_{i+1} - y_i) - \alpha_i (y_n - y_1)}{x_n - x_1} \\ d_i = \dfrac{(x_n y_i - x_1 y_{i+1}) - \alpha_i (x_n y_1 - x_1 y_n)}{x_n - x_1} \end{cases} \tag{2.11}$$

自由参数 α_i 决定了由 IFS(式(2.7))生成的 FIF 的形状，如果对于所有的 $i \in \mathbf{N}_{n-1}^+$，都有 $\alpha_i = 0$，则可以得到在例 2-1 和例 2-2 中讨论过的分段线性插值函数。我们从 $N+1$ 个采样点的情况开始讨论，对于第一次迭代，压缩同胚映射 $L_i (i = 1, 2, \cdots, N)$ 在每个子区间上都会产生 $N-1$ 个点（总计 N 个子区间）。因此，第一次迭代结束时可以得到 $N(N-1) + N + 1 = N^2 + 1$ 个互不相同的点；类似地，第二次迭代会产生 $N(N^2 - 1) + N + 1 = N^3 + 1$ 个互不相同的点。由归纳法可知：通常情况下，FIF g 通过 n 次迭代可产生 $N^{n+1} + 1$

个互不相同的点,并且随着映射上的迭代次数连续增加,插值函数的点密度也会变得很高。

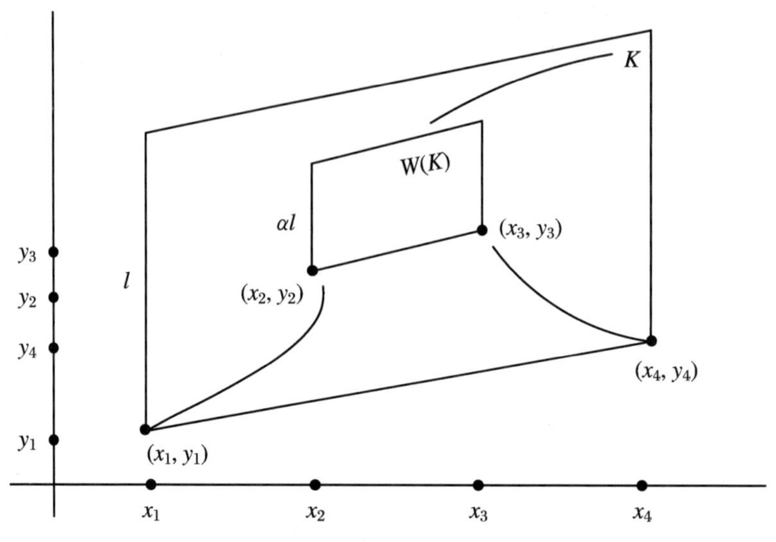

图 2-3　纵向尺度因子对 FIF 的影响

【例 2-3】　考察与例 2-1 相同的数据集{(0,0),(1/2,1/2),(1,0)}并固定尺度因子为 $\alpha_1=-1/2$ 和 $\alpha_2=-1/2$,则 FIFf 可由下列映射构成的 IFS 生成:

$$L_1(x)=\frac{1}{2}x,\quad R_1(x,y)=x-\frac{1}{2}y$$

$$L_2(x)=\frac{1}{2}x+\frac{1}{2},\quad R_2(x,y)=1-x-\frac{1}{2}y$$

其中常数 a_i、b_i、c_i 和 d_i 可通过方程组(2.11)估计,f 的图像如图 2-4 所示。

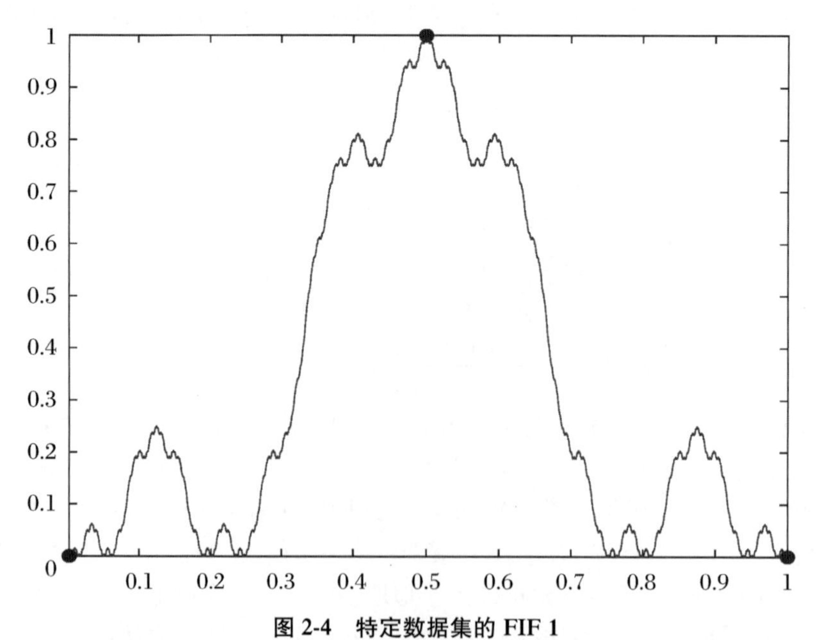

图 2-4　特定数据集的 FIF 1

【例 2-4】 考察例 2-2 中给出的数据集$\{(0,1/5),(1/3,1/2),(1/2,1/3),(3/4,3/4),(1,1/2)\}$，选定尺度因子为 $\alpha_1=-1/3,\alpha_2=1/3,\alpha_3=-1/2,\alpha_4=1/2$，则 FIF$f$ 可由以下映射构成的 IFS 生成：

$$L_1(x)=\frac{1}{3}x,\quad R_1(x,y)=\frac{2}{5}x-\frac{1}{3}y+\frac{4}{15}$$

$$L_2(x)=\frac{1}{6}x+\frac{1}{3},\quad R_2(x,y)=-\frac{4}{15}x+\frac{1}{3}y+\frac{13}{30}$$

$$L_3(x)=\frac{1}{4}x+\frac{1}{2},\quad R_3(x,y)=\frac{17}{30}x-\frac{1}{2}y+\frac{13}{30}$$

$$L_4(x)=\frac{1}{4}x+\frac{3}{4},\quad R_4(x,y)=-\frac{2}{5}x+\frac{1}{2}y+\frac{13}{20}$$

选定尺度因子为 $\alpha_1=1/2,\alpha_2=-1/2,\alpha_3=3/4,\alpha_4=3/4$，则 FIF$f'$可由以下映射构成的 IFS 生成：

$$L_1(x)=\frac{1}{3}x,\quad R_1(x,y)=\frac{3}{20}x+\frac{1}{2}y+\frac{1}{10}$$

$$L_2(x)=\frac{1}{6}x+\frac{1}{3},\quad R_2(x,y)=-\frac{1}{60}x-\frac{1}{2}y+\frac{3}{5}n$$

$$L_3(x)=\frac{1}{4}x+\frac{1}{2},\quad R_3(x,y)=\frac{23}{120}x+\frac{3}{4}y+\frac{11}{60}$$

$$L_4(x)=\frac{1}{4}x+\frac{3}{4},\quad R_4(x,y)=-\frac{19}{40}x+\frac{3}{4}y+\frac{3}{5}$$

f 和 f'的图像分别如图 2-5(a)和图 2-5(b)所示。图 2-5 表明，尺度因子的微小改变也会导致 FIF 的图像发生显著变化。此外，改变尺度因子不会影响压缩函数 $L_i(i=1,2,3,4)$。

注意到 FIF g 可以作为算子Φ:$\mathbf{G}\to\mathbf{G}$ 的不动点，Φ 定义为

$$\Phi(h)=R_i(L_i^{-1}(x),h\circ L_i^{-1}(x)),\quad x\in I_i,i\in\mathbf{N}_{n-1}^{+}$$

即 Φ 是一个在$(\mathbf{G},\delta)$上的压缩因子为 $r=\max\{r_i:i\in\mathbf{N}_{n-1}^{+}\}<1$ 的压缩映射，Φ 的不动点是与 IFS $\mathscr{F}$ 相对应的 FIF g。因此，g 满足函数方程

$$g(x)=R_i(L_i^{-1}(x),g\circ L_i^{-1}(x)),\quad x\in I_i,i\in\mathbf{N}_{n-1}^{+}\tag{2.12}$$

得到广泛研究的 IFS 具有如下形式：

$$L_i(x)=a_ix+b_i,\quad R_i(x,y)=\alpha_iy+q_i(x),\quad i\in\mathbf{N}_{n-1}^{+}\tag{2.13}$$

其中 α_i 称为变换R_i 的纵向尺度因子，$q_i:I\to\mathbf{R}$ 是一个连续函数，满足

$$q_i(x_1)=y_i-\alpha_iy_1,\quad q_i(x_n)=y_{i+1}-\alpha_iy_n$$

如果对于所有的 $i\in\mathbf{N}_{n-1}^{+}$都有 $\alpha_i=0$，则 FIF g 将简化为经典插值函数，经典插值函数可以通过 q_i 的性质进行描述。通过选择合适的连续函数 q_i，大量研究探讨了不同类型 FIF 的存在性。[48-57]例如，当选择 $q_i(x)=c_ix+d_i$ 时，相应的 FIF 称为线性 FIF，它满足

$$g(L_i(x))=R_i(x,g(x))=\alpha_ig(x)+c_ix+d_i,\quad x\in I_i,i\in\mathbf{N}_{n-1}^{+}\tag{2.14}$$

如果选择 $q_i(x)=x^2+c_ix+d_i$，则相应的 FIF 称为二次 FIF，且满足

$$g(L_i(x))=R_i(x,g(x))=\alpha_ig(x)+x^2+c_ix+d_i,\quad x\in I_i,i\in\mathbf{N}_{n-1}^{+}\tag{2.15}$$

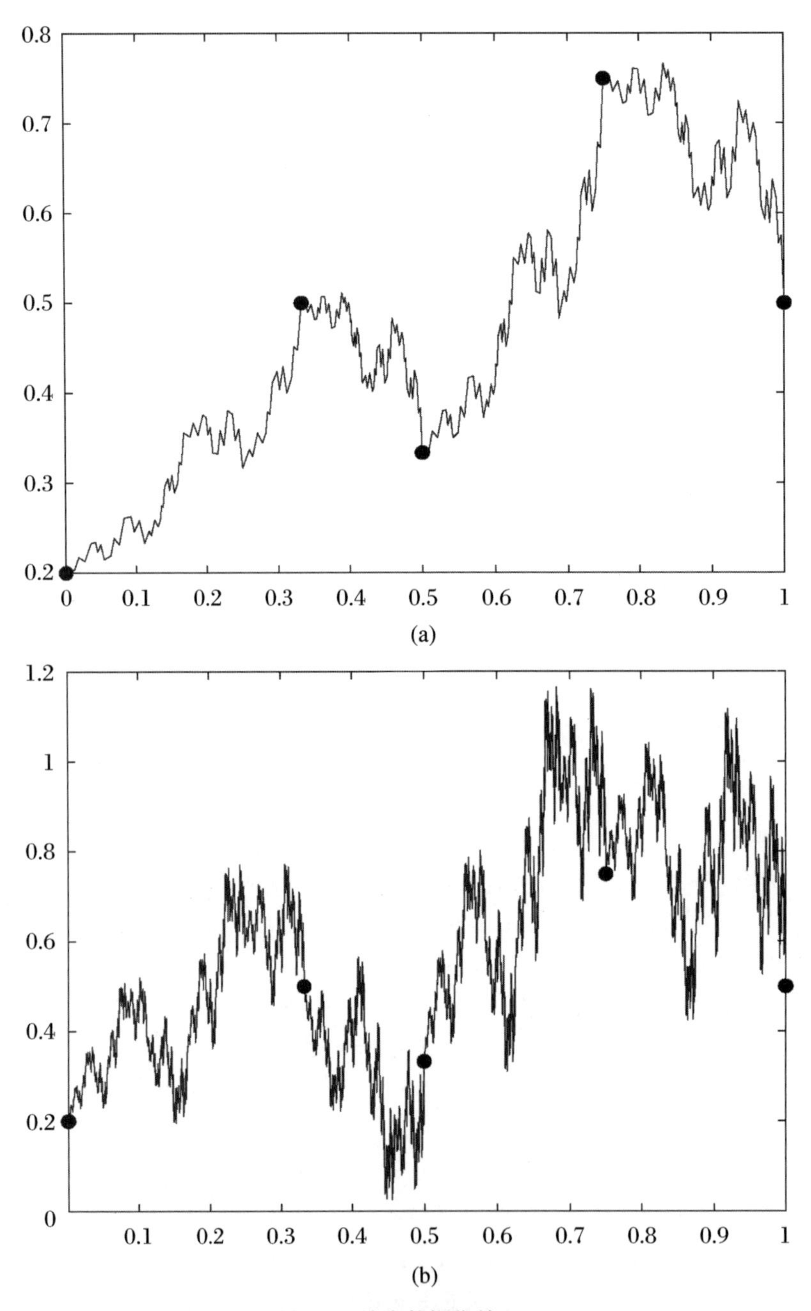

图 2-5 特定数据集的 FIF 2

王宏勇等人[47]扩展了式(2.13)中的FIF类,不再将纵向尺度因子设为常尺度因子$\alpha_i \in (-1,1)$,$i \in \mathbf{N}_{n-1}^{+}$,相反,他们将纵向尺度因子看作函数尺度因子,即$\boldsymbol{\alpha}_i \in C(\boldsymbol{I})$,同时约定$\|\boldsymbol{\alpha}_i\|_{\infty} = \sup\{|\boldsymbol{\alpha}_i| : x \in \boldsymbol{I}\} < 1$,相应的FIF变为

$$g(x) = \boldsymbol{\alpha}_i(L_i^{-1}(x))g(L_i^{-1}(x)) + q_i(L_i^{-1}(x)), \quad \forall x \in \boldsymbol{I}_i, i \in \mathbf{N}_{n-1}^{+} \tag{2.16}$$

于是带变尺度因子的线性FIF服从函数方程

$$g(L_i(x)) = R_i(x, g(x)) = \alpha_i(x)g(x) + c_i x + d_i, \quad x \in \boldsymbol{I}_i, i \in \mathbf{N}_{n-1}^+ \tag{2.17}$$

带变尺度因子的二次 FIF 满足函数方程

$$g(L_i(x)) = R_i(x, g(x)) = \alpha_i(x)g(x) + x^2 + c_i x + d_i, \quad \forall x \in \boldsymbol{I}_i, i \in \mathbf{N}_{n-1}^+ \tag{2.18}$$

图 2-6(a)给出了带常尺度因子的 FIF 图像,图 2-6(b)给出了带变尺度因子的 FIF 图像,图 2-6(c)给出了带常尺度因子的二次 FIF 图像,图 2-6(d)给出了带变尺度因子的二次 FIF 图像。

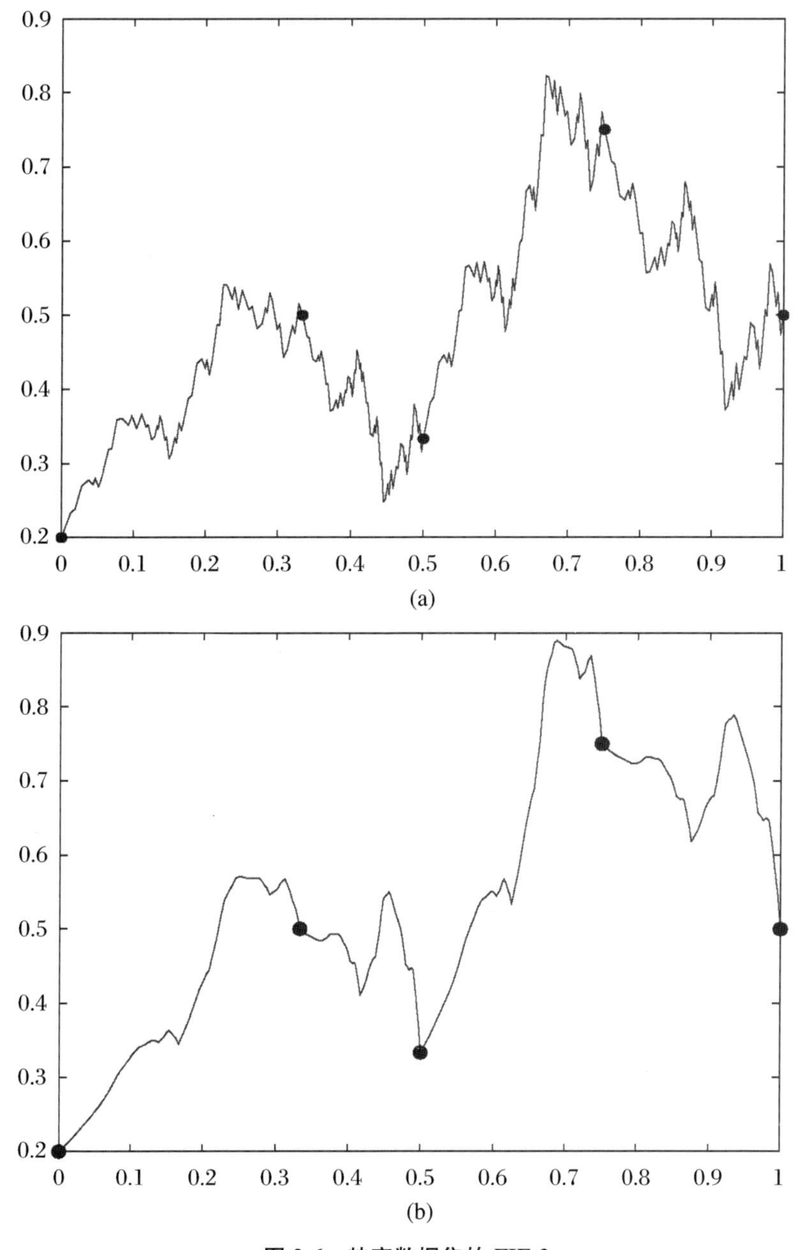

图 2-6　特定数据集的 FIF 3

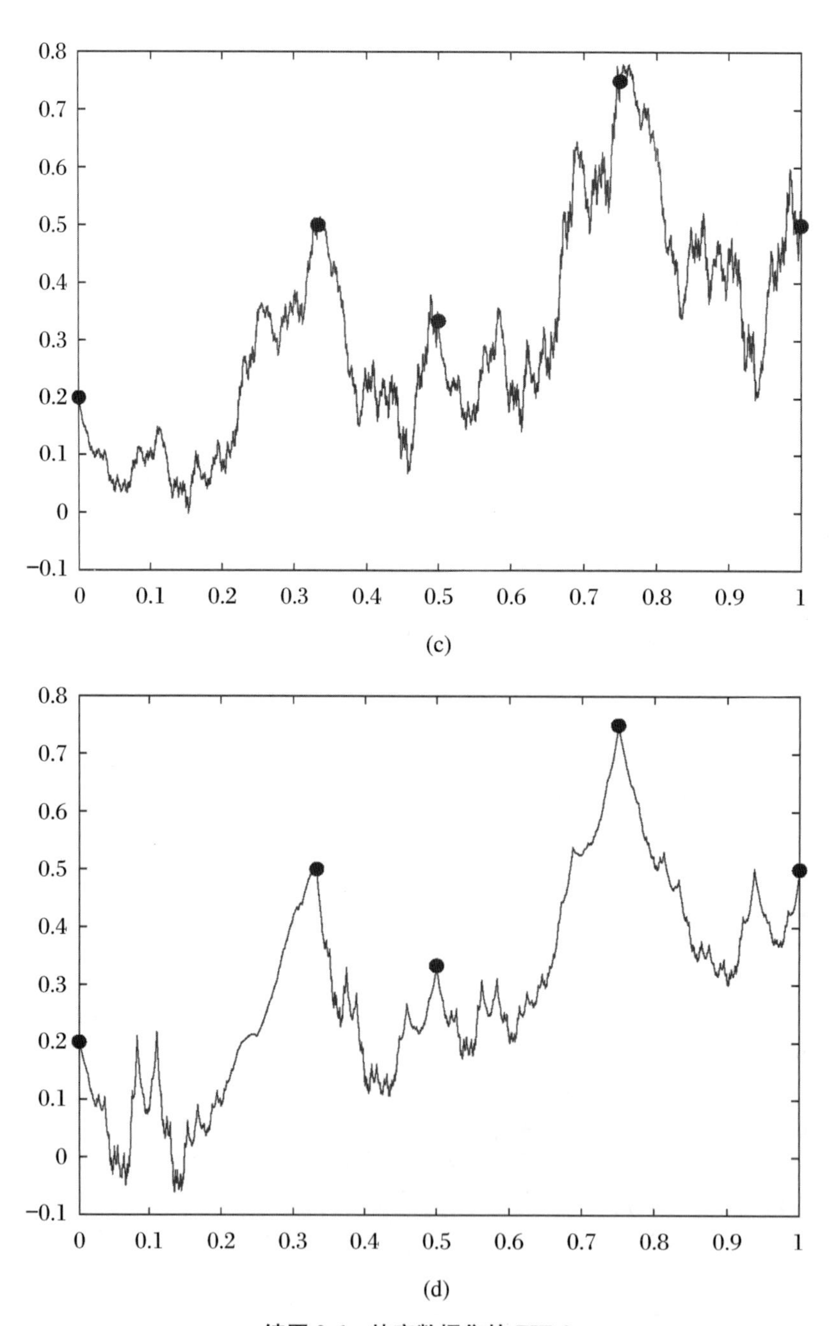

续图 2-6 特定数据集的 FIF 3

2.4　隐变量分形插值函数

本节将简要地回顾隐变量 FIF,其可通过对广义插值数据集的向量值 FIF 进行投影来构造,能够逼近非自仿射图(图 2-6)。[10-12,46]

我们考察一个广义数据集 $\hat{D}=\{(x_i,y_i,z_i)\in \boldsymbol{I}\times\mathbf{R}^2:i\in\mathbf{N}_N^+\}$,其中$\{z_i:i\in\mathbf{N}_N^+\}$是实参数,于是隐变量 FIF 的构造思想就是:首先生成一个 FIF$g_1:\boldsymbol{I}\to\mathbf{R}$,该 FIF 对于所有的 $i\in\mathbf{N}_N^+$ 都有 $g_1(x_i)=y_i$,然后将 g_1 的图像投影到空间 $\boldsymbol{I}\times\mathbf{R}$ 上,相应的投影就是数据集$\{(x_i,y_i)\}$的一个插值函数的图像。赋予空间 $\mathbf{R}^2$ 由 l^1 -范数导出的曼哈顿(Manhattan)度量 $d_{\mathrm{M}}((x_1,y_1),(x_2,y_2))=|x_1-x_2|+|y_1-y_2|$,同时,对于 $i\in\mathbf{N}_{N-1}^+$,设压缩同胚 $L_i:\boldsymbol{I}\to\boldsymbol{I}_i\subset\boldsymbol{I}$ 满足式(2.1),并定义函数 $F_i:\boldsymbol{I}\times\mathbf{R}^2\to\mathbf{R}^2$ 为

$$
\begin{aligned}
F_i(x,\boldsymbol{y})=F_i(x,y,z)&=(F_i^1(x,y,z),F_i^2(x,z))^{\mathrm{T}}\\
&:=\mathbf{A}_i\,(y,z)^{\mathrm{T}}+(p_i(x),q_i(x))^{\mathrm{T}}
\end{aligned}
\tag{2.19}
$$

其中 T 表示转置,$\mathbf{A}_n$ 是上三角矩阵$\begin{bmatrix}\alpha_i & \beta_i\\ 0 & \gamma_i\end{bmatrix}$,$p_i$ 和 q_i 是恰当的实值连续函数,使得对于所有的 $i\in\mathbf{N}_{N-1}^+$都满足:

(1) 对于某个常数 $c_1>0$,有 $d_{\mathrm{M}}(F_i(x,y,z),F_i(x^*,y,z))\leqslant c_1|x-x^*|$;

(2) 对于 $0\leqslant s<1$,有 $d_{\mathrm{M}}(F_i(x,y,z),F_i(x,y^*,z^*))\leqslant s d_{\mathrm{M}}((y,z),(y^*,z^*))$;

(3) $F_i(x_1,y_1,z_1)=(y_i,z_i)$且$F_i(x_N,y_N,z_N)=(y_{i+1},z_{i+1})$。

变量 α_i、β_i 和 γ_i 的选择需使得对于所有的 $i\in\mathbf{N}_{N-1}^+$,都有 $\|\mathbf{A}_i\|_1<1$。定义 $w_i:\boldsymbol{I}\times\mathbf{R}^2\to\boldsymbol{I}\times\mathbf{R}^2$ 为 $w_i(x,y,z)=(L_i(x),F_i(x,y,z))$,由 L_i 和 F_i 的满足条件可知,w_i 是关于测度 d_{M}^* 的压缩映射,测度 d_{M}^* 定义于空间 $\boldsymbol{I}\times\mathbf{R}^2$ 上,可表示为 $d_{\mathrm{M}}^*((x,y,z),(x^*,y^*,z^*))=|x-x^*|+\theta d_{\mathrm{M}}((y,z),(y^*,z^*))$,其中 $\theta=\dfrac{1-a}{2c_1}$,$a=\max\left\{\dfrac{h_i}{x_N-x_1}:i\in\mathbf{N}_{N-1}^+\right\}$,因为 $h_i=x_{i+1}-x_i$,所以广义 IFS$\{\boldsymbol{I}\times\mathbf{R}^2;w_i:i\in\mathbf{N}_{N-1}^+\}$存在一个吸引子 $\boldsymbol{A}\subseteq\boldsymbol{I}\times\mathbf{R}^2$。由广义 IFS 理论可知,上述吸引子 $\boldsymbol{A}$ 是向量值连续函数 $g:\boldsymbol{I}\to\mathbf{R}^2$ 的图像,g 满足对于所有的 $i\in\mathbf{N}_{N-1}^+$ 都有 $g(x_i)=(y_i,z_i)$成立。设 $g=(g_1,g_2)$,则 $g_1:\boldsymbol{I}\to\mathbf{R}$ 是一个 D 的连续插值函数,称为(联合)HFIF(示例参见文献[10-12])。与此类似,吸引子 $\boldsymbol{A}$ 的投影$\{(x,g_2(x)):x\in\boldsymbol{I}\}$是自仿射的,并且可以提供一个数据集$\{(x_i,z_i):i\in\mathbf{N}_N^+\}$的 FIF g_2,相应的图形如图 2-7 和图 2-8 所示。

设 $\mathbf{G}^*$是连续函数 $h:\boldsymbol{I}\to\mathbf{R}^2$ 的集合,h 满足$h(x_1)=(y_1,z_1)$,$h(x_N)=(y_N,z_N)$,并且赋予了度量 $d(h,h^*)=\max\{d_{\mathrm{M}}(h(x),h^*(x)):x\in\boldsymbol{I}\}$。为了得到 g 的函数方程,回顾 g 是具有如下定义的映射 $T^*:\mathbf{G}^*\to\mathbf{G}^*$的不动点这一事实:

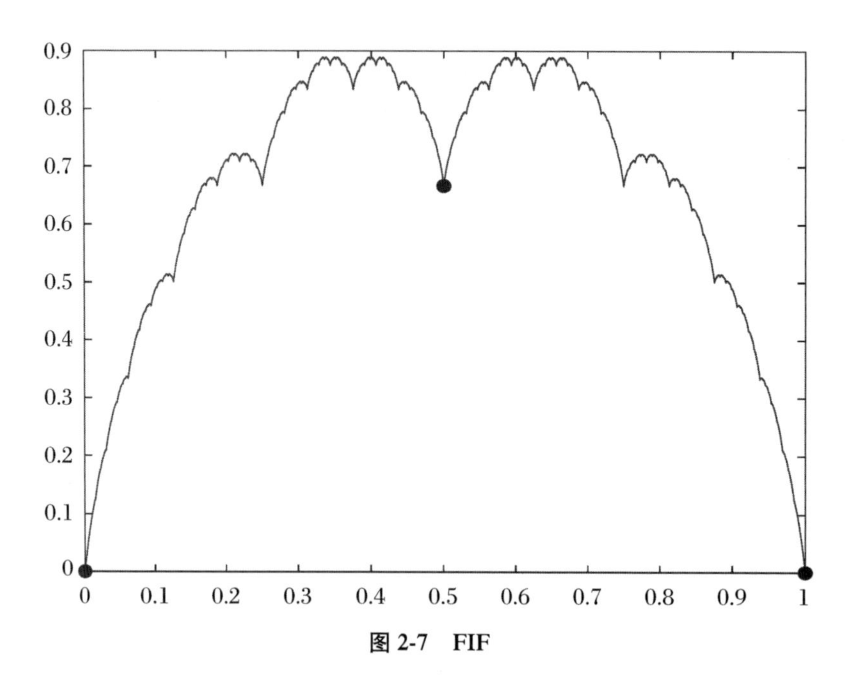

图 2-7 FIF

$$(T^* h)(x) = F_i(L_i^{-1}(x), h(L_i^{-1}(x))), \quad x \in \boldsymbol{I}_i, i \in \mathbf{N}_{N-1}^+$$

可得向量值函数 g 满足函数方程

$$g(L_i(x)) = A_i g(x) + (p_i(x), q_i(x))^{\mathrm{T}}, \quad x \in \boldsymbol{I}$$

向量值函数 $g=(g_1,g_2)$的像 $T^* g$ 可以逐分量写为$(T_1 g_1, T_2 g_2)$，其中 T_1 和 T_2 是逐分量里德-巴吉塔列维奇(Read-Bajraktarevic)算子，因此满足

$$g_1(L_i(x)) = T_1 g_1(L_i(x)) = F_i^1(x, g_1(x), g_2(x)) = \alpha_i g_1(x) + \beta_i g_2(x) + p_i(x)$$

$$g_2(L_i(x)) = T_2 g_2(L_i(x)) = F_i^2(x, g_2(x)) = \gamma_i g_2(x) + q_i(x), \quad x \in \boldsymbol{I}$$

设 $f \in \mathscr{C}(\boldsymbol{I})$是一个连续函数并考虑以下情形：

$$q_i(x) = f \circ L_i(x) - \alpha_i b(x) \tag{2.20}$$

其中 $b: \boldsymbol{I} \to \mathbf{R}$ 是一个连续映射，满足条件 $b(x_1)=f(x_1)$和 $b(x_N)=f(x_N)$，且 $b \neq f$。该情形是对任意连续函数的一种推广，由巴恩斯利[2]和纳瓦斯库埃斯(Navascués)[42]提出，此时的插值数据集是$\{(x_i, f(x_i)), i \in \mathbf{N}_N^+\}$。下面我们定义 f 对应的α-分形函数。

定义 2.2 若连续函数 $f^\alpha: \boldsymbol{I} \to \mathbf{R}$ 的图像是以式(2.13)和式(2.20)定义的 IFS 吸引子，则称该函数为 f 关于 b 和分割 D 的α-分形函数。

根据式(2.14)，f^α 满足函数方程

$$f^\alpha(x) = f(x) + \alpha_i((f^\alpha - b) \circ L_i^{-1}(x)), \quad \forall x \in \boldsymbol{I}_i, i \in \mathbf{N}_{N-1}^+ \tag{2.21}$$

注意到当 $\alpha=0$ 时，有 $f^\alpha=f$，所以可以将上述方程看作一个以 f 为函数芽的完备函数族 f^α，利用这种方法，可以定义任意连续函数的分形类似物。

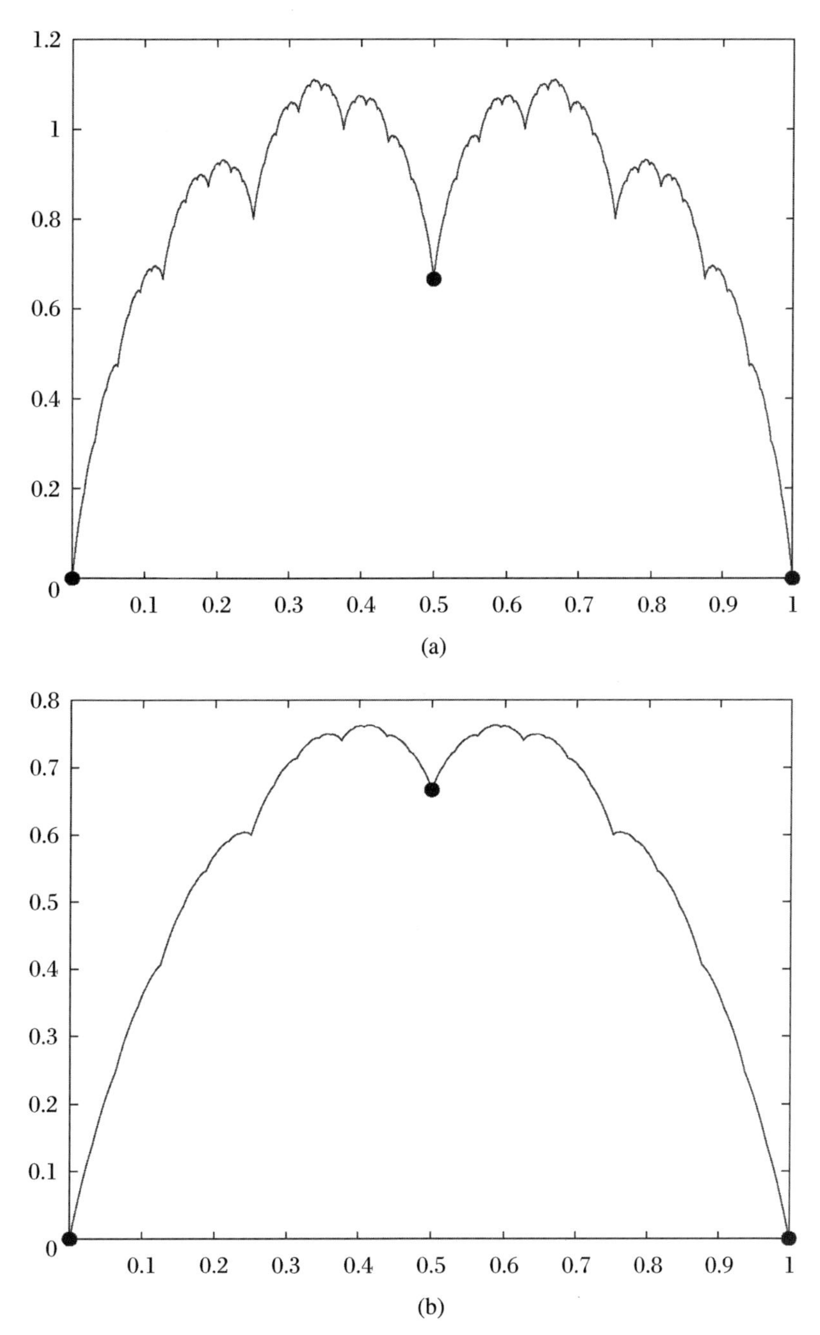

图 2-8 数据集{(0,0,0),(1/2,2/3,2/3),(1,0,0)}的隐变量 FIF，此时 $\boldsymbol{\alpha}=\{0.4,0.4\}$，$\boldsymbol{\beta}=\{0.4,0.4\}$，$\boldsymbol{\gamma}=\{0.4,0.4\}$

2.5 分形插值函数的经典微积分

FIF 即使处处连续也不一定可导。因此,相比经典插值函数,FIF 可以更精细地逼近粗糙曲线,进而利用粗糙曲线更精确地重构自然发生函数。尽管如此,对于某些放大后具有自相似性的函数,仍然有必要用一条光滑曲线逼近。为此,巴恩斯利和哈林顿提出可对由式(2.13)中的 IFS 生成的 FIF 进行不定积分,FIF 的积分仍是 FIF,因而可用于对特定数据集进行插值。此外,他们还进一步探究了 p 阶可导 FIF 在插值区间首端点处的 p 阶导数可计算时的构造问题。实际上,可导函数不能认为是分形,但因可缩放,并且其图像的豪斯多夫-贝西科维奇维数是非整数,故仍称为 FIF。由于这种 FIF 在非线性逼近中被广泛使用,人们对 FIF 的研究也在不断扩展。后来,有学者对 FIF 的微积分进行了改进,并介绍了特定数据集的 p 阶连续可导 FIF 的构造原理。正如之前提到的那样,通过恰当地选择 r_i 和 q_i,可以构造可导的 FIF。现在,让我们简要地回顾巴恩斯利和哈林顿提出的定理。[5]

定理 2.2 如果 f 是与$\{K;(L_i(x),R_i(x,y)):i=1,2,\cdots,n\}$相关的 FIF,其中 R_i 的表达式见式(2.13),同时对于一个特定的 $\hat{y}_1$,定义 $\hat{f}(x)=\hat{y}_1+\int_{x_1}^{x} f(t)\mathrm{d}t$,则对于 $i=1,2,\cdots,n$,$\hat{f}$ 是与$\{K;(L_i(x),\hat{R}_i(x,y)):i=1,2,\cdots,n\}$相关的 FIF,其中

$$\hat{R}_i = a_i\alpha_i y + \hat{q}_i(x)$$

$$a_i = \frac{x_i - x_{i-1}}{x_n - x_1}$$

$$\hat{q}_i(x) = \hat{y}_i - a_i\alpha_i\hat{y}_1 + a_i\int_{x_1}^{x} q_i(t)\mathrm{d}t$$

$$\hat{y}_{i+1} = \hat{y}_1 + \sum_{k=1}^{i} a_k\left(\alpha_k(\hat{y}_n - \hat{y}_1) + \int_{x_1}^{x_n} q_k(t)\mathrm{d}t\right)$$

$$\hat{y}_n = \hat{y}_1 + \frac{\sum_{k=1}^{n-1} a_k\int_{x_1}^{x_n} q_k(t)\mathrm{d}t}{1 - \sum_{k=1}^{n-1} a_k\alpha_k}$$

证 定义

$$\hat{f}(x) = \hat{y}_1 + i\int_{x_1}^{x} f(t)\mathrm{d}t \tag{2.22}$$

$$\begin{aligned}\hat{f}(L_i(x)) &= \hat{y}_1 + i\int_{x_1}^{L_i(x)} f(t)\mathrm{d}t \\ &= \hat{y}_1 + \int_{x_1}^{x_i} f(t)\mathrm{d}t + i\int_{x_i}^{L_i(x)} f(t)\mathrm{d}t \\ &= \hat{y}_i + \int_{L_i(x_1)}^{L_i(x)} f(t)\mathrm{d}t\end{aligned}$$

$$= \hat{y}_i + a_i \int_{x_1}^{x} f(L_i(x))\mathrm{d}x$$

由函数方程 $f(L_i(x)) = R_i(x, f(x)) = \alpha_i f(x) + q_i(x)$ 可得

$$\hat{f}(L_i(x)) = \hat{y}_i + a_i \int_{x_1}^{x} (\alpha_i f(x) + q_i(x))\mathrm{d}x$$

$$= \hat{y}_i + a_i \int_{x_1}^{x} \alpha_i f(x)\mathrm{d}x + a_i \int_{x_1}^{x} q_i(x)\mathrm{d}x$$

利用式(2.22)可得

$$\hat{f}(L_i(x)) = \hat{y}_i + a_i\alpha_i(\hat{f}(x) - \hat{y}_1) + a_i \int_{x_1}^{x} q_i(x)\mathrm{d}x$$

$$= a_i\alpha_i\hat{f}(x) + \hat{y}_i - a_i\alpha_i\hat{y}_1 + a_i \int_{x_1}^{x} q_i(x)\mathrm{d}x$$

$$= a_i\alpha_i\hat{f}(x) + \hat{q}_i(x)$$

$$\hat{f}(L_i(x)) = \hat{R}_i(x, \hat{f}(x))$$

因此，$\hat{f}$ 是所述 IFS 的吸引子。又因反导数 $\hat{f}$ 连续，故 $\hat{f}$ 在交点 y_i 处也必定连续。取 $x = x_n, L_i(x_n) = x_{i+1}$，有

$$\hat{y}_{i+1} = \hat{y}_i + a_i\alpha_i(\hat{y}_n - \hat{y}_1) + a_i \int_{x_1}^{x_n} q_i(x)\mathrm{d}x$$

$$\hat{y}_{i+1} - \hat{y}_i = a_i\left(\alpha_i(\hat{y}_n - \hat{y}_1) + \int_{x_1}^{x_n} q_i(x)\mathrm{d}x\right)$$

我们知道 $\hat{y}_{i+1} = \hat{y}_1 + \sum_{k=1}^{i}(\hat{y}_{k+1} - \hat{y}_k)$，即

$$\hat{y}_{i+1} = \hat{y}_1 + \sum_{k=1}^{i} a_k\left(\alpha_k(\hat{y}_n - \hat{y}_1) + \int_{x_1}^{x_n} q_k(x)\mathrm{d}x\right)$$

取 $i = n - 1$，有

$$\hat{y}_n = \hat{y}_1 + \sum_{k=1}^{n-1} a_k\left(\alpha_k(\hat{y}_n - \hat{y}_1) + \int_{x_1}^{x_n} q_k(x)\mathrm{d}x\right)$$

$$\hat{y}_n - \hat{y}_1 = \sum_{k=1}^{n-1} a_k\alpha_k(\hat{y}_n - \hat{y}_1) + \sum_{k=1}^{n-1} a_k \int_{x_1}^{x_n} q_k(x)\mathrm{d}x$$

$$(\hat{y}_n - \hat{y}_1)\left(1 - \sum_{k=1}^{n-1} a_k\alpha_k\right) = \sum_{k=1}^{n-1} a_k \int_{x_1}^{x_n} q_k(x)\mathrm{d}x$$

$$\hat{y}_n = \hat{y}_1 + \frac{\sum_{k=1}^{n-1} a_k \int_{x_1}^{x_n} q_k(x)\mathrm{d}x}{1 - \sum_{k=1}^{n-1} a_k\alpha_k}$$

推论 2.1　使用在定理 2.2 中与 FIFf 相关的符号，于是，当且仅当 $\hat{f}$ 是由 IFS $\{K; (L_i(x), \hat{R}_i(x, y))\}$ 生成的 FIF 时，$\hat{f}' = f$。其中 $\hat{R}_i = \hat{\alpha}_i y + \hat{q}_i(x)$，$i = 1, 2, \cdots, n$，并且 $\hat{\alpha}_i = a_i\alpha_i$，$\hat{q}_i(x) = a_i q_i(x)$。

定理 2.3 给出了可导 FIF 的存在性以及 $\mathscr{C}^p$-FIF 的一种构造方法。对于一个规定的

数据集，利用式(2.20)可以得到一个 $\mathscr{C}^p$ -连续的FIF，该FIF是IFS(2.13)的不动点，其中尺度因子 α_i 和函数 q_i 根据定理2.3进行选择。

定理2.3 给定一个数据集 $\{(x_i,y_i)\in I\times \mathbf{R}: i\in \mathbf{N}_n^+\}$，满足 $x_1<x_2<\cdots<x_n$，设 $L_i(x)=a_ix+b_i\,(i\in \mathbf{N}_{n-1}^+)$ 为仿射变换，满足式(2.1)，同时 $R_i(x,y)=\alpha_iy+q_i(x)\,(i\in \mathbf{N}_{n-1}^+)$ 满足式(2.2)。假设对于某个整数 $p\geqslant 0$，有 $|\alpha_i|<a_i^p$ 且 $R_i\in \mathscr{C}^p(\boldsymbol{I})$，$i\in \mathbf{N}_{n-1}^+$，令

$$R_{i,k}(x,y)=\frac{\alpha_iy+q_i^{(k)}(x)}{a_i^k},\quad y_{1,k}=\frac{q_1^{(k)}(x_1)}{a_1^k-\alpha_1},\quad y_{n,k}=\frac{q_{n-1}^{(k)}(x_n)}{a_{n-1}^k-\alpha_{n-1}},\quad k=1,2,\cdots,p \tag{2.23}$$

若 $R_{i-1,k}(x_i,y_{i,k})=R_{i,k}(x_1,y_{1,k})$，$i=2,3,\cdots,n$，$k=1,2,\cdots,p$，则由IFS $\{K;w_i(x,y): i\in \mathbf{N}_{n-1}^+\}$ 可以确定一个FIF $f\in \mathscr{C}^p(\boldsymbol{I})$，并且 $f^{(k)}$ 是由 $\{K_0;w_i(x,y): i\in \mathbf{N}_{n-1}^+\}$ 生成的FIF，其中 K_0 是一个空间 $\boldsymbol{I}\times \mathbf{R}$ 上的非空闭合矩形，$f^{(k)}$ 表示 f 的第 k 阶导数。

为得到上述定理中的等式需要求解方程组，但有时方程组是无解的，无解的情形主要发生在函数带有某些边界条件时。[5]

2.6 结 束 语

经典插值理论研究的是对规定数据集进行拟合的连续函数的存在性及其重构问题。传统插值技术在给定数据集不规则的情况下仍会生成光滑或分段可导的插值函数，所以现有非分形技术并不适用于描述自然发生函数。针对这种情况，人们提出了基于IFS的FIF，它是一种经典插值函数的推广形式。FIF并非可导函数，甚至在某些情况下处处不可微，因此可以说FIF是对传统插值技术的一次重大发展，用巴恩斯利的话说："它们似乎非常适用于逼近那些在放大后表现出某种几何自相似性的自然发生函数。"本章介绍了经典插值函数和FIF，并且在FIF的可导性方面得到了一个开创性的结果，从而产生了一个新的课题——分形样条。本章还进一步简要介绍了各种类型的FIF，包括隐变量FIF、α-FIF和带变尺度因子的FIF，这些函数将在后面的章节中与分数阶微积分一起进行讨论。

第 3 章　分形函数的分数阶微积分

3.1　引　　言

分数阶微积分一词源自 1695 年洛必达(L'Hospital)和莱布尼茨(Leibniz)之间的一次通信。莱布尼茨给洛必达写了封信,信中将 f 关于 x 的 n 阶导数表示为 $\frac{\mathrm{d}^n f}{\mathrm{d}x^n}$,同时假定 n 取正整数,即 $n \in \mathbf{N}^+$。洛必达则回复了这样一个问题:如果 n 是分数 $\frac{1}{2}$,那么 $\frac{\mathrm{d}^n f}{\mathrm{d}x^n}$ 的意义是什么?这一历史性的提问中衍生出了一个新的数学理论名词——分数阶导数,人们普遍认为这是分数阶导数概念的首次出现,自此分数阶微积分这个概念就一直沿用至今。虽然并没有理由将 n 限制为有理数,毋庸置疑的是,n 取任意的实数甚至复数都是允许的,但这些情形已经超出了本书的讨论范畴。与分形一样,分数阶微积分的概念已经被应用于许多科学领域,然而,因为分数阶微积分并不适用于生成复杂的图像结构,所以没有引发像目前分形那样的研究热度。在文献[13]中,研究人员致力于将分数阶微积分与分形几何联系起来,从而揭示出分数阶微积分(如黎曼-刘维尔分数阶微积分)与冯·科赫曲线之间的关系,并且发现冯·科赫曲线的分形维数是黎曼-刘维尔分数阶微积分阶数的线性函数。

在逼近理论的相关文献中,已经提出了各式各样的插值方法,然而,当所有的经典插值方法都以构造光滑函数为导向时,很容易忽视大量实验和自然信号都具有密集的不可微点集这一事实。为解决这个问题,巴恩斯利提出基于指定了连续函数不可微点密度的 IFS 来构造 FIF,他将 FIF 构造为函数空间上特定算子的一个不动点。分形插值技术为理解自然界普遍存在的复杂性现象提供了一个一般框架,同时,FIF 也是经典插值函数的一种推广形式,在巴恩斯利框架的启发下,研究人员将 FIF 推广到了一个个不同的领域。魏尔斯特拉斯定理已经给出了用多项式来逼近光滑连续函数的方法,然而,宇宙中存在着大量处处连续但处处不可微的函数类型,故非光滑连续函数的逼近方法同样重要。近年来,学者们在这一研究方向上越来越关注如何从分形函数的不同方面刻画非光滑函数。为了分析 FIF 的不规则性,文献[13-24]对 FIF 进行了黎曼-刘维尔分数阶微积分,并将黎曼-刘维尔分数阶微积分与 FIF 的分形维数进行了比较。本章将对不同类型 FIF 的黎曼-刘维尔分数阶微积分展开介绍。

尽管文献[25,26]也给出了几种有趣的分数阶积分定义,但黎曼-刘维尔分数阶积分仍是分数阶微积分中最重要的基础定义。黎曼-刘维尔分数阶微积分定义如下:令$\mathscr{C}([a,b])$表示在区间$[a,b]$上所有的连续函数集合。若$f\in\mathscr{C}([a,b])$,则f的黎曼-刘维尔$\beta(\beta>0)$阶积分定义为

$$I_a^\beta f(x) = \frac{1}{\Gamma(\beta)}\int_a^x (x-t)^{\beta-1}f(t)\mathrm{d}t \tag{3.1}$$

黎曼-刘维尔$\beta(\beta>0)$阶导数定义为

$$D_a^\beta f(x) = \frac{1}{\Gamma(n-\beta)}\left(\frac{\mathrm{d}}{\mathrm{d}x}\right)^n\int_a^x \frac{f(t)\mathrm{d}t}{(x-t)^{\beta-n+1}} \tag{3.2}$$

式中,$n=[\beta]+1$,$[\cdot]$表示β的整数部分,同时对于所有的$x\in\mathbf{R}$都有

$$\Gamma(x) = \int_0^\infty \mathrm{e}^{-t}t^{x-1}\mathrm{d}t$$

式(3.2)是最广为人知的分数阶导数定义,通常被称为黎曼-刘维尔分数阶导数。在相同的$f(x)$假设下,通过重复的分部积分和微分可以从式(3.2)中得到格伦瓦尔德-列特尼科夫(Grunwald-Letnikov)分数阶导数。格伦瓦尔德-列特尼科夫分数阶导数存在的条件是函数$n+1$阶连续可导,然而在数学中,尽管连续函数的类型较多,但$n+1$阶连续可导函数的类型却比较有限。此外,绝大多数动力学过程都足够光滑,不会出现间断的情况。因此,连续函数在实际中具有重大的应用价值,理解这一事实有助于我们在应用中正确地选用分数阶微积分方法,尤其是要注意到黎曼-刘维尔分数阶导数的定义式(3.2),它允许我们弱化函数f的假设条件。

3.2 线性分形插值函数

设f是由如下形式的IFS生成的$\mathscr{C}^p$-线性FIF,

$$\{K;w_i:i\in\mathbf{N}_n^+\} \tag{3.3}$$

$$w_i\begin{pmatrix}x\\y\end{pmatrix} = \begin{pmatrix}a_i & 0\\c_i & \alpha_i\end{pmatrix}\begin{pmatrix}x\\y\end{pmatrix}+\begin{pmatrix}b_i\\d_i\end{pmatrix} \tag{3.4}$$

同时,$L_i=a_ix+b_i$,$R_i=\alpha_iy+q(x)$,$q_i(x)=c_ix+d_i$。本节只考察由式(3.3)中的IFS生成的FIF,我们定义f上的黎曼-刘维尔分数阶积分为

$$I_{x_1}^\beta f^{(k)}(x_n) = \frac{1}{\Gamma(\beta)}\int_{x_1}^{x_n}(x_n-t)^{\beta-1}f^{(k)}(t)\mathrm{d}t \tag{3.5}$$

并且有$I_{x_1}^\beta f^{(k)}(x_1)=0$,其中$f^{(k)}$表示$f$的第$k$阶导数,$k=1,2,\cdots,p$。

定理3.1保证了FIF第k阶导数的分数阶积分的连续性。

定理3.1 设f为由式(3.3)定义的IFS生成的$\mathscr{C}^p$-线性FIF,如果FIFf在$[x_1,x_n]$上连续,则对于所有的$k=1,2,\cdots,p$,$n\in\mathbf{N}^+$,$I_{x_1}^\beta f^{(k)}(x)$都在$[x_1,x_n]$上连续。

证 固定k,因为$f\in\mathscr{C}^p$,所以对于给定的$\epsilon>0$和所有的$x,y\in[x_1,x_n]$,只要

$|x-y|<\delta$,就必定有$|f^{(k)}(x)-f^{(k)}(y)|<\epsilon$成立。

假设 $x<y$,即 $y=x+h,h>x_0$,则有

$$
\begin{aligned}
&|I_{x_1}^{\beta}f^{(k)}(y)-I_{x_1}^{\beta}f^{(k)}(x)|\\
&=\left|\frac{1}{\Gamma(\beta)}\int_{x_1}^{y}(y-t)^{\beta-1}f^{(k)}(t)\mathrm{d}t-\frac{1}{\Gamma(\beta)}\int_{x_1}^{x}(x-t)^{\beta-1}f^{k}(t)\mathrm{d}t\right|\\
&=\left|\frac{1}{\Gamma(\beta)}\int_{x_1}^{h}(y-t)^{\beta-1}f^{(k)}(t)\mathrm{d}t+\frac{1}{\Gamma(\beta)}\int_{h}^{y}(y-t)^{\beta-1}f^{(k)}(t)\mathrm{d}t\right.\\
&\quad\left.-\frac{1}{\Gamma(\beta)}\int_{x_1}^{x}(x-t)^{\beta-1}f^{(k)}(t)\mathrm{d}t\right|\\
&=\left|\frac{1}{\Gamma(\beta)}\int_{x_1}^{h}(y-t)^{\beta-1}f^{(k)}(t)\mathrm{d}t+\frac{1}{\Gamma(\beta)}\int_{x_1}^{x}(x-z)^{\beta-1}f^{(k)}(z+h)\mathrm{d}z\right.\\
&\quad\left.-\frac{1}{\Gamma(\beta)}\int_{x_1}^{x}(x-t)^{\beta-1}f^{(k)}(t)\mathrm{d}t\right|\\
&\leqslant\frac{1}{|\Gamma(\beta)|}\int_{x_1}^{k}|(y-t)^{\beta-1}||f^{(k)}(t)|\mathrm{d}t\\
&\quad+\frac{1}{\Gamma(\beta)}\int_{x_1}^{x}|(x-t)^{\beta-1}||f^{(k)}(t+h)-f^{(k)}(t)|\mathrm{d}t\\
&\leqslant\frac{1}{|\Gamma(\beta)|}(Kx^{\beta-1}(h-x_1)+\epsilon(x-x_1)^{\beta})
\end{aligned}
$$

其中,$K=\sup\limits_{t\in[x_1,x_n]}|f^{(k)}(t)|$,选定$\epsilon'=\dfrac{1}{|\Gamma(\beta)|}(Kx^{\beta-1}(h-x_1)+\epsilon(x-x_1)^{\beta})>0$,则$|I_{x_1}^{\beta}f^{(k)}(y)-I_{x_1}^{\beta}f^{(k)}(x)|<\epsilon'$,故 $I_{x_1}^{\beta}f^{(k)}(x)$在$[x_1,x_n]$上连续。又因为 k 是$1,2,\cdots,p$中的任意值,所以该命题对于所有的 k 都成立。

定理 3.2　设 f 是由式(3.3)定义的 IFS 生成的 $\mathscr{C}^p$ -线性 FIF。则 f 的黎曼-刘维尔 β 阶积分 $I_{x_1}^{\beta}f^{(k)}(x)$是与$\{K;w_i:w_i(x,y)=(L_i(x),\hat{R}_{i,\beta}^{(k)}(x,y)),i\in\mathbf{N}_{n-1}^{+}\}$相关的 $\mathscr{C}^p$ -线性 FIF,其中 $\hat{y}_{1,\beta}=0$,并且对于每个 $i\in\mathbf{N}_{n-1}^{+},\beta>0$ 和所有的 $k=1,2,\cdots,p$,都有

$$
\begin{aligned}
\hat{R}_{i,\beta}^{(k)}(x,y)&=a_i^{\beta-k}r_iy+\hat{q}_{i,\beta}^{(k)}(x)\\
a_i&=\frac{x_{i+1}-x_i}{x_n-x_1}\\
\hat{q}_{i,\beta}^{(k)}(x)&=\hat{y}_{i-1,\beta}^{(k)}+f_{i-1,\beta}^{(k)}(x)+a_i^{\beta-k}I_{x_1}^{\beta}q_i^{(k)}(x)\\
\hat{y}_{i,\beta}^{(k)}&=I_{x_1}^{\beta}f^{(k)}(x_i)\\
f_{i,\beta}^{(k)}(x)&=\frac{1}{\Gamma(\beta)}\int_{x_1}^{x_{i-1}}((L_i(x)-t)^{\beta-1}-(x_{i-1}-t)^{\beta-1})f^{(k)}(t)\mathrm{d}t
\end{aligned}
$$

成立。

证　设 f 是由式(3.3)定义的 IFS 生成的线性 FIF,因此 f 满足函数方程(2.12)。根据定理 2.3,对于所有的 $x\in I$, $i\in\mathbf{N}_{n-1}^{+}$,都有 $f^{(k)}(L_i(x))=R(x,f^{(k)}(x))=\dfrac{r_if^{(k)}(x)+q_i^{(k)}(x)}{a_i^k}$成立。

$$
\begin{aligned}
I_{x_1}^{\beta} f^{(k)}(L_i(x)) &= \frac{1}{\Gamma(\beta)} \int_{x_1}^{L_i(x)} (L_i(x) - t)^{\beta-1} f^{(k)}(t)\mathrm{d}t \\
&= \frac{1}{\Gamma(\beta)} \int_{x_1}^{x_i-1} (x_{i-1} - t)^{\beta-1} f^{(k)}(t)\mathrm{d}t - \frac{1}{\Gamma(\beta)} \int_{x_1}^{x_i-1} (x_{i-1} - t)^{\beta-1} f^{(k)}(t)\mathrm{d}t \\
&\quad + \frac{1}{\Gamma(\beta)} \int_{x_1}^{x_i-1} (L_i(x) - t)^{\beta-1} f^{(k)}(t)\mathrm{d}t \\
&\quad + \frac{1}{\Gamma(\beta)} \int_{x_{i-1}}^{L_i(x)} (L_i(x) - t)^{\beta-1} f^{(k)}(t)\mathrm{d}t \\
&= \frac{1}{\Gamma(\beta)} \int_{x_1}^{x_{i-1}} (x_{i-1} - t)^{\beta-1} f^{(k)}(t)\mathrm{d}t \\
&\quad + \frac{1}{\Gamma(\beta)} \int_{x_1}^{x_{i-1}} ((L_i(x) - t)^{\beta-1} - (x_{i-1} - t)^{\beta-1}) f^{(k)}(t)\mathrm{d}t \\
&\quad + \frac{1}{\Gamma(\beta)} \int_{x_i-1}^{L_i(x)} (L_i(x) - t)^{\beta-1} f^{(k)}(t)\mathrm{d}t \\
&= \hat{y}_{i-1,\beta}^{(k)} + f_{i,\beta}^{(k)}(x) + \frac{1}{\Gamma(\beta)} \int_{x_i-1}^{L_i(x)} (L_i(x) - t)^{\beta-1} f^{(k)}(t)\mathrm{d}t \\
&= \hat{y}_{i-1,\beta}^{(k)} + f_{i,\beta}^{(k)}(x) + \frac{1}{\Gamma(\beta)} \int_{x_1}^{x} (L_i(x) - L_i(u))^{\beta-1} f^{(k)}(L_i(u)) a_i \mathrm{d}u
\end{aligned}
$$

由函数方程 $f^{(k)}(L_i(x)) = R_i(x, f^{(k)}(x)) = r_i f^{(k)}(x) + q_i(x)$和定理 2.3 可得

$$
\begin{aligned}
I_{x_1}^{\beta} f^{(k)}(L_i(x)) &= \hat{y}_{i-1,\beta}^{(k)} + f_{i,\beta}^{(k)}(x) + \frac{a_i}{\Gamma(\beta)} \int_{x_1}^{x} (a_i(x - u))^{\beta-1} \frac{r_i f^{(k)}(u) + q_i^{(k)}(u)}{a_i^k}\mathrm{d}u \\
&= \hat{y}_{i-1,\beta}^{(k)} + f_{i,\beta}^{(k)}(x) + \frac{a_i^{\beta-k}}{\Gamma(\beta)} \int_{x_1}^{x} (x - u)^{\beta-1} r_i f^{(k)}(u)\mathrm{d}u \\
&\quad + \frac{a_i^{\beta-k}}{\Gamma(\beta)} \int_{x_1}^{x} (x - u)^{\beta-1} q_i^{(k)}(u)\mathrm{d}u \\
&= \hat{y}_{i-1,\beta}^{(k)} + f_{i,\beta}^{(k)}(x) + a_i^{\beta-k} r_i I_{x_1}^{\beta} f^{(k)}(x) + a_i^{\beta-k} I_{x_1}^{\beta} q_i^{(k)}(x)
\end{aligned}
$$

$$
I_{x_1}^{\beta} f^{(k)}(L_i(x)) = \hat{R}_{i,\beta}^{(k)}(x, I_{x_1}^{\beta} f^{(k)}(x))
$$

此外，

$$
\begin{aligned}
\hat{R}_{i,\beta}^{(k)}(x_1, \hat{y}_{1,\beta}) &= \hat{R}_{i,\beta}^{(k)}(x_1, 0) \\
&= \hat{q}_{i,\beta}^{(k)}(x_1) + a_i^{\beta-k} r_i I_{x_1}^{\beta} f^{(k)}(x_1) \\
&= \hat{y}_{i-1,\beta}^{(k)} + f_{i,\beta}^{(k)}(x_1) + a_i^{\beta-k} I_{x_1}^{\beta} q_i^{(k)}(x_1) + a_i^{\beta-k} r_i I_{x_1}^{\beta} f^{(k)}(x_1) \\
&= \hat{y}_{i,\beta}^{(k)} \\
&= \hat{y}_{i-1,\beta}^{(k)}
\end{aligned}
$$

$$
\begin{aligned}
\hat{R}_{i,\beta}^{(k)}(x_n, \hat{y}_{n,\beta}) &= \hat{q}_{i,\beta}^{(k)}(x_n) + a_i^{\beta-k} r_i I_{x_1}^{\beta} f^{(k)}(x_n) \\
&= \hat{y}_{i-1,\beta}^{(k)} + f_{i,\beta}^{(k)}(x_n) + a_i^{\beta-k} I_{x_1}^{\beta} q_i^{(k)}(x_n) + a_i^{\beta-k} r_i I_{x_1}^{\beta} f^{(k)}(x_n) \\
&= I_{x_1}^{\beta} f^{(k)}(L_i(x_n)) \\
&= \hat{y}_{i,\beta}^{(k)}
\end{aligned}
$$

因此，IFS $\{K;w_i:w_i(x,y)=(L_i(x),\hat{R}_{i,\beta}^{(k)}(x,y)),i\in\mathbf{N}_{n-1}^+\}$生成了数据集$\{(x_i,\hat{y}_{i,\beta}^{(k)}):i\in\mathbf{N}_n^+\}$的$\mathscr{C}^p$-线性FIF$I_{x_1}^{\beta}f^{(k)}(x)$，证毕。

【例3-1】 考察与数据集$\{(0,0),(1/3,1/2),(2/3,1/2),(1,0)\}$相关且带有纵向尺度因子$r_1=3/5,r_2=-3/5$和$r_3=4/5$的FIF$f$，FIF$f$可由下列函数构成的IFS生成：

$$L_1(x)=\frac{1}{3}x,\quad R_1(x,y)=\frac{3}{5}y+\frac{1}{2}x$$

$$L_2(x)=\frac{1}{3}x+\frac{1}{3},\quad R_2(x,y)=-\frac{3}{5}y+\frac{1}{2}$$

$$L_3(x)=\frac{1}{3}x+\frac{2}{3},\quad R_3(x,y)=\frac{4}{5}y-\frac{1}{2}x+\frac{1}{2}$$

图3-1(a)给出了f的图像。若$k=0$且$\beta=0.2$，则FIF的0.2阶分数阶积分$I_{x_1}^{0.2}f$是数据集$\{(0,0),(1/3,185/1223),(2/3,721/1986),(1,51/700)\}$的插值函数。此时，生成$I_{x_1}^{0.2}f$的IFS由与上述相同的$L_i(x)(i=1,2,3)$和下列函数构成：

$$\hat{R}_{1,0.2}^{0}(x,y)=\frac{328}{681}y+\frac{51}{140}x^{1.2}$$

$$\hat{R}_{2,0.2}^{0}(x,y)=-\frac{328}{681}y+\frac{55}{1223}x^{1.2}+\frac{153}{350}(x+1)^{0.2}-\frac{153}{350}$$

$$\hat{R}_{3,0.2}^{0}(x,y)=\frac{691}{1076}y+\frac{971}{4318}x^{1.2}+\frac{1819}{1516}x^{0.2}+\frac{1613}{2065}$$

其中，纵向尺度因子分别为$r_1=328/681,r_2=-328/681$和$r_3=691/1076$，$I_{x_1}^{0.2}f$的图像如图3-1(b)所示。现在考察$k=0$且$\beta=1$时的情况，此时$I_{x_1}^{1}f$经过插值点$\{(0,0),(1/3,23/132),(2/3,7/12),(1,5/11)\}$，并且生成$I_{x_1}^{1}f$的IFS由与上述相同的$L_i(x)(i=1,2,3)$和下列函数构成：

$$\hat{R}_{1,1}^{0}(x,y)=\frac{1}{5}y+\frac{1}{12}x^2$$

$$\hat{R}_{2,1}^{0}(x,y)=-\frac{1}{5}y+\frac{1}{6}x+\frac{23}{132}$$

$$\hat{R}_{3,1}^{0}(x,y)=\frac{4}{15}y-\frac{1}{12}x^2+\frac{1}{6}x+\frac{7}{12}$$

其中，纵向尺度因子分别为$r_1=1/5,r_2=-1/5,r_3=4/15$。$I_{x_1}^{1}f$的图像如图3-3(a)所示。图3-2(a)～图3-2(c)分别给出了f的0.2、0.4和0.6阶分数阶导数。图3-3(b)～图3-3(d)分别给出了函数$f^{0.2}$、$f^{0.4}$和$f^{0.6}$的0.2阶分数阶积分，它们的IFS可根据定理3.2获得。

定理3.2表明：如果FIFf在首端点处的积分值已知，则$\hat{f}$是对数据集$\{(x_i,\hat{y}_{i,\beta}^{(k)}):i\in\mathbf{N}_n^+\}$插值的FIF。因此，当FIF$f$在特定插值数据集端点处的积分值给定时，定理3.3能得到一个类似的结果。我们定义f的黎曼-刘维尔分数阶积分为

$$I_{x_n}^{\beta}f^{(k)}(x_1)=\frac{1}{\Gamma(\beta)}\int_{x_1}^{x_n}(t-x_1)^{\beta-1}f^{(k)}(t)\mathrm{d}t \tag{3.6}$$

同时约定$I_{x_n}^{\beta}f^{(k)}(x_n)=0$。

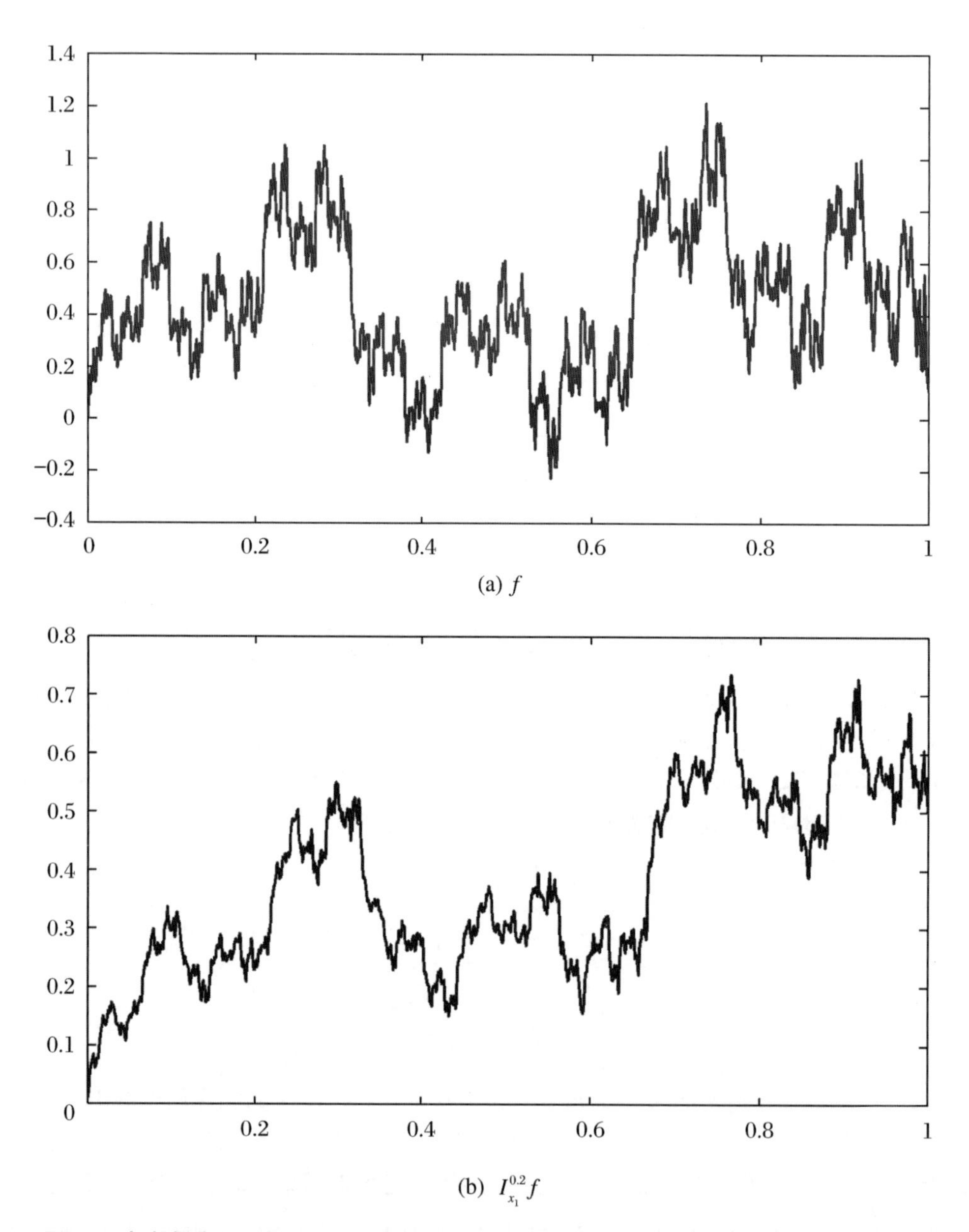

(a) f

(b) $I_{x_1}^{0.2}f$

图 3-1　与数据集{(0,0),(1/3,1/2),(2/3,1/2),(1,0)}相关的 FIFf 及其 0.2 阶分数阶积分

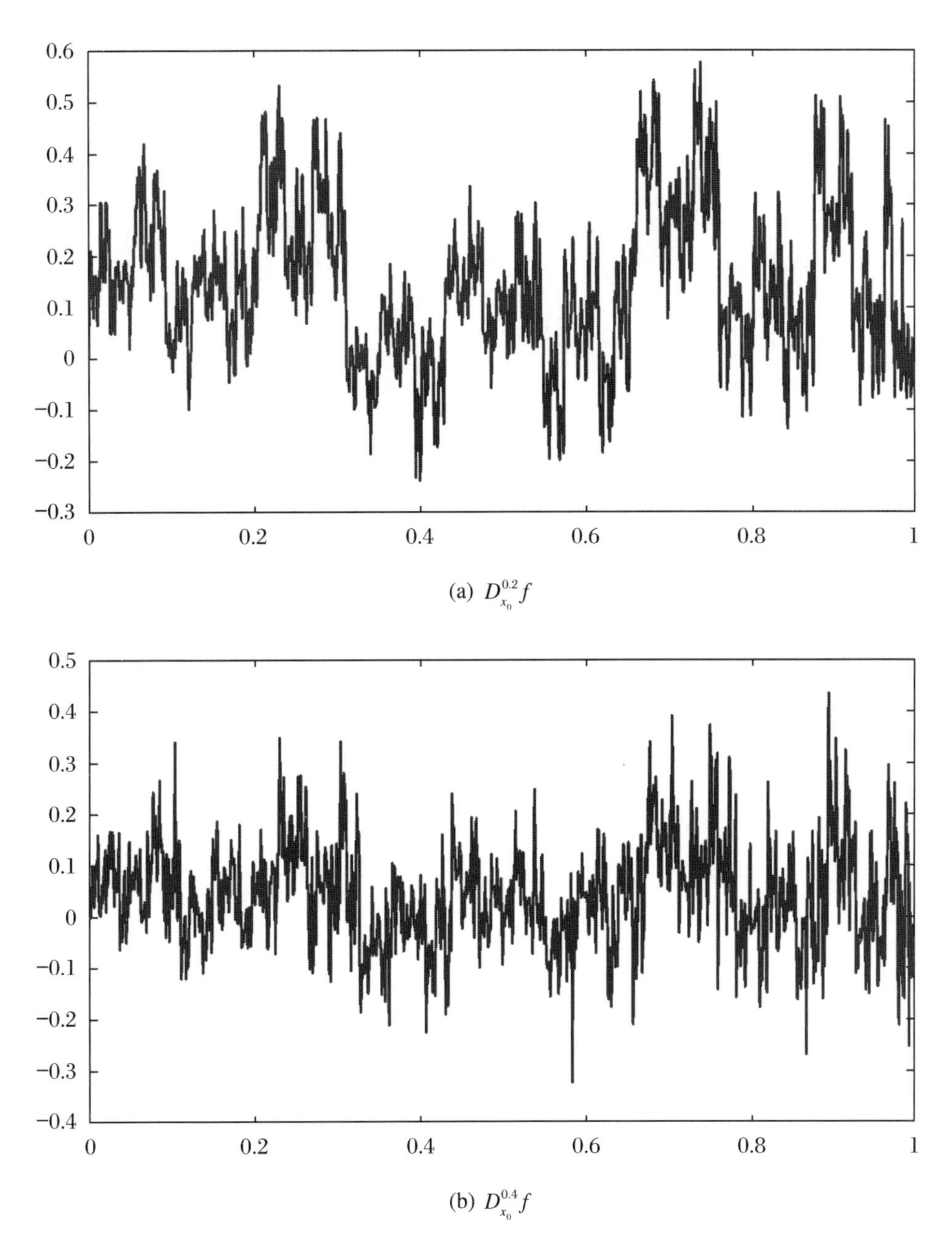

(a) $D_{x_0}^{0.2}f$

(b) $D_{x_0}^{0.4}f$

图 3-2　与数据集{(0,0),(1/3,1/2),(2/3,1/2),(1,0)}相关的 FIF 的黎曼-刘维尔分数阶导数

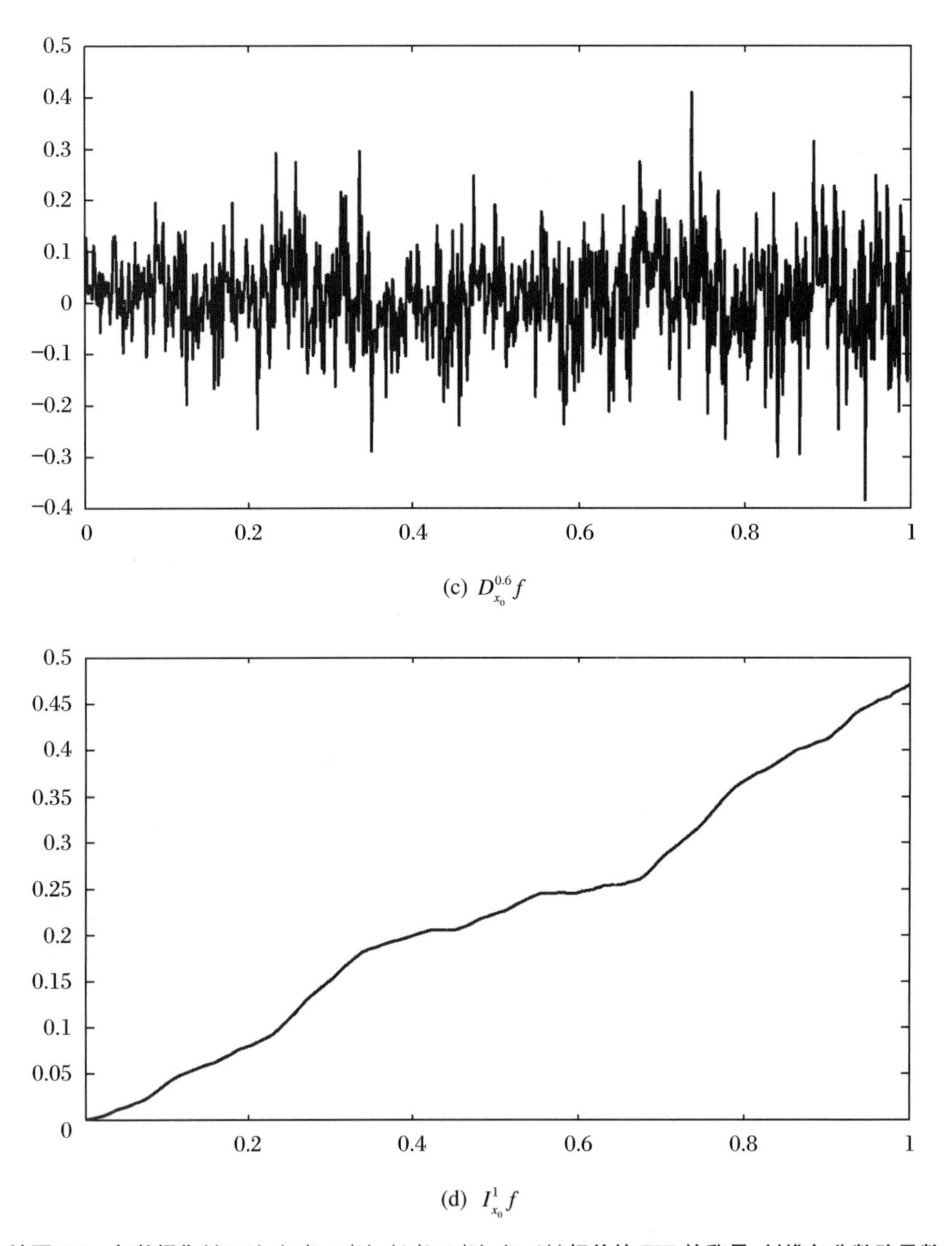

(c) $D_{x_0}^{0.6}f$

(d) $I_{x_0}^{1}f$

续图 3-2　与数据集{(0,0),(1/3,1/2),(2/3,1/2),(1,0)}相关的 FIF 的黎曼-刘维尔分数阶导数

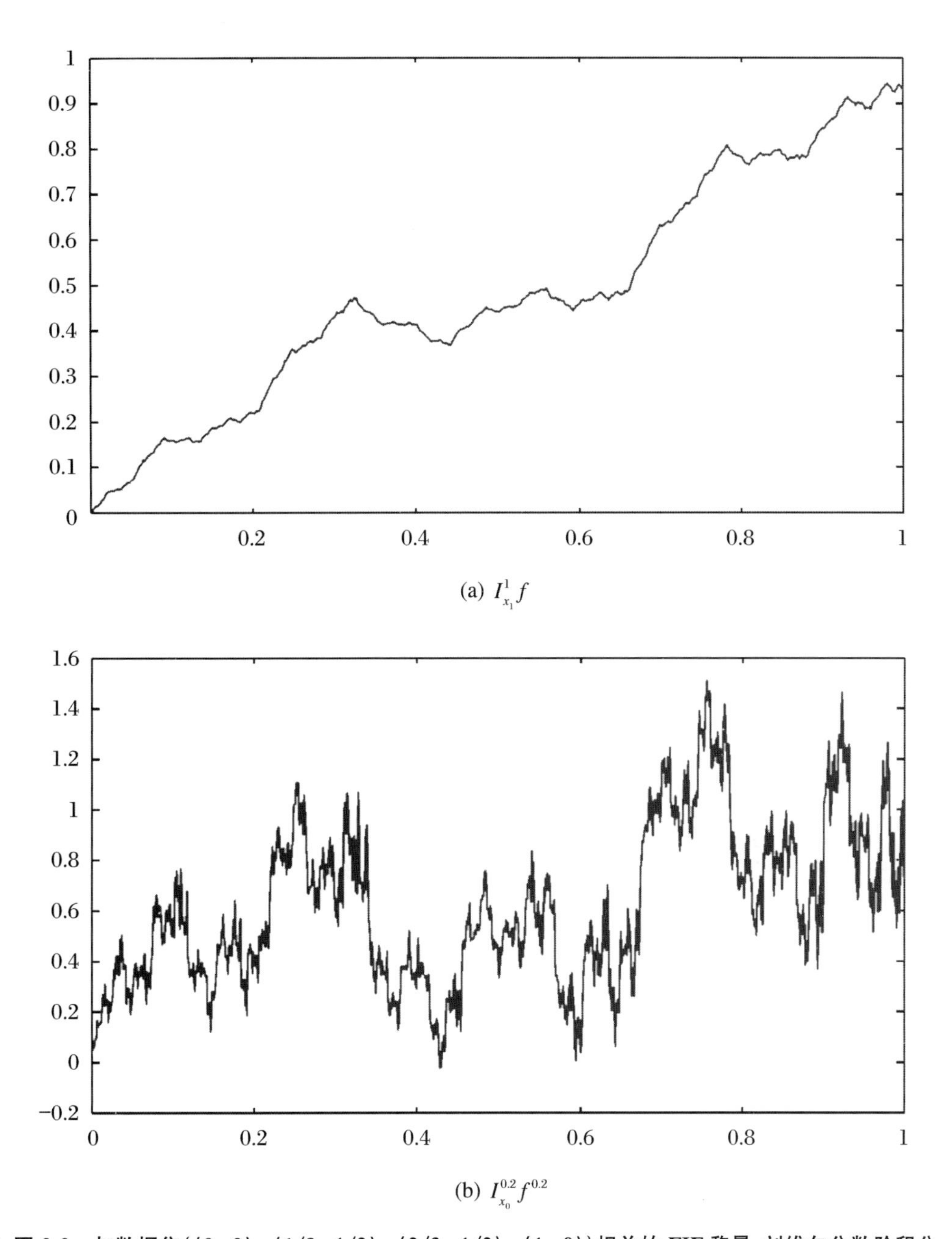

(a) $I_{x_1}^{1} f$

(b) $I_{x_0}^{0.2} f^{0.2}$

图 3-3　与数据集{(0, 0), (1/3, 1/2), (2/3, 1/2), (1, 0)}相关的 FIF 黎曼-刘维尔分数阶积分

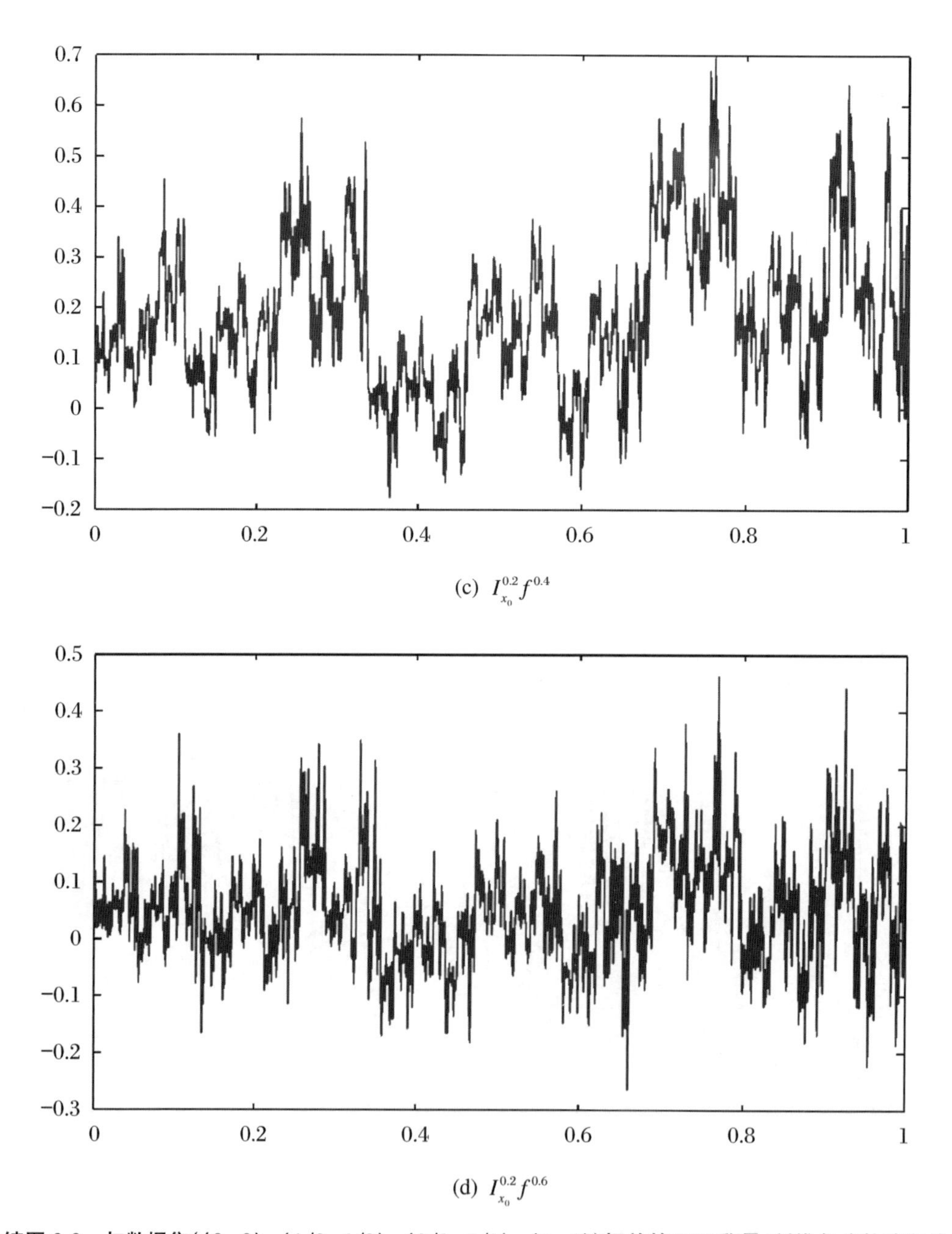

(c) $I_{x_0}^{0.2}f^{0.4}$

(d) $I_{x_0}^{0.2}f^{0.6}$

续图 3-3 与数据集{(0, 0), (1/3, 1/2), (2/3, 1/2), (1, 0)}相关的 FIF 黎曼-刘维尔分数阶积分

定理 3.3 设 f 为由式(3.3)定义的 IFS 生成的 $\mathscr{C}^p$ -线性 FIF,则黎曼-刘维尔 β 阶积分 $I_{x_n}^{\beta} f^{(k)}(x)$ 是与 $\{K; w_i: w_i(x,y)=(L_i(x), \hat{R}_{i,\beta}^{(k)}(x,y)), i\in\mathbf{N}_{n-1}^{+}\}$ 相关的 $\mathscr{C}^p$ -线性 FIF,其中 $\hat{y}_{n,\beta}=0$,并且对于每个 $i\in\mathbf{N}_{n-1}^{+}$, $\beta>0$ 和所有的 $k=1,2,\cdots,p$,都有

$$\hat{R}_{i,\beta}^{(k)}(x,y) = a_i^{\beta-k} r_i y + \hat{q}_{i,\beta}^{(k)}(x)$$

$$a_i = \frac{x_{i+1}-x_i}{x_n - x_1}$$

$$\hat{q}_{i,\beta}^{(k)}(x) = \hat{y}_{i,\beta}^{(k)} + f_{i,\beta}^{(k)}(x) + a_i^{\beta-k} I_{x_n}^{\beta} q_i^{(k)}(x)$$

$$\hat{y}_{i,\beta}^{(k)} = I_{x_n}^{\beta} f^{(k)}(x_i)$$

$$f_{i,\beta}^{(k)}(x) = \frac{1}{\Gamma(\beta)}\int_{x_i}^{x_n}((t-L_i(x))^{\beta-1}-(t-x_i)^{\beta-1})f^{(k)}(t)\mathrm{d}t$$

证 设 f 是由式(3.3)定义的 IFS 生成的 $\mathscr{C}^p$ -线性 FIF,所以它满足函数方程(2.12)。由定理 2.3 可知,对于所有的 $x\in I$, $i\in\mathbf{N}_{n-1}^{+}$,都有 $f^{(k)}(L_i(x)) = R(x, f^{(k)}(x)) = \dfrac{r_i f^{(k)}(x)+q_i^{(k)}(x)}{a_i^k}$成立。

$$\begin{aligned}
I_{x_n}^{\beta} f^{(k)}(L_i(x)) &= \frac{1}{\Gamma(\beta)}\int_{L_i(x)}^{x_n}(t-L_i(x))^{\beta-1}f^{(k)}(t)\mathrm{d}t \\
&= \frac{1}{\Gamma(\beta)}\int_{x_i}^{x_n}(t-x_i)^{\beta-1}f^{(k)}(t)\mathrm{d}t - \frac{1}{\Gamma(\beta)}\int_{x_i}^{x_n}(t-x_i)^{\beta-1}f^{(k)}(t)\mathrm{d}t \\
&\quad + \frac{1}{\Gamma(\beta)}\int_{L_i(x)}^{x_i}(t-L_i(x))^{\beta-1}f^{(k)}(t)\mathrm{d}t \\
&\quad + \frac{1}{\Gamma(\beta)}\int_{x_i}^{x_n}(t-L_i(x))^{\beta-1}f^{(k)}(t)\mathrm{d}t \\
&= \hat{y}_{i,\beta}^{(k)} + f_{i,\beta}^{(k)}(x) + \frac{1}{\Gamma(\beta)}\int_{L_i(x)}^{x_i}(t-L_i(x))^{\beta-1}f^{(k)}(t)\mathrm{d}t \\
&= \hat{y}_{i,\beta}^{(k)} + f_{i,\beta}^{(k)}(x) + \frac{1}{\Gamma(\beta)}\int_{x}^{x_n}(L_i(u)-L_i(x))^{\beta-1}f^{(k)}(L_i(u))a_i\mathrm{d}u \\
&= \hat{y}_{i,\beta}^{(k)} + f_{i,\beta}^{(k)}(x) + \frac{a_i}{\Gamma(\beta)}\int_{x}^{x_n}(a_i(u-x))^{\beta-1}\frac{r_i f^{(k)}(u)+q_i^{(k)}(u)}{a_i^k}\mathrm{d}u \\
&= \hat{y}_{l,\beta}^{(k)} + f_{i,\beta}^{(k)}(x) + \frac{a_i^{\beta-k}}{\Gamma(\beta)}\int_{x}^{x_n}(u-x)^{\beta-1}r_i f^{(k)}(u)\mathrm{d}u \\
&\quad + \frac{a_i^{\beta-k}}{\Gamma(\beta)}\int_{x}^{x_n}(u-x)^{\beta-1}q_i^{(k)}(u)\mathrm{d}u \\
&= \hat{y}_{i,\beta}^{(k)} + f_{i,\beta}^{(k)}(x) + a_i^{\beta-k}r_i I_{x_n}^{\beta}f^{(k)}(x) + a_i^{\beta-k}I_{x_n}^{\beta}q_i^{(k)}(x)
\end{aligned}$$

$$I_{x_n}^{\beta} f^{(k)}(L_i(x)) = \hat{R}_{i,\beta}^{(k)}(x, I_{x_n}^{\beta}f^{(k)}(x))$$

同时

$$\begin{aligned}
\hat{R}_{i,\beta}^{(k)}(x_1, \hat{y}_{1,\beta}) &= \hat{q}_{i,\beta}^{(k)}(x_1) + a_i^{\beta-k}r_i I_{x_n}^{\beta}f^{(k)}(x_1) \\
&= \hat{y}_{i-1,\beta}^{(k)} + f_{i,\beta}^{(k)}(x_n) + a_i^{\beta-k}I_{x_n}^{\beta}q_i^{(k)}(x_1) + a_i^{\beta-k}r_i I_{x_n}^{\beta}f^{(k)}(x_1)
\end{aligned}$$

$$
\begin{aligned}
&= I_{x_n}^{\beta} f^{(k)}(L_i(x_1)) \\
&= \hat{y}_{i,\beta}^{(k)} \\
\hat{R}_{i,\beta}^{(k)}(x_n, \hat{y}_{n,\beta}) &= \hat{q}_{i,\beta}^{(k)}(x_n) + a_i^{\beta-k} r_i I_{x_n}^{\beta} f^{(k)}(x_n) \\
&= \hat{y}_{i-1,\beta}^{(k)} + f_{i,\beta}^{(k)}(x_n) + a_i^{\beta-k} I_{x_n}^{\beta} q_i^{(k)}(x_n) \\
&= \hat{y}_{i-1,\beta}^{(k)}
\end{aligned}
$$

因此，由 IFS $\{K; w_i: w_i(x,y)=(L_i(x), \hat{R}_{i,\beta}^{(k)}(x,y)), i\in \mathbf{N}_{n-1}^{+}\}$ 可以生成 $\mathscr{C}^p$ -线性 FIF$I_{x_n}^{\beta} f^{(k)}(x)$。

定理 3.2 和定理 3.3 表明：$\mathscr{C}^p$ -线性 FIFf 的黎曼-刘维尔分数阶积分 $\hat{f}$ 也是一个 $\mathscr{C}^p$ -线性 FIF，并且当 $\hat{f}$ 的值是 $I_{x_1}^{\beta} f^{(k)}(x_1)=0$ 或 $I_{x_n}^{\beta} f^{(k)}(x_n)=0$ 时，$\hat{f}$ 是数据集 $\{(x_i, \hat{y}_{i,\beta}^{(k)}): i\in \mathbf{N}_n^{+}\}$ 的插值函数。这一结果启发我们推导 $\mathscr{C}^p$ -线性 FIF 的分数阶微积分。

命题 3.1 设 f 是由式(3.3)定义的 IFS 生成的 $\mathscr{C}^p$ -线性 FIF，则当且仅当 $I_{x_1}^{\beta} f^{(k)}(x)$ 是与 $\{K; w_i(x,y)=(L_i(x), \hat{R}_{i,\beta}^{(k)}(x,y)): i\in \mathbf{N}_{n-1}^{+}\}$ 相关的 $\mathscr{C}^p$ -线性 FIF 时，有 $D_{x_1}^{\alpha}(I_{x_1}^{\beta} f^{(k)}(x)) = D_{x_1}^{\alpha-\beta} f^{(k)}(x)\ (\alpha\geqslant\beta\geqslant 0)$ 成立。其中 $\hat{R}_{i,\beta}^{(k)}(x,y) = a_i^{\beta-k}\hat{r}_i y + a_i^{\beta-k}\hat{q}_{i,\beta}^{(k)}(x)$，$\hat{r}_i = r_i a_i^{k-\beta}$，$D_{x_1}^{\alpha}(\hat{q}_{i,\beta}^{(k)}(x)) = a_i^{k-\beta} D_{x_1}^{\alpha-\beta} q_i^{(k)}(x)$。

证 考察 IFS$\{K; w_i(x,y): n\in \mathbf{N}_{n-1}^{+}\}$，其中 $L_i(x)=a_i x+b_i$，$R_i(x,y)=\alpha_i y + q_i(x)$，$|\alpha_i|<1$ 且 $q_i(x)\in \mathscr{C}^p(I)$。设 f 为与式(3.3)定义的 IFS 相关的 $\mathscr{C}^p$ -线性 FIF。假设 $D_{x_1}^{\alpha}(I_{x_1}^{\beta} f^{(k)}(x)) = D_{x_1}^{\alpha-\beta} f^{(k)}(x)\ (\alpha\geqslant\beta\geqslant 0)$，则 $I_{x_1}^{\beta} f^{(k)}(x)$ 是与下列函数相关的 $\mathscr{C}^p$ -线性 FIF：

$$
\begin{aligned}
\hat{R}_{i,\beta}^{(k)}(x,y) &= a_i^{\beta-k} r_i y + \hat{q}_{i,\beta}^{(k)}(x) \\
a_i &= \frac{x_{i+1}-x_i}{x_n - x_1} \\
\hat{q}_{i,\beta}^{(k)}(x) &= \hat{y}_{i-1,\beta}^{(k)} + f_{i-1,\beta}^{(k)}(x) + a_i^{\beta-k} I_{x_1}^{\beta} q_i^{(k)}(x)
\end{aligned}
$$

$$
\begin{aligned}
D_{x_1}^{\alpha}(\hat{R}_{i,\beta}^{(k)}(x,y)) = {} & D_{x_1}^{\alpha}(a_i^{\beta-k} r_i y + I_{x_1}^{\beta} f^{(k)}(x_{i-1})) \\
& + D_{x_i}^{\alpha}\left(\frac{1}{\Gamma(\beta)}\int_{x_i}^{x_{i-2}} ((L_i(x)-t)^{\beta-1} - (x_{i-2}-t)^{\beta-1}) f^{(k)}(t)\mathrm{d}t\right) \\
& + (D_{x_1}^{\alpha} a_i^{\beta-k} I_{x_1}^{\beta} q_i^{(k)}(x))
\end{aligned}
$$

因 $D_{x_1}^{\alpha}(\hat{R}_{i,\beta}^{(k)}(x,y)) = R_i(x,y) = r_i y + D_{x_1}^{\alpha-\beta} q_i^{(k)}(x)$，故只有当 $\hat{R}_{i,\beta}^{(k)}(x,y) = a_i^{\beta-k}\hat{r}_i y + a_i^{\beta-k}\hat{q}_{i,\beta}^{(k)}(x)$ 时命题才成立。反之，如果 $I_{x_1}^{\beta} f^{(k)}(t)$ 是一个与

$$
\hat{R}_{i,\beta}^{(k)}(x,y) = a_i^{\beta-k}\hat{r}_i y + a_i^{\beta-k}\hat{q}_{i,\beta}^{(k)}(x), \quad D_{x_1}^{\alpha}(\hat{R}_{i,\beta}^{(k)}(x,y)) = r_i y + D_{x_1}^{\alpha-\beta} q_i^{(k)}(x)
$$

相关的 $\mathscr{C}^p$ -线性 FIF，则可以推得 $D_{x_1}^{\alpha}(I_{x_1}^{\beta} f^{(k)}(x)) = D_{x_1}^{\alpha-\beta} f^{(k)}(x)$。

【例 3-2】 在本例中，我们讨论非常著名的高木(Takagi) 处处不可微函数 $T(x) = \sum_{k=0}^{\infty} \frac{1}{2^k} \inf_{m\in \mathrm{Z}} |2^k x - m|$。考察带有纵向尺度因子 $r_1 = 1/2$ 和 $r_2 = 1/2$ 的数据集 $\{(0,0), (1/2,1/2), (1,0)\}$，则 FIF f 可由下列映射构成的 IFS 生成：

$$L_1(x)=\frac{1}{2}x,\quad R_1(x,y)=\frac{1}{2}y+\frac{1}{2}x$$

$$L_2(x)=\frac{1}{2}x+\frac{1}{2},\quad R_2(x,y)=\frac{1}{2}y-\frac{1}{2}x+\frac{1}{2}$$

f 的图像如图 3-4(a)所示,可以看到 f 与高木函数 T 的图像相似。若 $\beta=0.2$ 且 $k=0$,则 $I_{x_0}^{0.2}f$ 是数据集{(0,0),(1/2,1135/5746),(1,286/1415)}的插值函数,FIF$I_{x_1}^{0.2}f$ 由与上述相同的$L_i(x)(i=1,2,3)$和以下带有纵向尺度因子的函数生成:

$$\hat{R}_{1,0.2}^{0}(x,y)=\frac{269}{618}y+\frac{1135}{2873}x^{1.2}$$

$$\hat{R}_{2,0.2}^{0}(x,y)=\frac{269}{618}y+\frac{633}{788}x^{0.2}+\frac{381}{1382}(x^{1.2}-(x+1)^{1.2})+\frac{309}{2690}(x+1)^{0.2}-\frac{162}{2941}$$

其中,纵向尺度因子为 $r_1=r_2=\frac{269}{618}$,$I_{x_1}^{1}f^{0.2}$ 的图像如图 3-4(b)所示。接下来考察当 $k=0$ 和 $\beta=1$ 时的情况,此时 $I_{x_1}^{1}f$ 经过插值点{(0,0),(1/2,3/8),(1,1/2)},FIF$I_{x_1}^{1}f$ 由与上述相同的$L_i(x)(i=1,2,3)$和以下带有纵向尺度因子的函数生成:

$$\hat{R}_{1,1}^{0}(x,y)=\frac{1}{4}y+\frac{1}{8}x^2$$

$$\hat{R}_{2,1}^{0}(x,y)=\frac{1}{4}y-\frac{1}{8}x^2+\frac{1}{4}x+\frac{3}{8}$$

其中,纵向尺度因子为 $r_1=r_2=\frac{1}{4}$。f 的 0.4 阶分数阶积分 $I_{x_1}^{0.4}f$ 经过插值点{(0,0),(1/2,169/1108),(1,394/2145)},FIF$I_{x_1}^{0.4}f$ 由与上述相同的$L_i(x)(i=1,2,3)$和以下带有纵向尺度因子的函数生成:

$$\hat{R}_{1,0.4}^{0}(x,y)=\frac{651}{1718}y+\frac{1153}{3534}x^{1.4}$$

$$\hat{R}_{2,0.4}^{0}(x,y)=\frac{651}{1718}y+\frac{2477}{1802}x^{0.4}+\frac{533}{4480}(x+1)^{0.4}-\frac{472}{431}x^{1.4}-\frac{533}{3200}(x+1)^{1.4}-\frac{241}{7067}$$

其中,纵向尺度因子为 $r_1=r_2=\frac{651}{1718}$。f 的 0.6 阶分数积分 $I_{x_1}^{0.6}f$ 经过插值点{(0,0),(1/2,349/3025),(1,929/5179)},FIF$I_{x_1}^{0.6}f$ 由与上述相同的$L_i(x)(i=1,2,3)$和以下带有纵向尺度因子的函数生成:

$$\hat{R}_{1,0.6}^{0}(x,y)=\frac{509}{1543}y+\frac{2018}{7415}x^{1.6}$$

$$\hat{R}_{2,0.6}^{0}(x,y)=\frac{509}{1543}y+\frac{494}{2163}x^{1.6}-\frac{548}{581}(x+1)^{1.6}+\frac{1179}{200}x^{0.6}+\frac{685}{581}(x+1)^{0.6}-\frac{604}{2151}$$

其中,纵向尺度因子为 $r_1=r_2=\frac{509}{1543}$,$I_{x_1}^{0.6}f$ 的图像如图 3-6(b)所示。图 3-5(a)～图 3-5(c)分别给出了 f 的 0.2、0.4 和 0.6 阶分数阶导数。图 3-6(c)～图 3-6(d)分别给出了函数 $f^{0.2}$、$f^{0.4}$和 $f^{0.6}$对应的 0.2 阶分数阶积分。

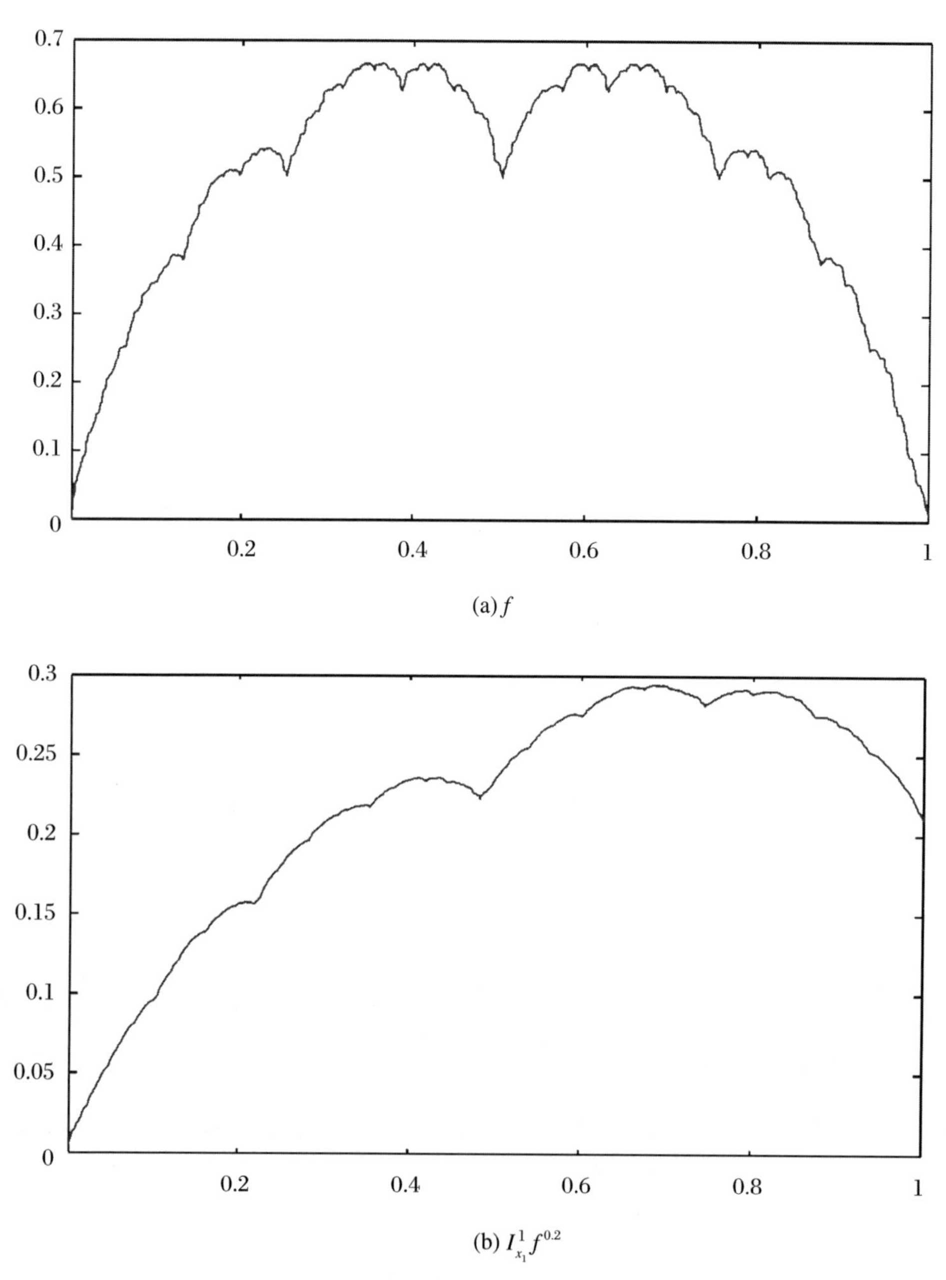

(a) f

(b) $I_{x_1}^{1} f^{0.2}$

图 3-4 高木函数 T 的 FIF f 及其积分

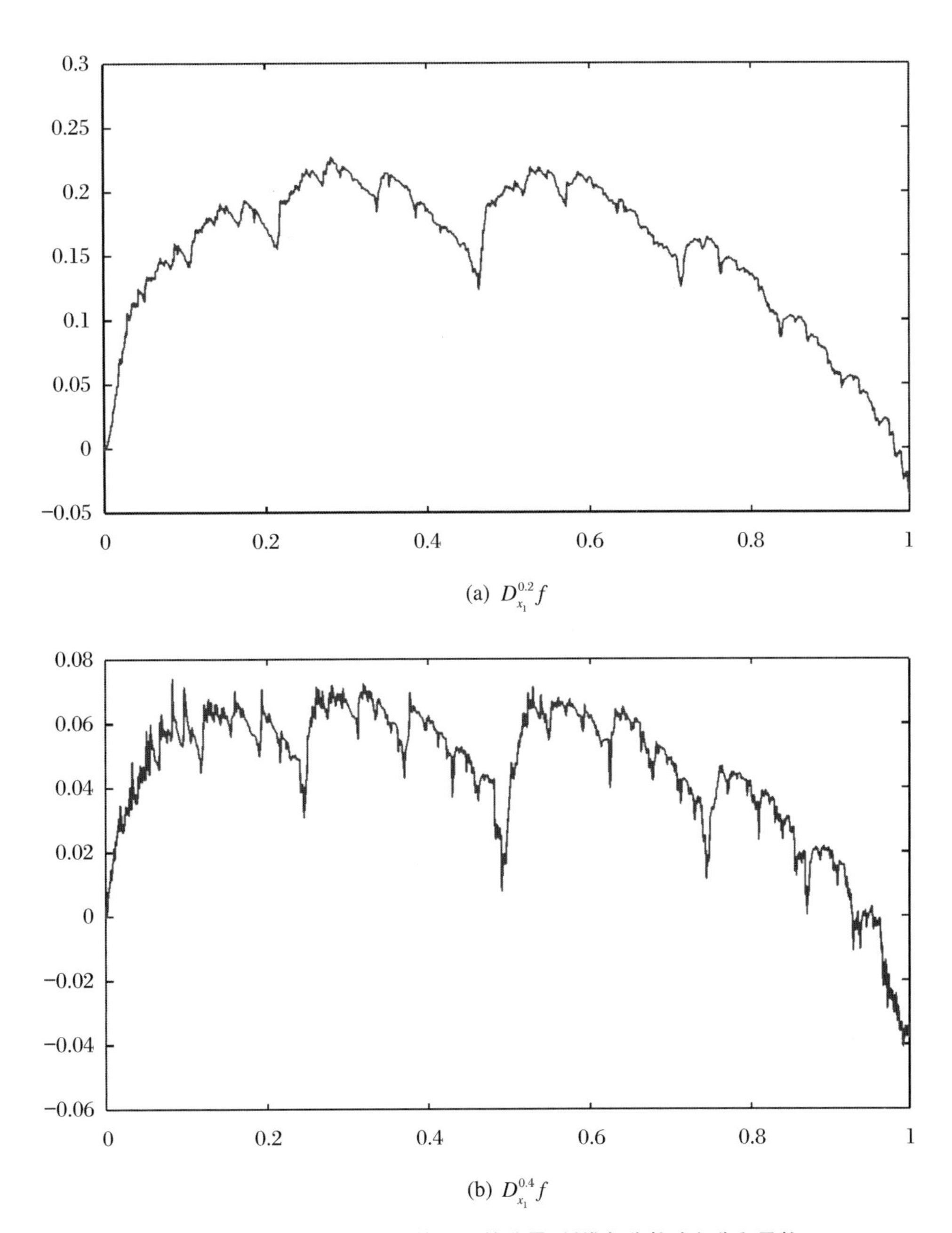

(a) $D_{x_1}^{0.2}f$

(b) $D_{x_1}^{0.4}f$

图 3-5　与高木函数 T 相关的 FIF 的黎曼-刘维尔分数阶积分和导数 1

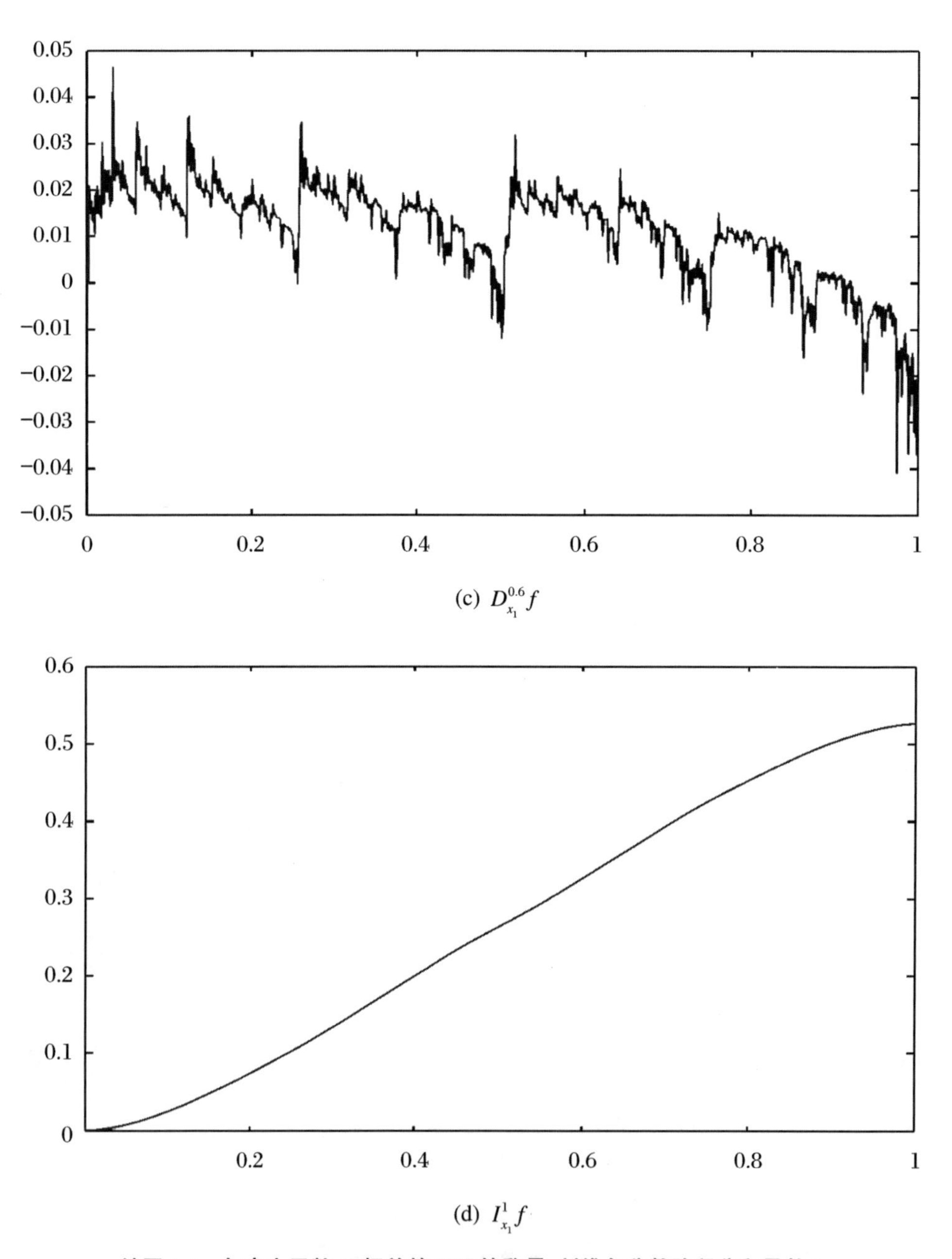

(c) $D_{x_1}^{0.6}f$

(d) $I_{x_1}^{1}f$

续图 3-5　与高木函数 T 相关的 FIF 的黎曼-刘维尔分数阶积分和导数 1

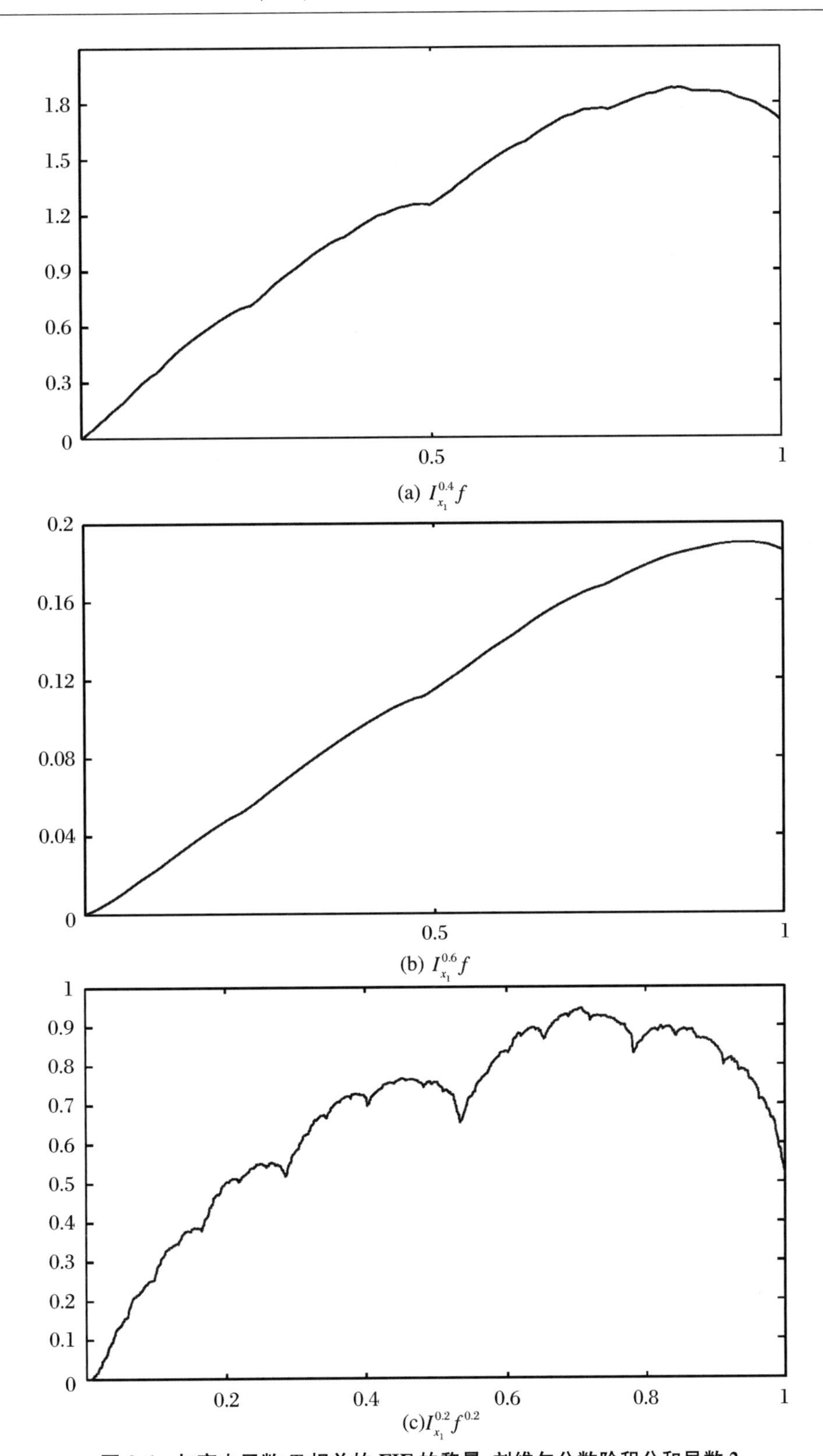

(a) $I_{x_1}^{0.4}f$

(b) $I_{x_1}^{0.6}f$

(c)$I_{x_1}^{0.2}f^{0.2}$

图 3-6　与高木函数 T 相关的 FIF 的黎曼-刘维尔分数阶积分和导数 2

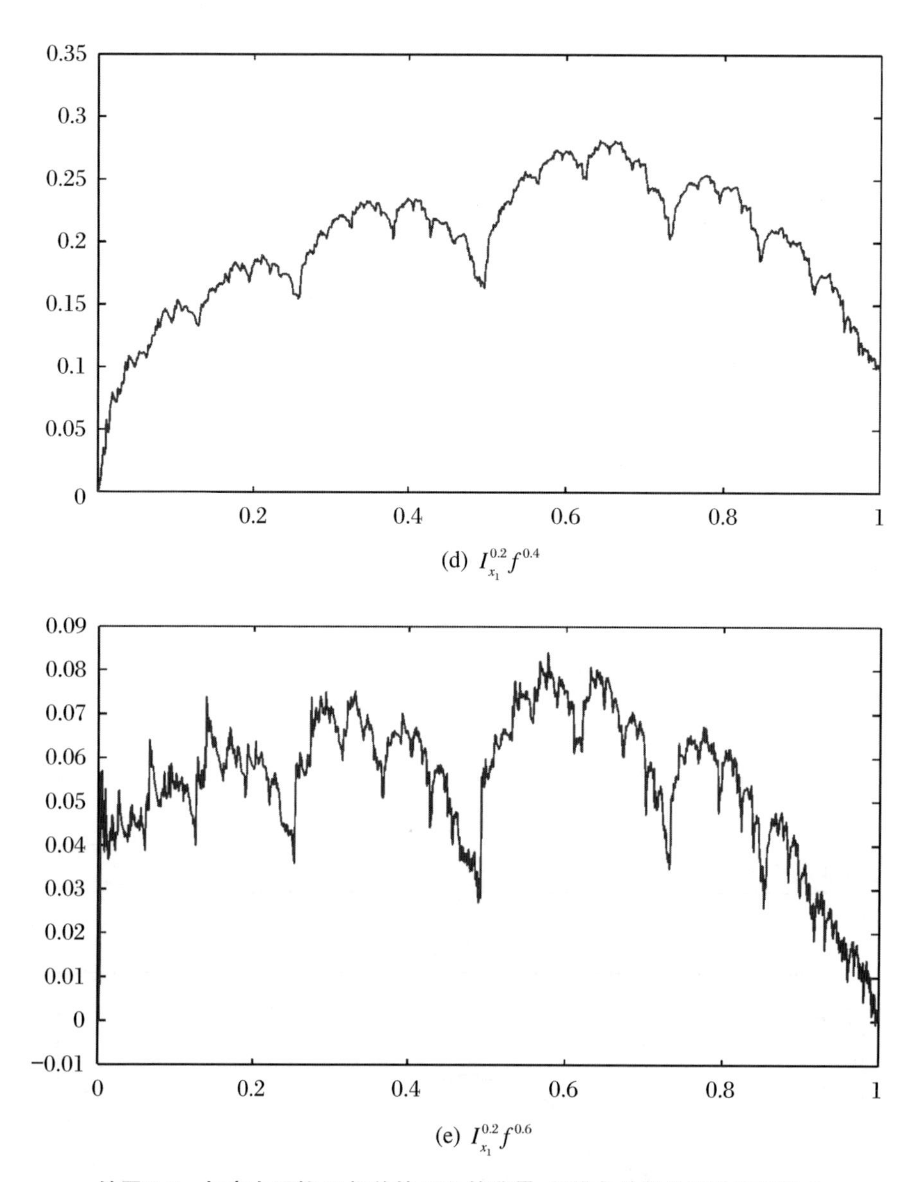

(d) $I_{x_1}^{0.2}f^{0.4}$

(e) $I_{x_1}^{0.2}f^{0.6}$

续图 3-6　与高木函数 T 相关的 FIF 的黎曼-刘维尔分数阶积分和导数 2

定理 3.4　设$\{(x_i,y_i)\in I\times\mathbf{R}:i\in\mathbf{N}_n^+\}$为一个给定数据集,满足$x_0<x_1<x_2<\cdots<x_n$,又设$L_i(x)=a_ix+b_i(i\in\mathbf{N}_{n-1}^+)$为仿射变换,$R_i(x,y)=r_iy+q_i(x)(i\in\mathbf{N}_{i-1}^+)$满足连接条件。若对于某个实数$p\geqslant 0$和$q_i\in D(I)$,$i\in\mathbf{N}_{i-1}^+$,有$|r_i|<a_i^p$成立,令

$$R_{i,k}(x,y)=\frac{r_iy+q_i^{(k)}(x)}{a_i^k},\quad y_{1,k}=\frac{q_1^{(k)}(x_1)}{a_i^k-r_1},\quad y_{n,k}=\frac{q_n^{(k)}(x_n)}{a_i^k-r_n},\quad k\in[0,p] \tag{3.7}$$

若$R_{i-1,k}(x_i,y_{i,k})=R_{i,k}(x_1,y_{1,k})$,其中$i=2,3,\cdots,n$且$k\in[0,p]$,则由IFS$\{K;w_i(x,y):i\in\mathbf{N}_{n-1}^+\}$可以生成一个FIF$f\in D(I)$,并且$f^{(k)}$是一个由IFS$\{K_0;w_i(x,y)=(L_i(x),R_{i,k}(x,y)):i\in\mathbf{N}_{n-1}^+\}$生成的FIF,其中$K_0$是空间$I\times\mathbf{R}$上的一个非空闭合矩形。

定理3.4的证明过程与定理3.1类似,需要用到命题3.1。

3.3　二次分形插值函数的黎曼-刘维尔分数阶微积分

3.2节研究了带有常尺度因子的线性FIF的分数阶微积分,作为3.2节的延续,本节将探讨具有恒定和变尺度因子的二次FIF的黎曼-刘维尔分数阶微积分。因此,在本节中,我们把式(2.13)中的函数q_i设定为2次多项式,即对于每个$i\in\mathbf{N}_{n-1}^+$都有

$$q_i(x):=x^2+c_ix+d_i \tag{3.8}$$

于是利用式(2.2),常数c_i和d_i可按下式估计:

$$c_i=\frac{y_{i+1}-y_i-\alpha_i(y_n-y_1)-(x_n^2-x_1^2)}{x_n-x_1} \tag{3.9}$$

$$d_i=\frac{x_n(y_i-x_1^2-\alpha_iy_1)+x_1(\alpha_iy_n+x_n^2-y_{i+1})}{x_n-x_1} \tag{3.10}$$

我们首先讨论具有常尺度因子的二次FIF的黎曼-刘维尔分数阶微积分和分形维数,具有常尺度因子的二次FIF g满足

$$g(L_i(x))=R_i(x,g(x))=\alpha_ig(x)+x^2+c_ix+d_i,\quad x\in I_i,i\in\mathbf{N}_{n-1}^+ \tag{3.11}$$

接下来让我们从带有常尺度因子的二次FIF的分数阶微积分开始讨论,利用式(3.1)可将二次FIF g在区间$[x_1,x_n]$上的黎曼-刘维尔$\beta>0$阶积分定义为

$$I_{x_1}^{\beta}g(x)=\frac{1}{\Gamma(\beta)}\int_{x_1}^{x}(x-t)^{\beta-1}g(t)\mathrm{d}t \tag{3.12}$$

同时,约定$I_{x_1}^{\beta}g(x_1)=0$。

定理 3.5　设g为与IFS(2.13)相关的二次FIF,则对于每个$\beta>0$,式(3.12)定义的函数$\hat{g}:=I_{x_1}^{\beta}g$都是一个由IFS$\{(L_i(x),R_i(x,y)):i\in\mathbf{N}_{n-1}^+\}$生成的FIF,满足$\hat{g}(x_i)=\hat{y}_{i,\beta}$,$i\in\mathbf{N}_n^+$,其中$\hat{y}_{1,\beta}=0$,并且有

$$R_i(x,y)=a_i^{\beta}\alpha_iy+\hat{q}_i(x)$$

$$\hat{q}_i(x) = \hat{y}_{i,\beta} + \hat{g}_{i,\beta}(x) + \frac{a_i^{\beta}(x - x_1)^{\beta}}{\Gamma(\beta+1)}$$

$$\cdot\left((x_1^2 + c_i x_1 + d_i) + \frac{(2x_1 + c_i)(x - x_1)}{\beta+1} + \frac{2(x - x_1)^2}{(\beta+1)(\beta+2)}\right)$$

$$\hat{y}_{i+1,\beta} = \sum_{k=1}^{i}\left(\hat{g}_{k,\beta}(x_n) + \alpha_k a_k^{\beta}\hat{y}_{n,\beta} + \frac{a_k^{\beta}(x_n - x_1)^{\beta}}{\Gamma(\beta+1)}\left(x_1^2 + c_k x_1 + d_k\right.\right.$$

$$\left.\left. + \frac{(2x_1 + c_k)(x_n - x_1)}{\beta+1} + \frac{2(x_n - x_1)^2}{(\beta+1)(\beta+2)}\right)\right) \quad (\forall i \in \mathbf{N}_{n=1}^{+})$$

$$\hat{y}_{n,\beta} = \frac{\sum_{k=1}^{n-1}\left(\hat{g}_{k,\beta}(x_n) + \frac{a_k^{\beta}(x_n - x_1)^{\beta}}{\Gamma(\beta+1)}\left(x_1^2 + c_k x_1 + d_k + \frac{(2x_1 + c_k)(x_0 - x_1)}{\beta+1} + \frac{2(x_n - x_1)^2}{(\beta+1)(\beta+2)}\right)\right)}{1 - \sum_{k=1}^{n-1} a_k^{\beta}\alpha_k}$$

$$\hat{g}_{i,\beta}(x) = \frac{1}{\Gamma(\beta)}\int_{x_1}^{x_i}((L_i(x) - t)^{\beta-1} - (x_i - t)^{\beta-1})g(t)\mathrm{d}t$$

证 假设 g 是一个与式 IFS(2.13)相关的二次 FIF,并且有 $I_{x_1}^{\beta}g(x_1)=0$,则

$$I_{x_1}^{\beta}g(L_i(x)) = \frac{1}{\Gamma(\beta)}\int_{x_1}^{L_i(x)}(L_i(x) - t)^{\beta-1}g(t)\mathrm{d}t$$

$$= \frac{1}{\Gamma(\beta)}\int_{x_1}^{x_i}(x_i - t)^{\beta-1}g(t)\mathrm{d}t + \frac{1}{\Gamma(\beta)}\int_{x_i}^{L_i(x)}(L_i(x) - t)^{\beta-1}g(t)\mathrm{d}t$$

$$+ \frac{1}{\Gamma(\beta)}\int_{x_1}^{x_i}((L_i(x) - t)^{\beta-1} - (x_i - t)^{\beta-1})g(t)\mathrm{d}t$$

$$= \hat{y}_{i,\beta} + \hat{g}_{i,\beta}(x) + \frac{1}{\Gamma(\beta)}\int_{L_i(x_1)}^{L_i(x)}(L_i(x) - t)^{\beta-1}g(t)\mathrm{d}t$$

其中 $\hat{y}_{i,\beta} = \frac{1}{\Gamma(\beta)}\int_{x_1}^{x_i}(x_i - t)^{\beta-1}g(t)\mathrm{d}t$,并且

$$\hat{g}_{i,\beta}(x) = \frac{1}{\Gamma(\beta)}\int_{x_1}^{x_i}((L_i(x) - t)^{\beta-1} - (x_i - t)^{\beta-1})g(t)\mathrm{d}t$$

替换变量 $t = L_i(s)$并利用式(2.2)可得

$$I_{x_1}^{\beta}g(L_i(x)) = \hat{y}_{i,\beta} + \hat{g}_{i,\beta}(x) + \frac{a_i^{\beta}}{\Gamma(\beta)}\int_{x_1}^{x}(x - s)^{\beta-1}g(L_i(s))\mathrm{d}s$$

$$= \hat{y}_{i,\beta} + \hat{g}_{i,\beta}(x) + \frac{a_i^{\beta}}{\Gamma(\beta)}\int_{x_1}^{x}(x - s)^{\beta-1}(\alpha_i g(s) + q_i(s))\mathrm{d}s$$

由于 g 是二次 FIF,根据式(3.11)可得

$$I_{x_1}^{\beta}\hat{g}(L_i(x)) = \frac{\alpha_i a_i^{\beta}}{\Gamma(\beta)}\int_{x_1}^{x}(x - s)^{\beta-1}g(s)\mathrm{d}s + \frac{a_i^{\beta}(x - x_1)^{\beta}}{\Gamma(\beta+1)}(x_1^2 + c_i x_1 + d_i)\hat{y}_{i,\beta}$$

$$+ \hat{g}_{i,\beta}(x) + \frac{a_i^{\beta}(x - x_1)^{\beta+1}}{\Gamma(\beta+2)}(2x_1 + c_i) + \frac{2a_i^{\beta}(x - x_1)^{\beta+2}}{\Gamma(\beta+3)} \quad (3.13)$$

记

$$\hat{q}_i(x) = \hat{y}_{i,\beta} + \hat{g}_{i,\beta}(x) + \frac{a_i^{\beta}(x - x_1)^{\beta}}{\Gamma(\beta+1)}$$

$$\cdot\left((x_1^2+c_ix_1+d_i)+\frac{(2x_1+c_i)(x-x_1)}{\beta+1}+\frac{2(x-x_1)^2}{(\beta+1)(\beta+2)}\right)$$

可得

$$I_{x_1}^{\beta}\hat{g}(L_i(x))=a_i^{\beta}\alpha_i\hat{g}+\hat{q}_i(x)=R_i(x,I_{x_1}^{\beta}g(x))$$

因此,二次 FIF 的黎曼-刘维尔 β 阶积分也是一个经过数据集$\{(x_i,\hat{y}_{i,\beta}):i\in\mathbf{N}_n^+\}$的 FIF,数据集纵坐标 $\hat{y}_{i,\beta}$可按公式(3.14)获得,即对于每个 $i\in\mathbf{N}_{n-1}^+$都有

$$\hat{y}_{i+1,\beta}=\hat{y}_{1,\beta}+\sum_{k=1}^{i}(\hat{y}_{k+1,\beta}-\hat{y}_{k,\beta}) \tag{3.14}$$

对式(3.13)取 $x=x_n$,有

$$\hat{y}_{i+1,\beta}=\sum_{k=1}^{i}\Bigg(\hat{g}_{k,\beta}(x_n)+\alpha_ka_k^{\beta}\hat{y}_{n,\beta}+\frac{a_k^{\beta}(x_n-x_1)^{\beta}}{\Gamma(\beta+1)}\cdot\left(x_1^2+c_kx_1+d_k+\frac{(2x_1+c_k)(x_n-x_1)}{\beta+1}+\frac{2(x_n-x_1)^2}{(\beta+1)(\beta+2)}\right)\Bigg)$$

对上式取 $i=n-1$,则 $\hat{y}_{n,\beta}$可表示为

$$\hat{y}_{n,\beta}=\frac{\displaystyle\sum_{k=1}^{n-1}\left(\hat{g}_{k,\beta}(x_n)+\frac{a_k^{\beta}(x_n-x_1)^{\beta}}{\Gamma(\beta+1)}\left(x_1^2+c_kx_1+d_k+\frac{(2x_1+c_k)(x_0-x_1)}{\beta+1}+\frac{2(x_n-x_1)^2}{(\beta+1)(\beta+2)}\right)\right)}{1-\displaystyle\sum_{k=1}^{n-1}a_k^{\beta}\alpha_k}$$

证毕。

在二次 FIF 在插值数据集首端点处的分数阶积分已预定义的情况下,上述定理给出了二次 FIF 的分数阶积分;下面的推论也将给出二次 FIF 的分数阶积分,不过前提条件是变为二次 FIF 在插值数据集末端点处的分数阶积分预定义,即

$$I_{x_n}^{\beta}g(x)=\frac{1}{\Gamma(\beta)}\int_x^{x_n}(t-x)^{\beta-1}g(t)\mathrm{d}t \tag{3.15}$$

同时,约定 $I_{x_n}^{\beta}g(x_n)=0$。

推论 3.1 设 g 为与 IFS(2.13)相关的二次 FIF,则对于每个 $\beta>0$,式(3.15)定义的函数 $\hat{g}:=I_{x_n}^{\beta}g$ 都是一个由 IFS$\{(L_i(x),R_i(x,y)):i\in\mathbf{N}_{n-1}^+\}$生成的 FIF,满足 $\hat{g}(x_i)=\hat{y}_{i,\beta},i\in\mathbf{N}_n^+$,其中 $\hat{y}_{n,\beta}=0$,并且有

$$R_i(x,y)=a_i^{\beta}\alpha_iy+\hat{q}_i(x)$$

$$\hat{q}_i(x)=\hat{y}_{i+1,\beta}+\hat{g}_{i+1,\beta(x)}+\frac{a_i^{\beta}(x_n-x)^{\beta}}{\Gamma(\beta+1)}\cdot\left(x_n^2+c_ix_n+d_i-\frac{(2x_n+c_i)(x_n-x)}{\beta+1}+\frac{2(x_n-x)^2}{(\beta+1)(\beta+2)}\right)$$

$$\hat{y}_{i,\beta}=\hat{y}_{n,\beta}+\sum_{k=i}^{n-1}\Bigg(\hat{g}_{k+1,\beta(x_1)}+\alpha_ka_k^{\beta}\hat{y}_{1,\beta}+\frac{a_k^{\beta}(x_n-x_1)^{\beta}}{\Gamma(\beta+1)}\cdot\left(x_n^2+c_kx_n+d_k-\frac{(2x_n+c_k)(x_n-x_1)}{\beta+1}+\frac{2(x_n-x_1)^2}{(\beta+1)(\beta+2)}\right)\Bigg)\quad(\forall i\in\mathbf{N}_{n-1}^+)$$

$$\hat{y}_{1,\beta}=\frac{\sum_{k=1}^{n-1}\left(\hat{g}_{k,\beta}(x_1)+\frac{a_k^{\beta}(x_n-x_1)^{\beta}}{\Gamma(\beta+1)}\left(x_n^2+c_kx_n+d_k-\frac{(2x_n+c_k)(x_n-x_1)}{\beta+1}+\frac{2(x_n-x_1)^2}{(\beta+1)(\beta+2)}\right)\right)}{1-\sum_{k=1}^{n=1}a_k^{\beta}\alpha_k}$$

$$\hat{g}_{i+1,\beta(x)}=\frac{1}{\Gamma(\beta)}\int_{x_{i+1}}^{x_n}((t-L_i(x))^{\beta-1}-(t-x_{i+1})^{\beta-1})g(t)\mathrm{d}t$$

利用式(3.2),二次 FIF g 在区间$[x_1,x_n]$上的黎曼-刘维尔$\beta>0$ 阶导数可定义为

$$D_{x_1}^{\beta}g(x)=\frac{1}{\Gamma(m-\beta)}\left(\frac{\mathrm{d}}{\mathrm{d}x}\right)^m\int_{x_1}^{x}g(t)(x-t)^{m-\beta-1}\mathrm{d}t \tag{3.16}$$

其中 $m=\min\{x\in\mathbf{N}^+:x\geqslant\beta\}$,同时约定 $D_{x_1}^{\beta}g(x_1)=0$。

定理 3.6 设 g 为与 IFS(2.13)相关的二次 FIF,若满足 $\alpha_i<a_i^{\beta}$ 且

$$R_i(x,y)=\frac{\alpha_i}{a_i^{\beta}}y+\tilde{q}_i(x)$$

$$\tilde{q}_i(x)=\frac{1}{a_i^{\beta}(x-x_1)^{\beta}}\left(\frac{(1-\beta)(x_1^2+c_ix_1+d_i)}{\Gamma(2-\beta)}+\frac{(2x_1+c_i)(x-x_1)}{\Gamma(2-\beta)}+\frac{2(x-x_1)^2}{\Gamma(3-\beta)}\right)$$
$$+\frac{\prod_{j=1}^{m}(m-j-\beta)}{\Gamma(m-\beta)}\int_{x_1}^{x_i}(L_i(x)-t)^{-\beta-1}g(t)\mathrm{d}t$$

则 FIF g 的 $0<\beta<2$ 阶导数 $\tilde{g}=D_{x_1}^{\beta}g$ 也是一个 FIF。

证 根据式(3.16)可得

$$D_{x_1}^{\beta}g(L_i(x))=\frac{1}{\Gamma(m-\beta)}\left(\frac{\mathrm{d}}{\mathrm{d}x}\right)^m\int_{x_1}^{L_i(x)}(L_i(x)-t)^{m-\beta-1}g(t)\mathrm{d}t$$
$$=\left(\frac{\mathrm{d}}{\mathrm{d}x}\right)^m I_{x_1}^{m-\beta}g(L_i(x))$$

于是有

$$I_{x_1}^{m-\beta}g(L_i(x))=\hat{y}_{i,m-\beta}+\hat{g}_{i,m-\beta}(x)+\frac{a_i^{m-\beta}}{\Gamma(m-\beta)}\int_{x_1}^{x}(x-s)^{m-\beta-1}(\alpha_ig(s)+q_i(s))\mathrm{d}s$$

$$D_{x_1}^{\beta}g(L_i(x))$$
$$=\left(\frac{\mathrm{d}}{\mathrm{d}x}\right)^m\left(\frac{1}{\Gamma(m-\beta)}\int_{x_1}^{x_i}(L_i(x)-t)^{m-\beta-1}f(t)\mathrm{d}t+\frac{\alpha_ia_i^{m-\beta}}{\Gamma(m-\beta)}\int_{x_1}^{x}(x-s)^{m-\beta-1}g(s)\mathrm{d}s\right.$$
$$\left.+\frac{a_i^{m-\beta}}{\Gamma(m-\beta)}\int_{x_1}^{x}(x-s)^{m-\beta-1}q_i(s)\mathrm{d}s\right)$$
$$=\frac{\prod_{j=1}^{m}(m-j-\beta)}{\Gamma(m-\beta)}\int_{x_1}^{x_i}(L_i(x)-t)^{-\beta-1}g(t)\mathrm{d}t+\frac{\alpha_i}{a_i^{\beta}}D_{x_1}^{\beta}g(x)+a_i^{-\beta}D_{x_1}^{\beta}q_i(x)$$
$$=\frac{\alpha_i}{a_i^{\beta}}D_{x_1}^{\beta}g(x)+\frac{\prod_{j=1}^{m}(m-j-\beta)}{\Gamma(m-\beta)}\int_{x_1}^{x_i}(L_i(x)-t)^{-\beta-1}g(t)\mathrm{d}t$$

$$+a_i^{-\beta}(x-x_1)^{-\beta}\left(\frac{(1-\beta)(x_1^2+c_ix_1+d_i)}{\Gamma(2-\beta)}+\frac{(2x_1+c_i)(x-x_1)}{\Gamma(2-\beta)}+\frac{2(x-x_1)^2}{\Gamma(3-\beta)}\right)$$

$$=\frac{\alpha_i}{a_i^{\beta}}D_{x_1}^{\beta}g(x)+\tilde{q}_i(x)$$

又因 $\alpha_i<a_i^{\beta}$，故 $D_{x_1}^{\beta}g(L_i(x))=\frac{\alpha_i}{a_i^{\beta}}D_{x_1}^{\beta}g(x)+\tilde{q}_i(x)$ 满足式(3.11)中给出的函数方程。因此，算子 $D_{x_1}^{\beta}$ 存在一个吸引子，同时该吸引子也是一个 FIF，证毕。

3.4　分形维数

如果 g 是与如下 IFS 相关的 FIF，则 g 称为线性 FIF。

$$L_i(x)=a_ix+b_i,\quad R_i(x,y)=\alpha_iy+c_ix+d_i,\quad i\in\mathbf{N}_{n-1}^{+}\tag{3.17}$$

在文献[15]中，鲁安(Ruan)等人研究了分数阶积分的阶数与线性 FIF 的盒维数之间的关系，这种关系将在定理 3.7 中给出。

定理 3.7　设 f 是由 IFS $\{(L_i(x),R_i(x,y)):i\in\mathbf{N}_{n-1}^{+}\}$ 生成的线性 FIF，其中 $L_i(x)=a_ix+b_i$，$R_i(x,y)=\alpha_iy+q_i(x)$。假设对于 $i\in\mathbf{N}_{n-1}^{+}$，有 $\sum_{i\in\mathbf{N}_{n-1}^{+}}|\alpha_i|>1$ 和 $\dim_B(\mathbf{G}_{q_i})=1$ 成立，则

$$\dim_B(\mathbf{G}_f)=D(\{a_i,\alpha_i\})\text{或}1$$

其中 $D(\{a_i,\alpha_i\})$ 是方程 $\sum_{i\in\mathbf{N}_{n-1}^{+}}a_i^{s-1}|\alpha_i|=1$ 的唯一解。

定理 3.8　基于定理 3.7 的符号和假设并设 $\dim_B(\mathbf{G}_f)=D(\{a_i,\alpha_i\})$，则对于任意的 $\beta\in(0,D(\{a_i,\alpha_i\})-1)$，有

$$\dim_B\mathbf{G}_{\hat{f}}=\dim_B G_f-\beta$$

成立。[19]其中 q_i 是 I 上的有界变差函数，同时对于任意的 $\beta\in(0,2-D(\{a_i,\alpha_i\}))$，当所有的 $i\in\mathbf{N}_{n-1}^{+}$ 都满足条件 $\dim_B\mathbf{G}_{\tilde{q}_i}=1$ 时，有

$$\dim_B\mathbf{G}_{\tilde{f}}=\dim_B G_f+\beta$$

成立。这里 $\hat{f}$ 表示 f 的分数阶积分，$\tilde{f}$ 表示 f 的分数阶导数。

作为定理 3.7 和定理 3.8 的一个结果，下面给出带常尺度因子的二次 FIF 的黎曼-刘维尔分数阶积分阶数与其分形维数之间的关系。

定理 3.9　设 f 为由 IFS $\{(L_i(x),R_i(x,y)):i\in\mathbf{N}_{n-1}^{+}\}$ 生成的二次 FIF，其中 $L_i(x)=a_ix+b_i$，$R_i(x,y)=\alpha_iy+q_i(x)$，假设 $\sum_{i\in\mathbf{N}_{n-1}^{+}}|\alpha_i|>1$ 且 $\dim_B(\mathbf{G}_f)=D(\{a_i,\alpha_i\})$，则对于任意的 $\beta\in(0,D(\{a_i,\alpha_i\})-1)$ 都有

$$\dim_B\mathbf{G}_{\hat{f}}=\dim_B\mathbf{G}_f-\beta$$

成立。其中 q_i 为 I 上的二次函数，且对于任意的 $\beta\in(0,2-D(\{a_i,\alpha_i\}))$，当对于所有

的 $i\in\mathbf{N}_{n-1}^{+}$ 都有 $\dim_B G_{\bar{q}_i}=1$ 成立时，有

$$\dim_B \mathbf{G}_{\tilde{f}} = \dim_B \mathbf{G}_f + \beta$$

成立。这里 $\hat{f}$ 表示 f 的分数阶积分，$\tilde{f}$ 表示 f 的分数阶导数。

证 假定 f 是一个二次 FIF，则 f 与形式为 $L_i(x)=a_ix+b_i$ 和 $R_i(x,y)=\alpha_iy+q_i(x)$ 的 IFS 相关，其中 $q_i(x)=x^2+c_ix+d_i$，同时对于所有的 $i\in\mathbf{N}_{N-1}^{+}$ 都有 $\dim_B(\mathbf{G}_{q_i})=1$ 成立，余下部分的证明与定理 3.7 和定理 3.8 的证明类似。

3.5 带变尺度因子的二次分形插值函数的分数阶微积分

在本节中，我们将研究带变尺度因子的二次 FIF 的分数阶微积分，变尺度因子 $\alpha_i\in\mathscr{C}^{\infty}(I)$ 且满足 $\|\alpha_i\|_{\infty}<1$，相应的二次 FIF 满足

$$g(L_i(x)) = R_i(x,g(x)) = \alpha_i(x)g(x) + x^2 + c_ix + d_i, \quad \forall x\in I_i, i\in\mathbf{N}_{n-1}^{+} \tag{3.18}$$

定理 3.10 如果 g 是与 IFS(2.13)相关并具有变尺度因子 $\alpha_i(x)$ 的二次 FIF，则对于每个 $\beta>0$，$\hat{g}=I_{x_1}^{\beta}g$ 都是 FIF，并且满足 $\hat{g}(x_i)=\hat{y}_{i,\beta}$，$i\in\mathbf{N}_n^{+}$，其中 $\hat{y}_{1,\beta}=0$，并且有

$$R_i(x,y) = a_i^{\beta}\alpha_i(x)y + \hat{q}_i(x)$$

$$\hat{q}_i(x) = \frac{a_i^{\beta}(x-x_1)^{\beta}}{\Gamma(\beta+1)}\left(x_1^2+c_ix_1+d_i+\frac{(2x_1+c_i)(x-x_1)}{\beta+1}+\frac{2(x-x_1)^2}{(\beta+1)(\beta+2)}\right)$$
$$+\hat{y}_{i,\beta}+\hat{g}_{i,\beta}(x)+a_i^{\beta}\sum_{r=1}^{\infty}\binom{\beta}{r}D^{(r)}\alpha_i(x)I_{x_1}^{\beta+r}g(x)$$

$$\hat{y}_{i+1,\beta} = \sum_{k=1}^{i}\left(\hat{g}_{k,\beta}(x_n)+a_k^{\beta}\sum_{r=0}^{\infty}\binom{\beta}{r}\hat{y}_{n,\beta+r}D^{(r)}\alpha_k(x_n)\right.$$
$$\left.+\frac{a_k^{\beta}(x_n-x_1)^{\beta}}{\Gamma(\beta+1)}\left(x_1^2+c_kx_1+d_k+\frac{(2x_1+c_k)(x_n-x_1)}{\beta+1}+\frac{2(x_n-x_1)^2}{(\beta+1)(\beta+2)}\right)\right),$$
$$\forall i\in\mathbf{N}_{n-1}^{+}$$

$$\hat{y}_{n,\beta} = \sum_{k=1}^{n-1}\left(\frac{a_k^{\beta}(x_n-x_1)^{\beta}}{\Gamma(\beta+1)}\left(x_1^2+c_kx_1+d_k+\frac{(2x_1+c_k)(x_n-x_1)}{\beta+1}+\frac{2(x_n-x_1)^2}{(\beta+1)(\beta+2)}\right)\right.$$
$$\left.+\hat{g}_{k,\beta}(x_n)+a_k^{\beta}\sum_{r=1}^{\infty}\binom{\beta}{r}\hat{y}_{n,\beta+r}D^{(r)}\alpha_k(x_n)\right)\Big/\left(1-\sum_{k=1}^{n-1}a_k^{\beta}\alpha_k(x_n)\right)$$

$$\hat{g}_{i,\beta}(x) = \frac{1}{\Gamma(\beta)}\int_{x_1}^{x_i}((L_i(x)-t)^{\beta-1}-(x_i-t)^{\beta-1})g(t)\mathrm{d}t$$

证 假定 g 是具有变尺度因子 $\alpha_i\in\mathscr{C}(I)$ 的二次 FIF，满足 $\|\alpha_i\|_{\infty}=\sup\{|\alpha_i|:x\in I\}<1$ 且 $I_{x_1}^{\beta}g(x_1)=0$，于是在与定理 3.5 相同的参数下，有

$$I_{x_1}^{\beta} g(L_i(x)) = \hat{y}_{i,\beta} + \hat{g}_{i,\beta}(x) + \frac{1}{\Gamma(\beta)} \int_{L_i(x_1)}^{L_i(x)} (L_i(x) - t)^{\beta-1} g(t) \mathrm{d}t$$

替换变量 $t = L_i(s)$，根据式(2.1)可得

$$\begin{aligned} I_{x_1}^{\beta} g(L_i(x)) &= \hat{y}_{i,\beta} + \hat{g}_{i,\beta}(x) + \frac{a_i^{\beta}}{\Gamma(\beta)} \int_{x_1}^{x} (x - s)^{\beta-1} g(L_i(s)) \mathrm{d}s \\ &= \hat{y}_{i,\beta} + \hat{g}_{i,\beta}(x) + \frac{a_i^{\beta}}{\Gamma(\beta)} \int_{x_1}^{x} (x - s)^{\beta-1} (\alpha_i(s) g(s) + q_i(s)) \mathrm{d}s \end{aligned}$$

因为 g 是一个带函数尺度因子的二次 FIF，由式(2.16)可得

$$\begin{aligned} I_{x_1}^{\beta} \hat{g}(L_i(x)) = {} & a_i^{\beta} \sum_{r=0}^{\infty} \binom{\beta}{r} D^{(r)} \alpha_i(x) I_{x_1}^{\beta+r} g(x) + \frac{a_i^{\beta} (x - x_1)^{\beta}}{\Gamma(\beta+1)} (x_1^2 + c_i x_1 + d_i) \\ & + \hat{y}_{i,\beta} + \hat{g}_{i,\beta}(x) + \frac{a_i^{\beta} (x - x_1)^{\beta+1}}{\Gamma(\beta+2)} (2x_1 + c_i) + \frac{2a_i^{\beta} (x - x_1)^{\beta+2}}{\Gamma(\beta+3)} \end{aligned} \tag{3.19}$$

记

$$\begin{aligned} \hat{q}_i(x) = {} & \frac{a_i^{\beta} (x - x_1)^{\beta}}{\Gamma(\beta+1)} \left(x_1^2 + c_i x_1 + d_i + \frac{(2x_1 + c_i)(x - x_1)}{\beta+1} + \frac{2 (x - x_1)^2}{(\beta+1)(\beta+2)} \right) \\ & + \hat{y}_{i,\beta} + \hat{g}_{i,\beta}(x) + a_i^{\beta} \sum_{r=1}^{\infty} \binom{\beta}{r} D^{(r)} \alpha_i(x) I_{x_1}^{\beta+r} g(x) \end{aligned}$$

可得

$$I_{x_1}^{\beta} \hat{g}(L_i(x)) = a_i^{\beta} \alpha_i(x) \hat{g} + \hat{q}_i(x) = R_i(x, I_{x_1}^{\beta} g(x))$$

显然有 $\| a_i^{\beta} \alpha_i(x) \| < 1$，故 IFS$\{(L_i(x), R_i(x,y)) : i \in \mathbf{N}_{n-1}^{+}\}$是双曲的，同时存在一个吸引子 $\hat{g}$，该吸引子是一个连续函数的图像，并且经过数据集$\{(x_i, \hat{y}_{i,\beta}) : i \in \mathbf{N}_n^{+}\}$，其中 $\hat{y}_{i,\beta}$的新集合可以按以下公式获得，即对于每个 $i \in \mathbf{N}_{n-1}^{+}$都有

$$\hat{y}_{i+1,\beta} = \hat{y}_{1,\beta} + \sum_{k=1}^{i} (\hat{y}_{k+1,\beta} - \hat{y}_{k,\beta}) \tag{3.20}$$

对式(3.19)取 $x = x_n$ 可得

$$\begin{aligned} \hat{y}_{i+1,\beta} = {} & \sum_{k=1}^{i} \Bigg(\hat{g}_{k,\beta}(x_n) + a_k^{\beta} \sum_{r=0}^{\infty} \binom{\beta}{r} \hat{y}_{n,\beta+r} D^{(r)} \alpha_k(x_n) + \frac{a_k^{\beta} (x_n - x_1)^{\beta}}{\Gamma(\beta+1)} \\ & \cdot \left(x_1^2 + c_k x_1 + d_k + \frac{(2x_1 + c_k)(x_n - x_1)}{\beta+1} + \frac{2 (x_n - x_1)^2}{(\beta+1)(\beta+2)} \right) \Bigg) \end{aligned}$$

取 $i = n - 1$，则 $\hat{y}_{n,\beta}$可表示为

$$\begin{aligned} \hat{y}_{n,\beta} = {} & \sum_{k=1}^{n-1} \Bigg(\frac{a_k^{\beta} (x_n - x_1)^{\beta}}{\Gamma(\beta+1)} \left(x_1^2 + c_k x_1 + d_k + \frac{(2x_1 + c_k)(x_n - x_1)}{\beta+1} + \frac{2 (x_n - x_1)^2}{(\beta+1)(\beta+2)} \right) \\ & + \hat{g}_{k,\beta}(x_n) + a_k^{\beta} \sum_{r=1}^{\infty} \binom{\beta}{r} \hat{y}_{n,\beta+r} D^{(r)} \alpha_k(x_n) \Bigg) \Bigg/ \left(1 - \sum_{k=1}^{n-1} a_k^{\beta} \alpha_k(x_n)\right) \end{aligned}$$

证毕。

推论 3.2　如果 g 是带有函数尺度因子 $\alpha_i(x)$ 并与 IFS(2.13)相关的二次 FIF，则对

于每个 $\beta>0$，$\hat{g}=I_{x_n}^{\beta}g$ 都是一个 FIF，且满足 $\hat{g}(x_i)=\hat{y}_{i,\beta}$，$i\in\mathbf{N}_n^+$，其中 $\hat{y}_{n,\beta}=0$，同时

$$\mathscr{R}_i(x,y)=a_i^{\beta}\alpha_i(x)y+\hat{q}_i(x)$$

$$\hat{q}_i(x)=\frac{a_i^{\beta}(x_n-x)^{\beta}}{\Gamma(\beta+1)}\left(x_n^2+c_ix_n+d_i-\frac{(2x_n+c_i)(x_n-x)}{\beta+1}+\frac{2(x_n-x)^2}{(\beta+1)(\beta+2)}\right)$$
$$+\hat{y}_{i+1,\beta}+\hat{g}_{i+1,\beta}(x)+a_i^{\beta}\sum_{r=0}^{\infty}\binom{\beta}{r}D^{(r)}\alpha_i(x)I_{x_1}^{\beta+r}g(x)$$

$$\hat{y}_{i,\beta}=\hat{y}_{n,\beta}+\sum_{k=i}^{n-1}\left(\hat{g}_{k+1,\beta}(x_1)+a_k^{\beta}\sum_{r=0}^{\infty}\binom{\beta}{r}\hat{y}_{1,\beta+r}D^{(r)}\alpha_k(x_1)+\frac{a_k^{\beta}(x_n-x_1)^{\beta}}{\Gamma(\beta+1)}\right.$$
$$\left.\cdot\left(x_n^2+c_kx_n+d_k-\frac{(2x_n+c_k)(x_n-x_1)}{\beta+1}+\frac{2(x_n-x_1)^2}{(\beta+1)(\beta+2)}\right)\right),\quad\forall i\in\mathbf{N}_{n-1}^+$$

$$\hat{y}_{1,\beta}=\sum_{k=1}^{n-1}\left(\frac{a_k^{\beta}(x_n-x_1)^{\beta}}{\Gamma(\beta+1)}\left(x_n^2+c_kx_n+d_k-\frac{(2x_n+c_k)(x_n-x_1)}{\beta+1}+\frac{2(x_n-x_1)^2}{(\beta+1)(\beta+2)}\right)\right.$$
$$\left.+\hat{g}_{k+1,\beta}(x_1)+a_k^{\beta}\sum_{r=1}^{\infty}\binom{\beta}{r}\hat{y}_{1,\beta+r}D^{(r)}\alpha_k(x_1)\right)\Big/\left(1-\sum_{k=1}^{n-1}a_k^{\beta}\alpha_k(x_1)\right)$$

$$\hat{g}_{i+1,\beta}(x)=\frac{1}{\Gamma(\beta)}\int_{x_{i+1}}^{x_n}((t-L_i(x))^{\beta-1}-(t-x_{i+1})^{\beta-1})g(t)\mathrm{d}t$$

下面的定理将证明二次 FIF 的黎曼-刘维尔分数阶导数也是一个 FIF。

定理 3.11 设 g 是带变尺度因子 $\alpha_i(x)$ 并且与 IFS(2.13)相关的二次 FIF，若 $\|\alpha_i(x)\|<a_i^{\beta}$ 且 $m=\min\{x\in\mathbf{N}^+:x\geqslant\beta\}$ 时满足

$$R_i(x,y)=\frac{\alpha_i(x)}{a_i^{\beta}}y+\tilde{q}_i(x)$$

$$\tilde{q}_i(x)=\frac{1}{a_i^{\beta}(x-x_1)^{\beta}}\left(\frac{(1-\beta)(x_1^2+c_ix_1+d_i)}{\Gamma(2-\beta)}+\frac{(2x_1+c_i)(x-x_1)}{\Gamma(2-\beta)}+\frac{2(x-x_1)^2}{\Gamma(3-\beta)}\right)$$
$$+\frac{\prod_{j=1}^{m}(m-j-\beta)}{\Gamma(m-\beta)}\int_{x_1}^{x_i}(L_i(x)-t)^{-\beta-1}g(t)\mathrm{d}t+\sum_{r=1}^{\lfloor\beta\rfloor}\binom{\beta}{r}D_{x_1}^{r}\alpha_i(x)D_{x_1}^{\beta-r}g(x)$$
$$+\sum_{r=\lfloor\beta\rfloor+1}^{\infty}\binom{\beta}{r}D_{x_1}^{r}\alpha_i(x)I_{x_1}^{r-\beta}g(x)$$

其中 $\lfloor\beta\rfloor=\max\{x\in\mathbf{Z}:x\leqslant\beta\}$，则 g 的 $0<\beta<2$ 阶导数 $\tilde{g}=D_{x_1}^{\beta}g$ 也是一个 FIF。

证 根据式(3.16)，有

$$D_{x_1}^{\beta}g(L_i(x))=\frac{1}{\Gamma(m-\beta)}\left(\frac{\mathrm{d}}{\mathrm{d}x}\right)^m\int_{x_1}^{L_i(x)}(L_i(x)-t)^{m-\beta-1}g(t)\mathrm{d}t$$
$$=\left(\frac{\mathrm{d}}{\mathrm{d}x}\right)^m I_{x_1}^{m-\beta}g(L_i(x))$$

于是

$$I_{x_1}^{m-\beta}g(L_i(x))$$
$$=\hat{y}_{i,m-\beta}+\hat{g}_{i,m-\beta}(x)+\frac{a_i^{m-\beta}}{\Gamma(m-\beta)}\int_{x_1}^{x}(x-s)^{m-\beta-1}(\alpha_i(s)g(s)+q_i(s))\mathrm{d}s$$

$$
\begin{aligned}
&D_{x_1}^{\beta} g(L_i(x)) \\
&= \left(\frac{\mathrm{d}}{\mathrm{d}x}\right)^m \left(\frac{1}{\Gamma(m-\beta)}\int_{x_1}^{x_i} (L_i(x)-t)^{m-\beta-1} g(t)\mathrm{d}t\right. \\
&\quad \left. + \frac{a_i^{m-\beta}}{\Gamma(m-\beta)}\int_{x_1}^{x} (x-s)^{m-\beta-1}\alpha_i(s)g(s)\mathrm{d}s + \frac{a_i^{m-\beta}}{\Gamma(m-\beta)}\int_{x_1}^{x} (x-s)^{m-\beta-1} q_i(s)\mathrm{d}s\right) \\
&= \frac{\prod_{j=1}^{m}(m-j-\beta)}{\Gamma(m-\beta)}\int_{x_1}^{x_i}(L_i(x)-t)^{-\beta-1}g(t)\mathrm{d}t + \frac{1}{a_i^{\beta}}D_{x_1}^{\beta}\alpha_i(x)g(x) + a_i^{-\beta}D_{x_1}^{\beta}q_i(x) \\
&= \frac{\prod_{j-1}^{m}(m-j-\beta)}{\Gamma(m-\beta)}\int_{x_1}^{x_i}(L_i(x)-t)^{-\beta-1}g(t)\mathrm{d}t + \sum_{r=\lfloor\beta\rfloor+1}^{\infty}\binom{\beta}{r}D_{x_1}^{r}a_i(x)I_{x_1}^{r-\beta}g(x) \\
&\quad + \sum_{r=0}^{\lfloor\beta\rfloor}\binom{\beta}{r}D_{x_1}^{r}\alpha_i(x)D_{x_1}^{\beta-r}g(x) \\
&\quad + a_i^{-\beta}(x-x_1)^{-\beta}\left(\frac{(1-\beta)(x_1^2+c_ix_1+d_i)}{\Gamma(2-\beta)} + \frac{(2x_1+c_i)(x-x_1)}{\Gamma(2-\beta)} + \frac{2(x-x_1)^2}{\Gamma(3-\beta)}\right) \\
&= \frac{\alpha_i(x)}{a_i^{\beta}}D_{x_1}^{\beta}g(x) + \tilde{q}_i(x)
\end{aligned}
$$

因为$\|\alpha_i(x)\| < a_i^{\beta}$，$D_{x_1}^{\beta}g(L_i(x)) = \dfrac{\alpha_i(x)}{a_i^{\beta}}D_{x_1}^{\beta}g(x) + \tilde{q}_i(x)$，所以 $D_{x_1}^{\beta}g$ 满足带有变尺度因子$\dfrac{\|\alpha_i(x)\|}{a_i^{\beta}}$的函数方程式(3.18)。因此，根据 IFS 理论可知，算子 $D_{x_1}^{\beta}$ 有一个吸引子，且该吸引子也是一个 FIF，这里 $\tilde{q}_i(x)$的最大自由度是 $2-\beta$。

注释 3.1　$\tilde{q}_i$ 中的r 取非负整数，所以 $D_{x_1}^{r}\alpha_i(x)$可由 $D^r\alpha_i(x)$(经典意义上的导数)替换。

【例 3-3】　考察插值点$\{(0,1/5),(1/3,1/2),(1/2,1/3),(3/4,3/4),(1,1/2)\}$，如果 q_i 取线性函数形式 c_ix+d_i，则 FIF 称为线性 FIF；如果 q_i 取二次函数形式 $x^2+c_ix+d_i$，则 FIF 称为二次 FIF。

假设尺度因子取 $\alpha_1=1/2$，$\alpha_2=1/3$，$\alpha_3=1/2$ 和 $\alpha_4=1/4$，则线性 FIF 包含的计算系数(常数)a_i、b_i、c_i 和d_i 如表 3-1 所示。

表 3-1　带常尺度因子的线性 FIF 包含的常数

$L_i(x)$		$R_i(x,y)$	
a_i	b_i	c_i	d_i
1/3	0	3/2	1/10
1/6	1/3	−4/15	13/30
1/4	1/2	4/15	7/30
1/4	3/4	13/40	7/10

类似地，对于相同的常数 a_i 和 b_i，利用式(3.9)可得到与二次 FIF 相关的常数 c_i 和 d_i，如表 3-2 所示。

表 3-2 带常尺度因子的二次 FIF 包含的常数

$R_i(x,y)$	
c_i	d_i
−17/20	1/10
−19/15	13/30
−11/15	7/30
−53/40	7/10

图 3-7(a)和图 3-7(c)分别描绘了带有由表 3-1 和表 3-2 中常数生成的常尺度因子的线性 FIF 和二次 FIF，这些常尺度因子与插值数据集 T 相关。

如果尺度因子取变尺度因子 $\alpha_1(x)=\dfrac{1}{2}\sin 5x+\dfrac{1}{5}$，$\alpha_2(x)=\dfrac{1}{3}\cos x$，$\alpha_3(x)=\dfrac{1}{5}\exp(-2x)+\dfrac{1}{5}$和 $\alpha_4(x)=\dfrac{1}{5}\sin x\exp x+\dfrac{1}{10}$，则带有由表 3-3 和表 3-4 中常数生成的变尺度因子的线性 FIF 和二次 FIF 分别如图 3-7(b)和图 3-7(d)所示，这些变尺度因子与插值函数 T 相关。

表 3-3 带变尺度因子的线性 FIF 包含的常数

$R_i(x,y)$	
c_i	d_i
0.2400	0.1600
−0.2667	0.4333
0.2974	0.2538
−0.2806	0.7296

表 3-4 带变尺度因子的二次 FIF 包含的常数

$R_i(x,y)$	
c_i	d_i
−0.7600	0.1600
−1.2667	0.4333
−0.7026	0.2538
−1.2806	0.7296

从图 3-7 中可以观察到：与图 3-7(a)中带有常尺度因子的线性 FIF 图像相比，图 3-7(b)中带有变尺度因子的线性 FIF 图像出现了令人满意的变化；并且图 3-7(b)和图 3-7(d)分形函数的不规则性分别略低于图 3-7(a)和图 3-7(c)。此外，在本例中，当所有的 i 尺度因子 α_i 的绝对值都接近零时，二次 FIF 在每个子区间的光滑度都会增加。

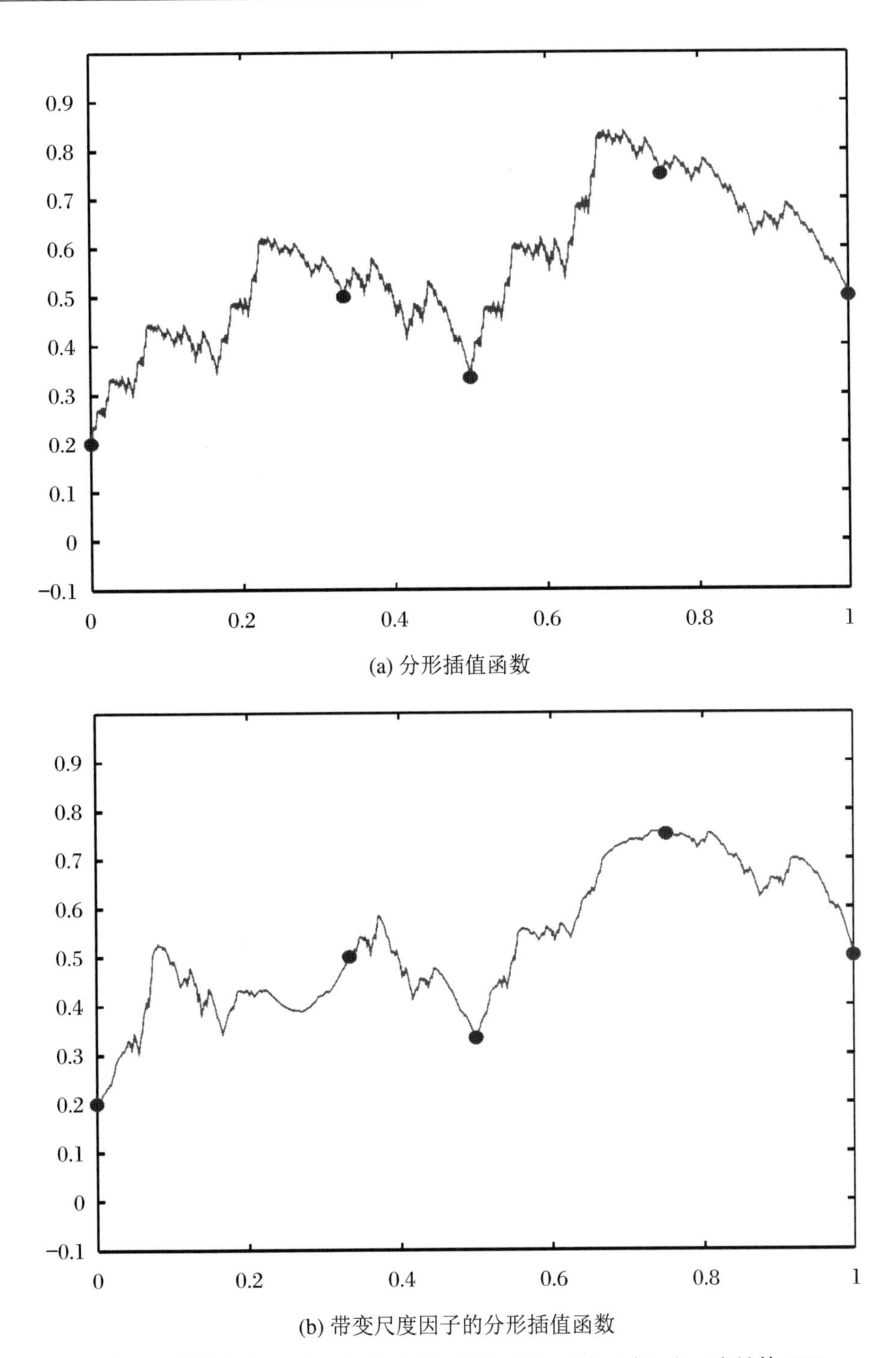

(a) 分形插值函数

(b) 带变尺度因子的分形插值函数

图 3-7　数据集{(0,1/5),(1/3,1/2),(1/2,1/3),(3/4,3/4),(1,1/2)}的 FIF

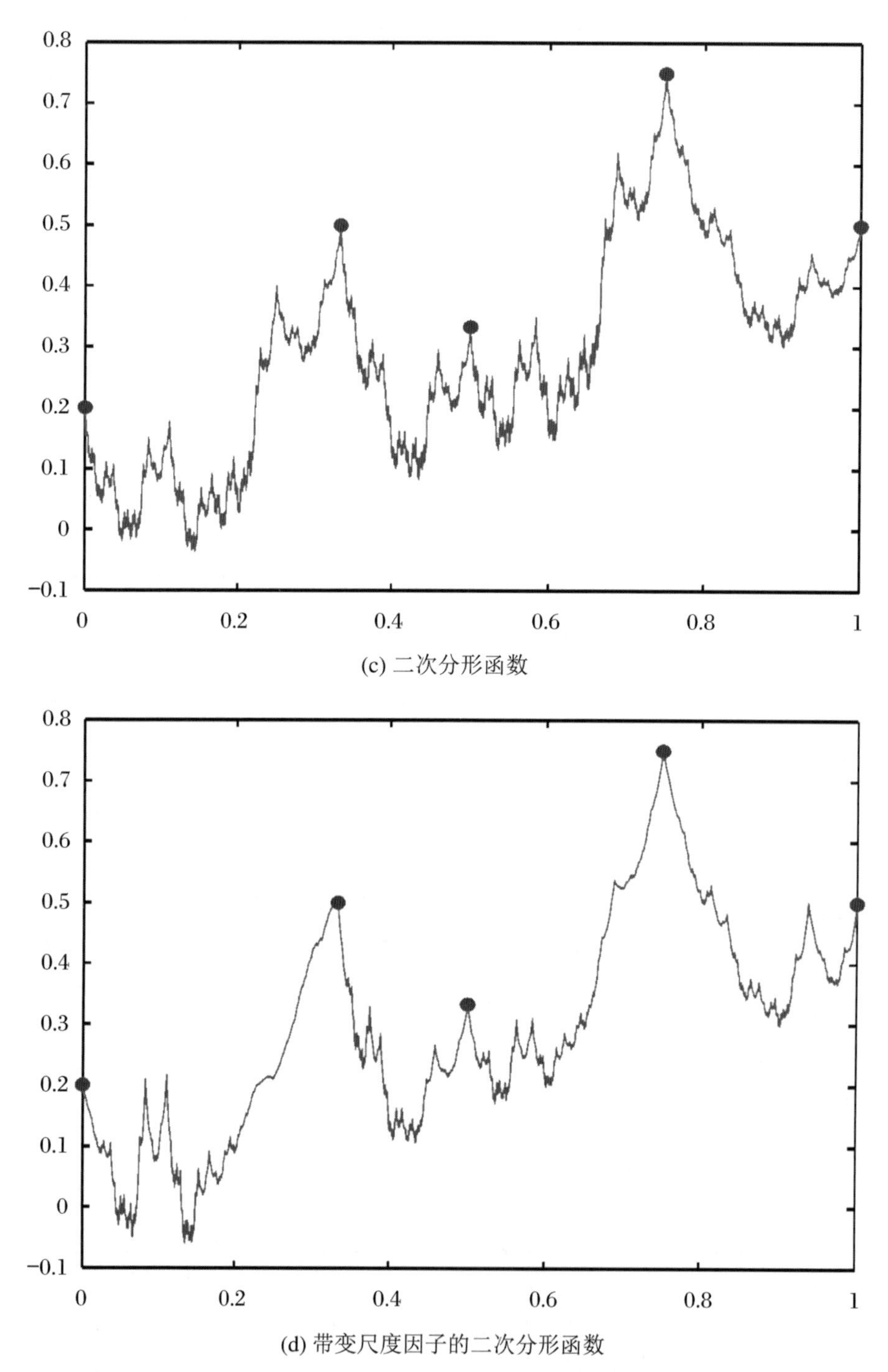

(c) 二次分形函数

(d) 带变尺度因子的二次分形函数

续图 3-7 数据集{(0,1/5),(1/3,1/2),(1/2,1/3),(3/4,3/4),(1,1/2)}的 FIF

3.6 结 束 语

本章探讨了 p 阶连续可导线性 FIF 的黎曼-刘维尔分数阶积分。为了对本质上不规则的数据进行插值，除了线性 FIF 以外，本章也对其他类型的 FIF 进行了研究，并选用了一种合适的插值函数来实现理想插值。类似地，有必要讨论除了线性 FIF 以外的其他类型 FIF 的分数阶微积分，所以本章分别对带有常尺度因子和变尺度因子的二次 FIF 的分数阶微积分进行了研究，并通过恰当的例子详细阐述了线性 FIF 和二次 FIF 之间的差异。此外，本章还得到了一个重要结论，即当线性 FIF 和二次 FIF 的黎曼-刘维尔分数阶积分在原始数据集端点处预定义时，相应的分数阶积分也是一个不同数据集的 FIF。

第 4 章　可数数据的分形插值函数

4.1 引　　言

过去数十年,如何将 IFS 扩展到无限 IFS 和 CIFS 的理论问题得到了广泛研究。这样的扩展对于采样和重构理论来说十分必要,这是因为在采样和重构理论中 CIFS 具有更好的逼近效果。值得注意的是,插值和逼近通常就像一枚硬币的两面,由其中一面的情况往往可以推测出另一面的情况。FIF 也存在这个现象,巴恩斯利证明了在 **R** 中一个闭区间 I 上的从 **R** 映射到 **R** 的特定连续函数 f 可以表示为一个分形函数类。通过在 $I\times\mathbf{R}$ 上选定一个有限数据点集 $\{(x_n,y_n):n\in\mathbf{N}_N^+\}$,并利用一个由恰当的 IFS 生成的 FIF 来重构 f,可以证明上述结论。传统 FIF 及其所有的前述扩展情形都是针对有限数据集进行推导的,然而正如之前提到的那样,有大量的自然现象(如信号的采样和重构理论)需要用无限数据集描述,这就促使我们研究无限数据集而不是有限数据集的 FIF 的存在性。近年来,人们利用 CIFS 的概念,将 FIF 的标准构造方法从有限数据集扩展到了可数数据集的情形。[22,49]对特定可数数据集 FIF 的推导又促使人们对可数数据集 FIF 的分数阶微积分进行探讨。因此,本章将介绍并描述数据序列及其相应的插值函数,该插值函数也是塞切莱安框架的推广形式;同时讨论规定数据序列 $\{(x_n,y_n):n\in\mathbf{N}^+\}$ 的连续插值函数 f 的存在性,这里的 $(x_n)_{n=1}^{\infty}$ 是一个单调实数序列,$(y_n)_{n=1}^{\infty}$ 是一个有界实数序列。此外,还将通过恰当的例子来说明自由参数对 FIF 形状的显著影响,研究当数据序列 FIF 给定时 CIFS 的存在性,并进一步证明可数数据集(或点列)FIF 的黎曼-刘维尔分数阶积分和分数阶导数的存在性。

4.2 可数数据集分形插值函数的存在性

本节将证明数据序列 FIF 的存在性,同时讨论 FIF 给定时 CIFS 的存在性。

设 $(x_n)_{n=1}^{\infty}$ 为递增有界实数序列,$(y_n)_{n=1}^{\infty}$ 为有界实数序列,令 $\sup\limits_n x_n=x^*$,则序列 $x_1<x_2<x_3<\cdots$ 是闭区间 $I=[x_1,x^*]$ 的一个分割。设 $\sup\limits_n y_n=y^*$,$\inf\limits_n y_n=y_1$,考察数据

序列$\{(x_n,y_n):n\geqslant1\}$并构造一个经过该数据序列的连续函数 $f:I\to\mathbf{R}$，其中 $y_n\in[y_1,y^*]$，构造的连续函数满足对于所有的 $n\in\mathbf{N}^+$，都有 $f(x_n)=y_n$ 成立，并且 f 的图像是 CIFS 吸引子。

设 $K=[x_1,x^*]\times[y_1,y^*]$，当 $n\geqslant2$ 时定义 $I_n=[x_{n-1},x_n]$，则 $L_n:I\to I_n$ 为压缩同胚，对于某个 $l_n\in[0,1)$和所有的 $s,t\in I$，压缩同胚 L_n 都满足

$$L_n(x_1)=x_{n-1},\quad L_n(x^*)=x_n$$
$$|L_n(s)-L_n(t)|\leqslant l_n|s-t|$$

设 $R_n:K\to[y_1,y^*]$是连续的，同时对于某个 $r_n\in[1,0)$和所有的 $s\in I$，$y_1,y_2\in[y_1,y^*]$以及 $n\geqslant2$，都有

$$R_n(x_1,y_1)=y_{n-1},\quad R_n(x^*,y^*)=y_n$$
$$|R_n(s,y_1)-R_n(s,y_2)|\leqslant r_n|y_1-y_2|$$

成立。另外，对于所有的 $n\geqslant2$，都定义 $w_n:K\to K$ 为 $w_n(x,y)=(L_n(x),R_n(x,y))$，则系统$\{K;w_n:n\geqslant2\}$为 CIFS；对于所有的 $B\in\mathscr{K}(K)$，都定义 $\mathscr{F}:\mathscr{K}(K)\to\mathscr{K}(K)$为 $\mathscr{F}(B)=\overline{\bigcup_{n=1}^{\infty}w_n(B)}$，其中横条表示取相应集合的闭包。

定理 4.1　上述定义的函数$\mathscr{F}$具有唯一不动点$\mathscr{A}$，且$\mathscr{A}$是数据序列$\{(x_n,y_n):n\geqslant1\}$的连续插值函数的图像。

证　设$\mathscr{A}$是 CIFS$\{K;w_n:n\geqslant2\}$的吸引子，即

$$\mathscr{A}=\mathscr{F}(\mathscr{A})=\overline{\bigcup_{n=2}^{\infty}w_n(\mathscr{A})}$$

对于每个 $N\in\mathbf{N}^+$，$T_N=\{K;w_n:n=2,3,\cdots,N\}$都是一个有限 IFS，所以根据定理 2.1，$\mathscr{F}$具有唯一的吸引子，记为 A_N，并且对于所有的$(x,y)\in A_N$ 都满足

$$\mathscr{A}=\overline{\bigcup_{N=2}^{\infty}A_N}=\overline{\bigcup_{N=2}^{\infty}\mathscr{F}(A_N)}=\overline{\bigcup_{N=2}^{\infty}\bigcup_{n=2}^{N}w_n(A_N)}$$
$$=\overline{\bigcup_{N=2}^{\infty}\bigcup_{n=2}^{N}(L_n(x),R_n(x,y))}$$

假设对于某个 $y\in[y_1,y^*]$，有 $\widetilde{I}=\{x\in I:(x,y)\in\mathscr{A}\}$成立，则根据定理 1.5，可得 $\widetilde{I}=\overline{\bigcup_{N=2}^{\infty}\bigcup_{n=2}^{N}L_n(\widetilde{I})}$。同时，对于每个 $n\geqslant2$ 和$\bigcup_{n=2}^{N}L_n(I)=I$，$L_n$ 都是I 上的一个压缩映射，所以有 $\widetilde{I}=I$。取 $S_i=\{(x_i,y)\in\mathscr{A}:i\in\mathbf{N}^+\}$，考察 $S_1=\{(x_1,y)\in\mathscr{A}:y\in[y_1,y^*]\}$，显然有 $S_1\subset\mathscr{A}$，因此，$S\subset\overline{\bigcup_{N=2}^{\infty}\bigcup_{n=2}^{N}w_n(\mathscr{A})}$，

$$\Rightarrow S_1\subseteq\overline{\bigcup_{N=2}^{\infty}(L_2(x_1),R_2(x_1,y))\cup(L_3(x_1),R_3(x_1,y))\cup\cdots\cup(L_N(x_1),R_N(x_1,y))}$$
$$=\overline{\bigcup_{N=2}^{\infty}(x_1,R_2(x_1,y))\cup(x_2,R_3(x_1,y))\cup\cdots\cup(x_{N-1},R_N(x_1,y))}$$
$$\Rightarrow S_1\subseteq(x_1,R_2(x_1,y))=w_2(x_1,R_2(x_1,y))$$

同时，$w_2(x_1,R_2(x_1,y))\subseteq S_1\Rightarrow S_1=w_2(L_2(x_1),R_2(x_1,y))$。因为函数 w_2 是一个严格压缩映射，所以有 $S_1=(x_1,y_1)$。现在考察

$$S^* = \{(x^*, y) \in \mathscr{A}: y \in [y_1, y^*]\}$$

$$w^* = \lim_{N\to\infty} \bigcup_{n=2}^{N} w_n(x^*, R_n(x^*, y))$$

由相同的参数得到 $S^* = \{w^*(x^*, R_n(x^*, y))\} = \{(x^*, y^*)\}$。因此,对于每个 $i \geqslant 1$,都有 $(x_{i+1}, y_{i+1}) = w_i(S_1) \cup w_{i+1}(S^*)$成立。

考察 $\delta = \sup\{|t_1 - t_2|$:对于某个 $x \in I$,使得$(x, t_1) \in \mathscr{A}, (x, t_2) \in \mathscr{A}\}$,吸引子 $\mathscr{A}$ 是紧的,所以 $\mathscr{A}$ 具有上确界。假设上确界在$(\tilde{x}, t_1)$和$(\tilde{x}, t_2)$处取得,则吸引子 $\mathscr{A}$ 中存在两点$(L_n^{-1}(\tilde{x}), u_1)$和$(L_n^{-1}(\tilde{x}), u_2)$,满足 $t_1 = F_n(L_n^{-1}(\tilde{x}, u_1))$和 $t_2 = F_n(L_n^{-1}(\tilde{x}, u_2))$,由此可得

$$\delta = |t_1 - t_2| = |F_n(L_n^{-1}(\tilde{x}, u_1)) - F_n(L_n^{-1}(\tilde{x}, u_2))| \leqslant q \cdot |u_1 - u_2| \leqslant q \cdot \delta$$

其中 $q \in [0,1)$,于是得 $\delta = 0$,且对于每个 $x \in I$ 都只有一个 y 与其关联。因此,$\mathscr{A}$ 是一个函数 $f: I \to [y_1, y^*]$的图像,满足对于每个 $n \in \mathbf{N}^+$ 都有 $f(x_n) = y_n$ 成立。定义 $\mathscr{C}_0(I) = \{f \mid f: I \to [y_1, y^*], f$ 连续$, f(x_1) = y_1, f(x^*) = y^*\}$,显然 $\mathscr{C}_0(I)$是具有上确界范数 $\|f\|_\infty = \sup\{|f(x)|: x \in I\}$的连续实函数 $g: I \to \mathbf{R}$ 的巴拿赫闭合子空间,记为 $\mathscr{C}(I)$,因此 $\mathscr{C}_0(I)$是一个完备度量空间。定义 $T: \mathscr{C}_0(I) \to \mathscr{C}_0(I)$为

$$Tg(x) = F_n(L_n^{-1}(x), g(L_n^{-1}(x)))$$

其中 $x \in I_n$。同时,T 是一个压缩比为 q 的压缩映射,并且 T 可由 CIFS 导出,即

$$\begin{aligned}
&\|Th - Tg\|_\infty \\
&= \sup\{\|F_n(L_n^{-1}(x), h(L_n^{-1}(x))) - F_n(L_n^{-1}(x), g(L_n^{-1}(x)))\|: x \in I_n, n \geqslant 2\} \\
&\leqslant \sup\{q \cdot \|h(L_n^{-1}(x)) - g(L_n^{-1}(x))\|: x \in I_n, n \geqslant 2\} \\
&\leqslant q \cdot \|h - g\|_\infty
\end{aligned}$$

故 T 具有唯一不动点 $\tilde{h} \in \mathscr{C}_0(I)$,$\tilde{h}$ 的图像是 CIFS 的吸引子。由此可得 $\tilde{h} = f$,f 是数据序列$\{(x_n, y_n): n \geqslant 1\}$的连续插值函数。

注释 4.1 如果$(x_n)_{n=1}^{\infty}$是一个递减有界序列,则序列 $x_1 > x_2 > x_3 > \cdots$是闭区间 $I = [x^*, x_1]$的一个分割,其中 $x^* = \inf\limits_n x_n$。因此,定理 4.1 也适用于数据集$\{(x_n, y_n): n \in \mathbf{N}^+\}$,其中 y_n 是一个有界序列。

设$(x_n)_{n=1}^{\infty}$是一个递增有界序列,如果$(y_n)_{n=1}^{\infty}$是一个收敛序列,则上述定理也可表述为"对于给定的数据序列,存在一个插值函数 f,使得 f 的图像是相关 CIFS 的吸引子"。因此,定理 4.1 实际上是塞切莱安在文献[49]中提出的定理 2 在 $\mathbf{R}$ 上的推广形式。

定理 4.1 展示了数据序列 FIF 的存在性,而当 FIF 给定时 CIFS 的存在性则由下面的推论给出。

推论 4.1 对于任意的 $g \in \mathscr{K}(K)$,设$\epsilon > 0$ 已给定,选择压缩比为 $r \in [0,1)$的 CIFS $\{K; w_n: n \geqslant 2\}$,满足 $H_d(g, \mathscr{F}(g)) \leqslant \epsilon$,则有 $H_d(g, \mathscr{A}) \leqslant \dfrac{\epsilon}{1-r}$成立,其中 $\mathscr{A}$ 是 CIFS 的吸引子。

证

$$\begin{aligned}
H_d(g, \mathscr{A}) &= H_d(g, \lim_{m\to\infty} \mathscr{F}^{\circ m}(g)) \\
&= \lim_{m\to\infty} H_d(g, \mathscr{F}^{\circ m}(g))
\end{aligned}$$

$$
\begin{aligned}
&= \lim_{m\to\infty} H_d\left(g, \overline{\bigcup_{n=2}^{\infty} w_n^{\circ m}(g)}\right) \\
&= \lim_{m\to\infty} H_d\left(g, \lim_{k\to\infty} \bigcup_{n=2}^{k} w_n^{\circ m}(g)\right) \\
&= \lim_{m\to\infty} \lim_{k\to\infty} H_d\left(g, \mathscr{F}^{\circ m}(g)\right) \\
&\leqslant \lim_{m\to\infty} \lim_{k\to\infty} \sum_{t=1}^{m} H_d\left(\mathscr{F}^{\circ(t-1)}(g), \mathscr{F}^{\circ t}(g)\right) \\
&\leqslant \lim_{m\to\infty} \lim_{k\to\infty} \sum_{t=1}^{m} r_t^{m-1} H_d(g, \mathscr{F}(g)) \\
&\leqslant \lim_{m\to\infty} \sum_{t=1}^{m} \max(r_t^{m-1}) H_d(g, \mathscr{F}(g)) \\
&\leqslant \sum_{t=1}^{\infty} r^{t-1} H_d(g, \mathscr{F}(g)) \\
&\leqslant \frac{\epsilon}{1-r}
\end{aligned}
$$

注释 4.2　对于任意的 $\tilde{g}\in\mathscr{C}_0(I)$，给定 $\epsilon>0$，选择与 FIF $\tilde{f}$ 相关的 CIFS$\{K;w_n:n\geqslant 2\}$，使得 $\|\tilde{g}-T(\tilde{g})\|_\infty\leqslant\epsilon$ 成立，其中 $T:\mathscr{C}_0(I)\to\mathscr{C}_0(I)$ 的定义见定理 4.1，于是根据上述推论可得 $\|\tilde{g}-\tilde{f}\|_\infty\leqslant\dfrac{\epsilon}{1-r}$。

设 $(x_n)_{n=1}^{\infty}$ 是一个递增有界实数序列，$(y_n)_n^{\infty}$ 是一个有界实数序列，$I_n=[x_{n-1},x_n]$，$n\geqslant 2$，同时定义 $L_n:I\to I_n$ 为 $L_n(x)=a_nx+e_n$，其中

$$
a_n = \frac{x_n - x_{n-1}}{x^* - x_1},\quad e_n = \frac{x^* x_{n-1} - x_1 x_n}{x^* - x_1}
$$

显然，L_n 是 I 和 I_n 之间的一个同胚映射，对于任意的 $n\geqslant 2$，满足 $L_n(x_1)=x_{n-1}$，$L_n(x^*)=x_n$。现在考察

$$
R_n(x,y) = c_n x + r_n y + f_n
$$

如果 R_n 满足端点条件 $R_n(x_1,y_1)=y_{n-1}$，$R_n(x^*,y^*)=y_n$ 以及 $r_n\in[0,1)$，则由方程

$$
R_n(x_1,y_1) = y_{n-1} = c_n x_1 + r_n y_1 + f_n
$$

$$
R_n(x^*,y^*) = y_n = c_n x^* + r_n y^* + f_n
$$

可得

$$
c_n = \frac{(y_n - y_{n-1}) - r_n(y^* - y_1)}{x^* - x_1}
$$

$$
f_n = y_{n-1} - r_n y_1 - c_n x_1
$$

其中 $n\geqslant 2$。如果 r_n 已预定义，则由以上讨论可得如下形式的 CIFS：

$$
w_n\begin{bmatrix} x \\ y \end{bmatrix} = \begin{bmatrix} a_n & 0 \\ c_n & r_n \end{bmatrix}\begin{bmatrix} x \\ y \end{bmatrix} + \begin{bmatrix} e_n \\ f_n \end{bmatrix}
$$

其中，$a_n = \dfrac{x_n - x_{n-1}}{x^* - x_1}$，$c_n = \dfrac{(y_n - y_{n-1}) - r_n(y^* - y_1)}{x^* - x_1}$，$e_n = \dfrac{x^* x_{n-1} - x_1 x_n}{x^* - x_1}$ 以及 $f_n = y_{n-1} - r_n y_1 - c_n x_1$，且所有的 w_n 均满足端点条件。

【例 4-1】 如果对于所有的 $n \in \mathbf{N}^+$ 都有 $x_n = \left(\dfrac{2n-1}{n}\right)_{n=1}^{\infty}$，$y_n = \left(\dfrac{-1}{n}\right)_{n=1}^{\infty}$ 和 $r_n = \dfrac{1}{2}$ 成立，则对数据集 $\{(x_n, y_n): n \in \mathbf{N}^+\}$ 插值的 CIFS 为

$$w_n\begin{bmatrix} x \\ y \end{bmatrix} = \begin{bmatrix} \dfrac{1}{n^2 - n} & 0 \\ \dfrac{1}{(n^2 - n)} - \dfrac{1}{2} & \dfrac{1}{2} \end{bmatrix}\begin{bmatrix} x \\ y \end{bmatrix} + \begin{bmatrix} \dfrac{2n^2 - 3n - 1}{n^2 - n} \\ \dfrac{n^2 - 2n - 1}{n^2 - n} \end{bmatrix} \tag{4.1}$$

因此有

$$L_n(x) = \frac{1}{n^2 - n}x + \frac{2n^2 - 3n - 1}{n^2 - n}$$

$$R_n(x, y) = \left(\frac{1}{n^2 - n} - \frac{1}{2}\right)x + \frac{1}{2}y + \frac{n^2 - 2n - 1}{n^2 - n}$$

图 4-1 描绘了 CIFS 吸引子的逼近过程。

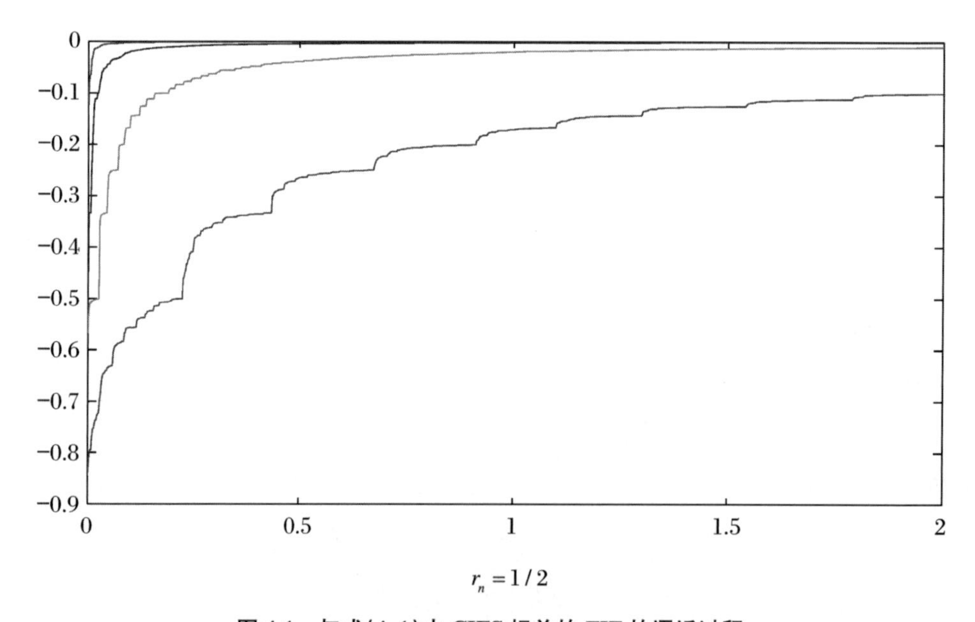

图 4-1 与式(4.1)中 CIFS 相关的 FIF 的逼近过程

【例 4-2】 若对于所有的 $n \in \mathbf{N}^+$ 都有 $y_n = ((-1)^n)_{n=1}^{\infty}$，且 x_n 与例 4-1 一致，同时 $r_n = 1/2$，则 CIFS 具有如下形式：

$$w_n\begin{bmatrix} x \\ y \end{bmatrix} = \begin{bmatrix} \dfrac{1}{n^2 - n} & 0 \\ -2(-1)^{n-1} - 1 & \dfrac{1}{2} \end{bmatrix}\begin{bmatrix} x \\ y \end{bmatrix} + \begin{bmatrix} \dfrac{2n^2 - 3n - 1}{n^2 - n} \\ 3(-1)^{n-1} + \dfrac{3}{2} \end{bmatrix} \tag{4.2}$$

因此有

$$L_n(x) = \frac{1}{n^2 - n}x + \frac{2n^2 - 3n - 1}{n^2 - n}$$

$$R_n(x, y) = (-2(-1)^{n-1} - 1)x + \frac{1}{2}y + 3(-1)^{n-1} + \frac{3}{2}$$

图 4-2 描绘了与式(4.2)中 CIFS 相关的 FIF 的逼近过程。

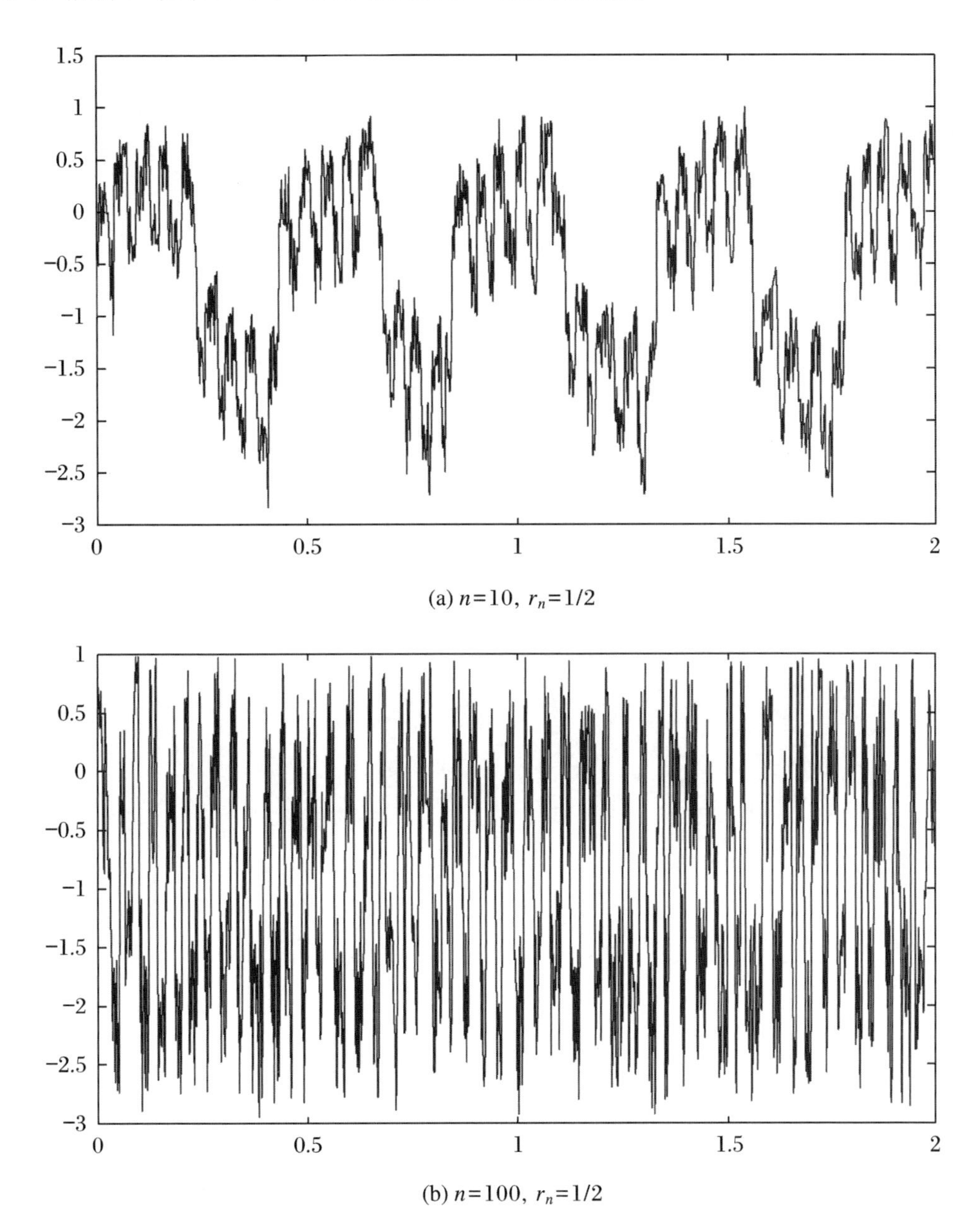

(a) $n=10,\ r_n=1/2$

(b) $n=100,\ r_n=1/2$

图 4-2　与式(4.2)中 CIFS 相关的 FIF 的逼近过程

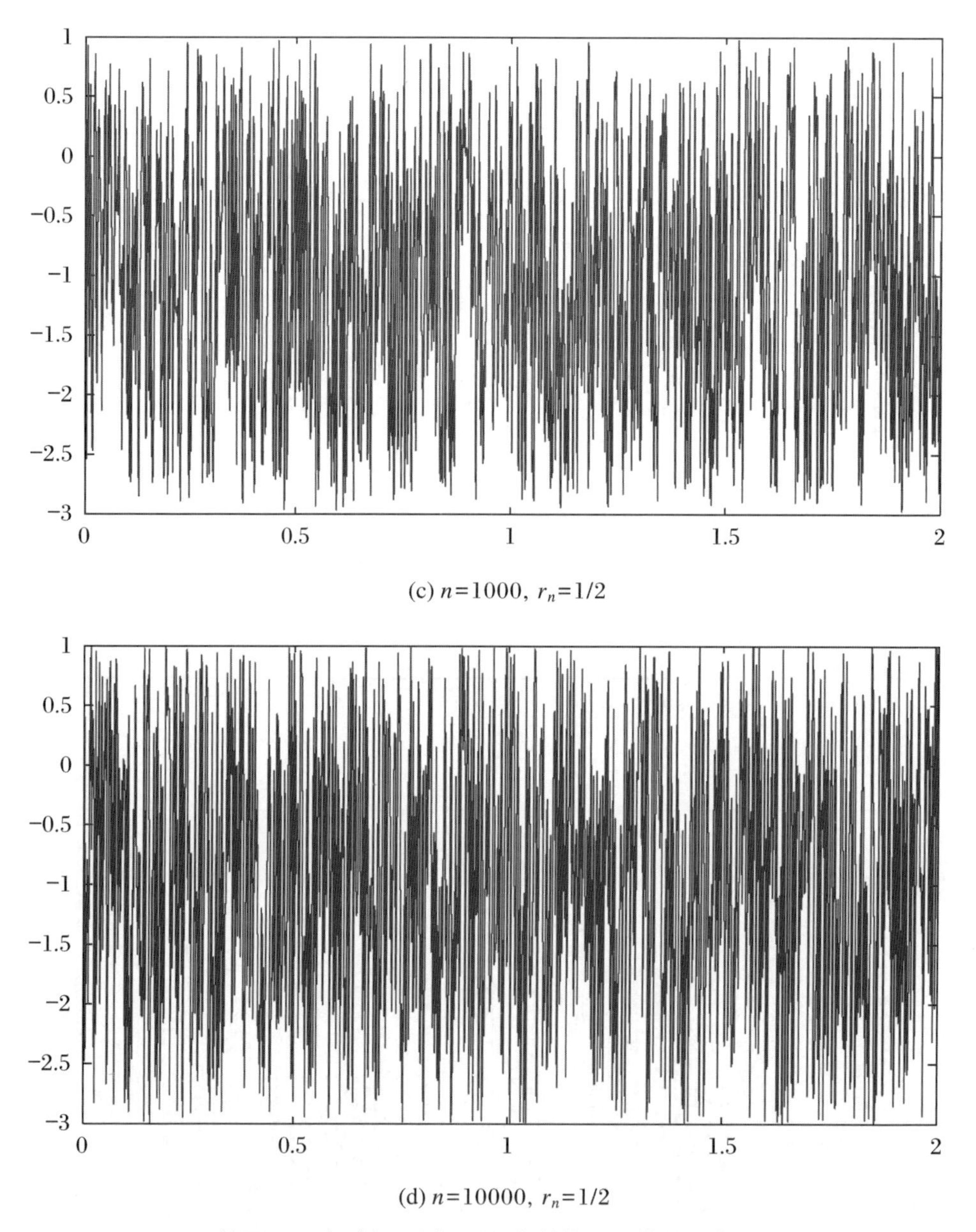

(c) n=1000, r_n=1/2

(d) n=10000, r_n=1/2

续图 4-2　与式(4.2)中 CIFS 相关的 FIF 的逼近过程

4.3 数据序列插值函数的分数阶微积分

本节将首先介绍数据序列的 FIF 在数据序列首端点或终端点处积分值已知时的整数阶积分,然后将这些结果推广到分数阶积分,最后利用数值算例对结果进行验证。

本节余下部分将考察如下形式的 CIFS:

$$L_n(x) = a_n x + e_n, \quad R_n(x,y) = r_n y + q_n(x), \quad n \geqslant 2 \tag{4.3}$$

其中,$-1<r_n<1$,并且 $q_n: I \to \mathbf{R}(n\geqslant 2)$是满足以下条件的连续函数:

$$q_n(x_1) = y_n - r_n y_1, \quad q_n(x^*) = y_{n+1} - r_n y^*$$

上述 CIFS 关于数据序列$\{(x_n,y_n): n\geqslant 1\}$的插值函数 f 称为线性 FIF。

定理 4.2 若 $\hat{f}(x) = \hat{y}_1 + \int_{x_1}^{x} f(t)\mathrm{d}t$,则 $\hat{f}$ 是关于$\{(L_n(x),\hat{R}_n(x,y)): n\geqslant 2\}$的 FIF,其中

$$\hat{R}_n(x,y) = a_n r_n y + \hat{q}_n(x)$$

$$a_n = \frac{x_n - x_{n-1}}{x^* - x_1}$$

$$\hat{q}_n(x) = \hat{y}_{n-1} - a_n r_n \hat{y}_1 + a_n \int_{x_1}^{x} q_n(t)\mathrm{d}t$$

$$\hat{y}_n = \hat{f}(x_n) = \hat{y}_1 + \sum_{i=2}^{n} a_i \left(r_i(\hat{y}^* - \hat{y}_1) + \int_{x_1}^{x^*} q_i(t)\mathrm{d}t \right)$$

$$\hat{y}^* = \hat{y}_1 + \frac{\sup\limits_{n} \sum_{i=2}^{n} a_i \int_{x_1}^{x^*} q_i(t)\mathrm{d}t}{1 - \sup\limits_{n} \sum_{n=2}^{n} a_i r_i}$$

证 对于

$$\begin{aligned}\hat{f}(L_n(x)) &= \hat{y}_1 + \int_{x_1}^{L_n(x)} f(t)\mathrm{d}t \\ &= \hat{y}_1 + \int_{x_1}^{x_{n-1}} f(t)\mathrm{d}t + \int_{x_{n-1}}^{L_n(x)} f(t)\mathrm{d}t\end{aligned}$$

通过变量替换 $t = L_n(t)$,可得$\hat{f}(L_n(x)) = \hat{y}_{n-1} + a_n \int_{x_1}^{x} f(L_n(t))\mathrm{d}t$,进而根据函数方程 $f(L_n(x)) = R_n(x, f(x)) = r_n f(x) + q_n(x)$ 可得

$$\begin{aligned}\hat{f}(L_n(x)) &= \hat{y}_{n-1} + a_n \int_{x_1}^{x} (r_n f(t) + q_n(t))\mathrm{d}t \\ &= \hat{y}_{n-1} + a_n r_n \int_{x_1}^{x} f(t)\mathrm{d}t + a_n \int_{x_1}^{x} q_n(t)\mathrm{d}t\end{aligned}$$

$$= \hat{y}_{n-1} + a_n r_n (\hat{f}(x) - \hat{y}_1) + a_n \int_{x_1}^{x} q_n(t)\mathrm{d}t$$

对于所有的 $n \geqslant 2$，$\hat{y}_{n-1}$ 的存在性都取决于 f 在区间 $[x_1, x^*]$ 上的连续性。

若 $x = x^*$，则有

$$\hat{f}(L_n(x^*)) = \hat{y}_n - \hat{y}_{n-1} = a_n\left(r_n(\hat{y}^* - \hat{y}_1) + \int_{x_1}^{x^*} q_n(t)\mathrm{d}t\right)$$

而

$$\hat{y}_n = \hat{y}_1 + \sum_{i=2}^{n} (\hat{y}_i - \hat{y}_{i-1}) = \hat{y}_1 + \sum_{i=2}^{n} a_i\left(r_i(\hat{y}^* - \hat{y}_1) + \int_{x_1}^{x^*} q_i(t)\mathrm{d}t\right)$$

故定理成立，证毕。

定理 4.2 表明：若 FIFf 在首端点处的积分值已知，则 $\hat{f}$ 是数据序列 $\{(x_n, \hat{y}_n): n \geqslant 2\}$ 的一个 FIF。同时，若 FIFf 在末端点处的积分值已知，则下面的推论也会得到类似结果。

推论 4.2 若 $\hat{f}(x) = \hat{y}^* - \int_{x}^{x^*} f(t)\mathrm{d}t$，则 $\hat{f}$ 是与 $\{(L_n(x), \hat{R}_n(x, y)): n \geqslant 2\}$ 相关的 FIF，其中

$$\hat{R}_n(x, y) = a_n r_n y + \hat{q}_n(x)$$

$$a_n = \frac{x_n - x_{n-1}}{x^* - x_1}$$

$$\hat{q}_n(x) = \hat{y}_n - a_n r_n \hat{y}^* - a_n \int_{x}^{x^*} q_n(t)\mathrm{d}t$$

$$\hat{y}_n = \hat{f}(x_n) = \hat{y}^* - \sum_{i=2}^{n} a_i\left(r_i(\hat{y}^* - \hat{y}_1) + \int_{x_1}^{x^*} q_i(t)\mathrm{d}t\right)$$

$$\hat{y}_1 = \hat{y}^* - \frac{\sup\limits_{n} \sum\limits_{n=2}^{n} a_i \int_{x_1}^{x^*} q_i(t)\mathrm{d}t}{1 - \sup\limits_{n} \sum\limits_{i=2}^{n} a_i r_i}$$

证 利用与上述定理相类似的参数可得

$$\hat{f}(L_n(x)) = \hat{y}^* - \int_{L_n(x)}^{x^*} f(t)\mathrm{d}t$$

$$= \hat{y}_n - a_n \int_{x}^{x^*} (r_n f(t) + q_n(t))\mathrm{d}t$$

$$= \hat{y}_n - a_n r_n \int_{x}^{x^*} f(t)\mathrm{d}t - a_n \int_{x}^{x^*} q_n(t)\mathrm{d}t$$

$$= \hat{y}_n - a_n r_n (\hat{y}^* - f(x)) - a_n \int_{x}^{x^*} q_n(t)\mathrm{d}t$$

若 $x = x_1$，则

$$\hat{f}(L_n(x_1)) = \hat{y}_{n-1} - \hat{y}_n = -a_n\left(r_n(\hat{y}^* - \hat{y}_1) - \int_{x_1}^{x^*} q_n(t)\mathrm{d}t\right)$$

而

$$\hat{y}_n = \hat{y}^* - \sum_{i=2}^{n}(\hat{y}_i - \hat{y}_{i-1}) = \hat{y}^* - \sum_{i=2}^{n} a_i\left(r_i(\hat{y}^* - \hat{y}_1) + \int_{x_1}^{x^*} q_i(t)\mathrm{d}t\right)$$

故推论成立,证毕。

现在,我们定义 FIF 的分数阶积分 $f^{(k)}$ 为

$$I_{x_1}^{\beta} f^{(k)}(x^*) = \frac{1}{\Gamma(\beta)}\int_{x_1}^{x^*}(x^* - t)^{\beta-1} f^{(k)}(t)\mathrm{d}t$$

同时,约定 $I_{x_1}^{\beta} f^{(k)}(x_1) = 0$,于是有以下定理成立。

定理 4.3　设 f 是由式(4.3)定义的 CIFS 生成的 $\mathscr{C}^p$ -线性 FIF,则 $I_{x_1}^{\beta} f^{(k)}(x)$ 是与 $\{K; w_n = (L_n(x), \hat{R}_{n,\beta}^{(k)}(x,y)): n \geqslant 2\}$ 相关的 $\mathscr{C}^p$ -线性 FIF,其中 $\hat{y}_{1,\beta} = 0$,并且对于每个 $n \geqslant 2$ 和所有的 $k = 1, 2, \cdots, p$,都有

$$\hat{R}_{n,\beta}^{(k)}(x,y) = a_n^{\beta} r_n y + \hat{q}_{n,\beta}^{(k)}(x)$$

$$a_n = \frac{x_n - x_{n-1}}{x^* - x_1}$$

$$\hat{q}_{n,\beta}^{(k)}(x) = \hat{y}_{n-1,\beta}^{(k)} + f_{n-1,\beta}^{(k)}(x) + a_n^{\beta} I_{x_1}^{\beta} q_n^{(k)}(x)$$

$$\hat{y}_{n,\beta}^{(k)} = I_{x_1}^{\beta} f^{(k)}(x_n)$$

$$f_{n,\beta}^{(k)}(x) = \frac{1}{\Gamma(\beta)}\int_{x_1}^{x_{n-1}}((L_n(x) - t)^{\beta-1} - (x_{n-1} - t)^{\beta-1}) f^{(k)}(t)\mathrm{d}t$$

证　因为 f 是由形如式(4.3)的 CIFS 生成的 $\mathscr{C}^p$ -线性 FIF,f 满足函数方程 $f^{(k)}(L_n(x)) = R(x, f^{(k)}(x))$,所以对于所有的 $x \in I$ 和 $n \geqslant 2$,都有 $f^{(k)}(L_n(x)) = r_n f^{(k)}(x) + q_n^{(k)}(x)$成立,同时,

$$\begin{aligned}
& I_{x_1}^{\beta} f^{(k)}(L_n(x)) \\
&= \frac{1}{\Gamma(\beta)}\int_{x_1}^{L_n(x)}(L_n(x) - t)^{\beta-1} f^{(k)}(t)\mathrm{d}t \\
&= \frac{1}{\Gamma(\beta)}\int_{x_1}^{x_{n-1}}(x_{n-1} - t)^{\beta-1} f^{(k)}(t)\mathrm{d}t - \frac{1}{\Gamma(\beta)}\int_{x_1}^{x_{n-1}}(x_{n-1} - t)^{\beta-1} f^{(k)}(t)\mathrm{d}t \\
&\quad + \frac{1}{\Gamma(\beta)}\int_{x_1}^{x_n - 1}(L_n(x) - t)^{\beta-1} f^{(k)}(t)\mathrm{d}t + \frac{1}{\Gamma(\beta)}\int_{x_{n-1}}^{L_n(x)}(L_n(x) - t)^{\beta-1} f^{(k)}(t)\mathrm{d}t \\
&= \frac{1}{\Gamma(\beta)}\int_{x_1}^{x_{n-1}}(x_{n-1} - t)^{\beta-1} f^{(k)}(t)\mathrm{d}t \\
&\quad + \frac{1}{\Gamma(\beta)}\int_{x_1}^{x_{n-1}}((L_n(x) - t)^{\beta-1} - (x_{n-1} - t)^{\beta-1}) f^{(k)}(t)\mathrm{d}t \\
&\quad + \frac{1}{\Gamma(\beta)}\int_{x_{n-1}}^{L_n(x)}(L_n(x) - t)^{\beta-1} f^{(k)}(t)\mathrm{d}t \\
&= \hat{y}_{n-1,\beta}^{(k)} + f_{n,\beta}^{(k)}(x) + \frac{1}{\Gamma(\beta)}\int_{x_{n-1}}^{L_n(x)}(L_n(x) - t)^{\beta-1} f^{(k)}(t)\mathrm{d}t
\end{aligned}$$

$$
\begin{aligned}
&= \hat{y}_{n-1,\beta}^{(k)} + f_{n,\beta}^{(k)}(x) + \frac{1}{\Gamma(\beta)}\int_{x_1}^{x} (L_n(x) - L_n(u))^{\beta-1} f^{(k)}(L_n(u)) a_n \mathrm{d}u \\
&= \hat{y}_{n-1,\beta}^{(k)} + f_{n,\beta}^{(k)}(x) + \frac{a_n}{\Gamma(\beta)}\int_{x_1}^{x} (a_n(x-u))^{\beta-1} (r_n f^{(k)}(u) + q_n^{(k)}(u)) \mathrm{d}u \\
&= \hat{y}_{n-1,\beta}^{(k)} + f_{n,\beta}^{(k)}(x) + \frac{a_n^{\beta}}{\Gamma(\beta)}\int_{x_1}^{x} (x-u)^{\beta-1} r_n f^{(k)}(u) \mathrm{d}u \\
&\quad + \frac{d_n^{\beta}}{\Gamma(\beta)}\int_{x_1}^{x} (x-u)^{\beta-1} q_n^{(k)}(u) \mathrm{d}u \\
&= \hat{y}_{n-1,\beta}^{(k)} + f_{n,\beta}^{(k)}(x) + a_n^{\beta} r_n I_{x_1}^{\beta} f^{(k)}(x) + a_n^{\beta} I_{x_1}^{\beta} q_n^{(k)}(x) \\
&= \hat{R}_{n,\beta}^{(k)}(x, I_{x_1}^{\beta} f^{(k)}(x))
\end{aligned}
$$

此外，对于每个 k，$f^{(k)}$ 都在 $[x_1, x^*]$ 上连续，故 $I_{x_1}^{\beta} f^{(k)}(x)$ 也都在 $[x_1, x^*]$ 上连续，进而有 $\lim_{n\to\infty} x_n = x^*$，因此，必定有 $\lim_{n\to\infty} I_{x_1}^{\beta} f^{(k)}(x_n) = I_{x_1}^{\beta} f^{(k)}(x^*)$ 成立，故 $\hat{y}_{n,\beta}^{(k)}$ 对于所有的 n 均存在。又因为

$$
\begin{aligned}
\hat{R}_{n,\beta}^{(k)}(x_1, \hat{y}_{1,\beta}) &= \hat{R}_{n,\beta}^{(k)}(x_1, 0) \\
&= \hat{q}_{n,\beta}^{(k)}(x_1) + a_n^{\beta} r_n I_{x_1}^{\beta} f^{(k)}(x_1) \\
&= \hat{y}_{n-1,\beta}^{(k)} + f_{n,\beta}^{(k)}(x_1) + a_n^{\beta} I_{x_1}^{\beta} q_n^{(k)}(x_1) + a_n^{\beta} r_n I_{x_1}^{\beta} f^{(k)}(x_1) \\
&= \hat{y}_{n-1,\beta}^{(k)} \\
\hat{R}_{n,\beta}^{(k)}(x^*, \hat{y}_{\beta}^*) &= \hat{q}_{n,\beta}^{(k)}(x^*) + a_n^{\beta} r_n I_{x_1}^{\beta} f^{(k)}(x^*) \\
&= \hat{y}_{n-1,\beta}^{(k)} + f_{n,\beta}^{(k)}(x^*) + a_n^{\beta} I_{x_1}^{\beta} q_n^{(k)}(x^*) + a_n^{\beta} r_n I_{x_1}^{\beta} f^{(k)}(x^*) \\
&= I_{x_1}^{\beta} f^{(k)}(L_n(x^*)) \\
&= \hat{y}_{n,\beta}^{(k)}
\end{aligned}
$$

所以 $I_{x_1}^{\beta} f^{(k)}(x)$ 是关于 $\{K; w_n = (L_n(x), \hat{R}_{n,\beta}^{(k)}(x,y)) : n\geqslant 2\}$ 的 $\mathscr{C}^p$ -线性 FIF。

作为定理 4.3 的结果，我们定义 FIF 在数据序列末端点处的积分值 $I_{x^*}^{\beta_*} f^{(k)}(x^*) = 0$ 时的分数阶积分 $f^{(k)}$ 为

$$
I_{x^*}^{\beta_*} f^{(k)}(x_1) = \frac{1}{\Gamma(\beta)}\int_{x_1}^{x^*} (t - x_1)^{\beta-1} f^{(k)}(t) \mathrm{d}t
$$

于是以下结果可由定理 4.3 证明。

推论 4.3　设 f 是由式(4.3)定义的 CIFS 生成的 $\mathscr{C}^p$ -线性 FIF，则 $I_{x^*}^{\beta_*} f^{(k)}(x)$ 是与 $\{K; w_n = (L_n(x), \hat{R}_{n,\beta}^{(k)}(x,y)) : n\geqslant 2\}$ 相关的 $\mathscr{C}^p$ -线性 FIF，其中 $\hat{y}_{\beta}^* = 0$，并且对于每个 $n\geqslant 2$ 以及所有的 $k = 1,2,\cdots,p$，都有

$$
\begin{aligned}
\hat{R}_{n,\beta}^{(k)}(x,y) &= a_n^{\beta} r_n y + \hat{q}_{n,\beta}^{(k)}(x) \\
a_n &= \frac{x_n - x_{n-1}}{x^* - x_1} \\
\hat{q}_{n,\beta}^{(k)}(x) &= \hat{y}_{n,\beta}^{(k)} + f_{n,\beta}^{(k)}(x) + a_n^{\beta} I_{x^*}^{\beta_*} q_n^{(k)}(x)
\end{aligned}
$$

$$\hat{y}_{n,\beta}^{(k)} = I_{x^*}^{\beta} f^{(k)}(x_n)$$

$$f_{n,\beta}^{(k)}(x) = \frac{1}{\Gamma(\beta)} \int_{x_{n-1}}^{x^*} [(t - L_n(x))^{\beta-1} - (t - x_n)^{\beta-1}] f^{(k)}(t)\mathrm{d}t$$

证　利用与定理 4.3 类似的参数可得

$$\begin{aligned} I_{x^*}^{\beta} f^{(k)}(L_n(x)) &= \frac{1}{\Gamma(\beta)} \int_{L_n(x)}^{x^*} (L_n(x) - t)^{\beta-1} f^{(k)}(t)\mathrm{d}t \\ &= \frac{1}{\Gamma(\beta)} \int_{x_n}^{x^*} (t - x_n)^{\beta-1} f^{(k)}(t)\mathrm{d}t - \frac{1}{\Gamma(\beta)} \int_{x_n}^{x^*} (t - x_n)^{\beta-1} f^{(k)}(t)\mathrm{d}t \\ &\quad + \frac{1}{\Gamma(\beta)} \int_{L_n(x)}^{x_n} (t - L_n(x))^{\beta-1} f^{(k)}(t)\mathrm{d}t \\ &\quad + \frac{1}{\Gamma(\beta)} \int_{x_n}^{x^*} (t - L_n(x))^{\beta-1} f^{(k)}(t)\mathrm{d}t \\ &= \hat{y}_{n,\beta}^{(k)} + f_{n,\beta}^{(k)}(x) + a_n^{\beta} r_n I_{x^*}^{\beta} f^{(k)}(x) + a_n^{\beta} I_{x^*}^{\beta} q_n^{(k)}(x) \\ &= \hat{R}_{n,\beta}^{(k)}(x, I_{x^*}^{\beta} f^{(k)}(x)) \end{aligned}$$

并且，对于每个 k，$f^{(k)}$ 都在 $[x_1, x^*]$ 上连续，所以 $I_{x^*}^{\beta} f^{(k)}(x)$ 也都在 $[x_1, x^*]$ 上连续，从而有 $\lim\limits_{n\to\infty} x_n = x^*$，进而必定有 $\lim\limits_{n\to\infty} I_{x^*}^{\beta} f^{(k)}(x_n) = I_{x^*}^{\beta} f^{(k)}(x^*) = 0$，因此 $\hat{y}_{n,\beta}^{(k)}$ 对于所有的 n 均存在。又因为

$$\begin{aligned} \hat{R}_{n,\beta}^{(k)}(x_1, \hat{y}_{1,\beta}) &= \hat{q}_{n,\beta}^{(k)}(x_1) + a_n^{\beta} r_n I_{x^*}^{\beta} f^{(k)}(x_1) \\ &= \hat{y}_{n-1,\beta}^{(k)} + f_{n,\beta}^{(k)}(x_1) + a_n^{\beta} I_{x^*}^{\beta} q_n^{(k)}(x_1) + a_n^{\beta} r_n I_{x_1}^{\beta} f^{(k)}(x_1) \\ &= I_{x^*}^{\beta} f^{(k)}(L_n(x_1)) \\ &= \hat{y}_{n,\beta}^{(k)} \end{aligned}$$

$$\begin{aligned} \hat{R}_{n,\beta}^{(k)}(x^*, \hat{y}_{\beta}^*) &= \hat{q}_{n,\beta}^{(k)}(x^*) + a_n^{\beta} r_n I_{x^*}^{\beta} f^{(k)}(x^*) \\ &= \hat{y}_{n-1,\beta}^{(k)} + f_{n,\beta}^{(k)}(x^*) + a_n^{\beta} I_{x^*}^{\beta} q_n^{(k)}(x^*) \\ &= \hat{y}_{n-1,\beta}^{(k)} \end{aligned}$$

所以 $I_{x_1}^{\beta} f^{(k)}(x)$ 是由 IFS$\{K; w_n = (L_n(x), \hat{R}_{n,\beta}^{(k)}(x,y)) : n\geqslant 2\}$ 生成的 $\mathscr{C}^p$ -线性 FIF。

推论 4.4　设 f 是由式(4.3)定义的 CIFS 生成的 $\mathscr{C}^p$ -线性 FIF，则当且仅当 $I_{x_1}^{\beta} f^{(k)}(x)$ 是由 CIFS$\{K; w_n = (L_n(x), \hat{R}_{n,\beta}^{(k)}(x,y)) : n\geqslant 2\}$ 生成的 $\mathscr{C}^p$ -线性 FIF 时，有 $D_{x_1}^{\alpha}(I_{x_1}^{\beta} f^{(k)}(x)) = D_{x_1}^{\alpha-\beta} f^{(k)}(x)$，$\alpha\geqslant\beta\geqslant 0$ 成立。其中，$\hat{R}_{n,\beta}^{(k)}(x,y) = a_n^{\beta}\hat{r}_n y + a_n^{\beta}\hat{q}_{n,\beta}^{(k)}(x)$，$\hat{r}_n = r_n a_n^{\beta}$ 和 $D_{x_1}^{\alpha}(\hat{r}_{n,\beta}^{(k)}(x)) = a_n^{\beta} D_{x_1}^{\alpha-\beta} q_n^{(k)}(x)$。

证　考察 CIFS $\{K; w_n = (L_n(x), F_n(x,y)) : n\geqslant 2\}$，其中 $L_n(x) = a_n x + b_n$，$R_n(x,y) = \alpha_n y + q_n(x)$，这里 $|\alpha_n| < 1$，$q_n(x) \in \mathscr{C}^p(I)$。设 f 是 $\mathscr{C}^p$ -线性 FIF，假设 $D_{x_1}^{\alpha}(I_{x_1}^{\beta} f^{(k)}(x)) = D_{x_1}^{\alpha-\beta} f^{(k)}(x)$，$\alpha\geqslant\beta\geqslant 0$，则 $I_{x_1}^{\beta} f^{(k)}(x)$ 是与以下函数相关的 $\mathscr{C}^p$ -线性 FIF：

$$\hat{R}_{n,\beta}^{(k)}(x,y) = a_n^{\beta} r_n y + \hat{q}_{n,\beta}^{(k)}(x)$$

$$a_n = \frac{x_n - x_{n-1}}{x^* - x_1}$$

$$\hat{q}_{n,\beta}^{(k)}(x) = \hat{y}_{n-1,\beta}^{(k)} + f_{n-1,\beta}^{(k)}(x) + a_n^\beta I_{x1}^\beta q_n^{(k)}(x)$$

$$\begin{aligned} D_{x_1}^\alpha(\hat{R}_{n,\beta}^{(k)}(x,y)) = & D_{x_1}^\alpha(a_n^\beta r_n y + I_{x_1}^\beta f^{(k)}(x_{n-1})) \\ & + D_{x_1}^\alpha\left(\frac{1}{\Gamma(\beta)}\int_{x_1}^{x_{n-2}}((L_n(x) - t)^{\beta-1} - (x-t)^{\beta-1})f^{(k)}(t)\mathrm{d}t\right) \\ & + D_{x_1}^\alpha a_n^\beta I_{x_1}^\beta q_n^{(k)}(x) \end{aligned}$$

而 $D_{x_1}^\alpha(\hat{R}_{n,\beta}^{(k)}(x,y)) = R_n(x,y) = r_n y + D_{x_1}^{\alpha-\beta} q_n^{(k)}(x)$，因此当 $\hat{R}_{n,\beta}^{(k)}(x,y) = a_n^\beta \hat{r}_n y + a_n^\beta \hat{q}_{n,\beta}^{(k)}(x)$ 时该推论必然成立。反之，若 $I_{x_1}^\beta f^{(k)}(t)$ 是与 $\hat{R}_{n,\beta}^{(k)}(x,y) = a_n^\beta \hat{r}_n y + a_n^\beta \hat{q}_{n,\beta}^{(k)}(x)$ 和 $D_{x_1}^\alpha(\hat{R}_{n,\beta}^{(k)}(x,y)) = r_n y + D_{x_1}^{\alpha-\beta} q_n^{(k)}(x)$ 相关的 $\mathscr{C}^p$ -线性 FIF，则有 $D_{x_1}^\alpha(I_{x_1}^\beta f^{(k)}(x)) = D_{x_1}^{\alpha-\beta} f^{(k)}(x)$ 成立。

【例 4-3】 如果 FIF f 由如下形式的 CIFS 生成：

$$L_n(x) = \frac{1}{n^2 - n}x + \frac{2n^2 - 3n - 1}{n^2 - n}$$

$$R_n(x,y) = \left(\frac{1}{n^2 - n} - \frac{1}{2}\right)x + \frac{1}{2}y + \frac{n^2 - 2n - 1}{n^2 - n}$$

并且 f 经过数据集 $\{(x_n, y_n): n \in \mathbf{N}^+\}$，其中 $x_n = \left(\frac{2n-1}{n}\right)_{n=1}^\infty$，$y_n = \left(\frac{-1}{n}\right)_{n=1}^\infty$。选定 $\hat{y}_1 = y_1$，则 FIF $\hat{f}$ 可由如下形式的 CIFS 生成：

$$\begin{aligned} \hat{R}_n(x,y) = & \frac{y}{2(n^2 - n)} + \hat{y}_{n-1} + \frac{1}{2(n^2 - n)} \\ & + \frac{1}{n^2 - n}\left(\left(\frac{1}{2(n^2 - n)} - \frac{1}{4}\right)(x^2 - 1) + \left(\frac{n^2 - 2n - 1}{n^2 - n}\right)(x - 1)\right) \end{aligned}$$

其中，$\hat{y}_{n-1} = -1 + \sum_{i=2}^{n-1} \frac{24i^2 - i(13 + 2\pi^2) - 2}{8(i^2 - i)}$。于是当 $\hat{f}$ 在数据序列首端点处的值选定为 $\hat{y}_1 = -1$ 时，$\hat{f}$ 对数据集 $\{(x_n, \hat{y}_{n-1}), n \in \mathbf{N}^+\}$ 插值，$\hat{f}$ 的图像如图 4-3(a)所示。图 4-3(c)所示为当 $\hat{y}_{1,\beta} = 0$ 且压缩因子 $r_n = 1/2$ 时 $\hat{f}$ 的 0.5 阶分数阶积分。若选定 $\hat{y}^* = y^*$，则 FIF $\hat{f}$ 可由以下形式的 CIFS 生成：

$$\begin{aligned} \hat{R}_n(x,y) = & \frac{y}{2(n^2 - n)} + \hat{y}_n \\ & - \frac{1}{n^2 - n}\left(\left(\frac{1}{2(n^2 - n)} - \frac{1}{4}\right)(4 - x^2) + \left(\frac{n^2 - 2n - 1}{n^2 - n}\right)(2 - x)\right) \end{aligned}$$

其中，$\hat{y}_n = -\sum_{i=2}^{n} \frac{i^2(10 + 2\pi^2) - i(28 + 2\pi^2) - 2}{8(i^2 - i)}$；若 $\hat{f}$ 在数据序列末端点处的值选定为 $\hat{y}_1 = 0$，则 $\hat{f}$ 对可数系 $\{(x_n, \hat{y}_n): n \in \mathbf{N}^+\}$ 插值，$\hat{f}$ 的图像如图 4-3(b)所示。进一步可得当 $\hat{y}_\beta^* = 0$ 且压缩比为 $r_n = 1/2$ 时，$\hat{f}$ 的 0.5 阶的分数阶积分，其图像如图 4-3(d)所示。

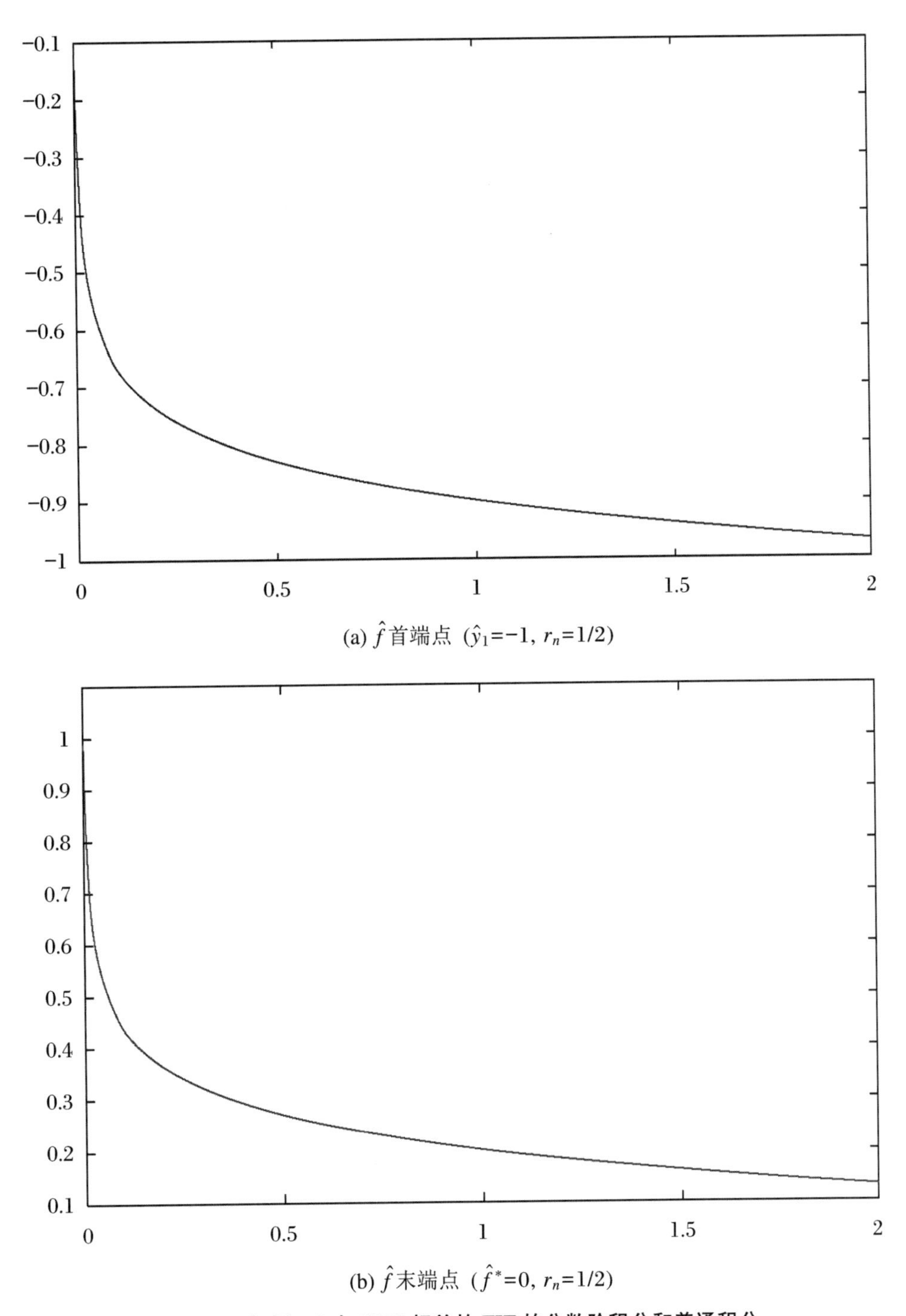

(a) $\hat{f}$ 首端点（$\hat{y}_1=-1$，$r_n=1/2$）

(b) $\hat{f}$ 末端点（$\hat{f}^*=0$，$r_n=1/2$）

图 4-3　与例 4-3 中 CIFS 相关的 FIF 的分数阶积分和普通积分

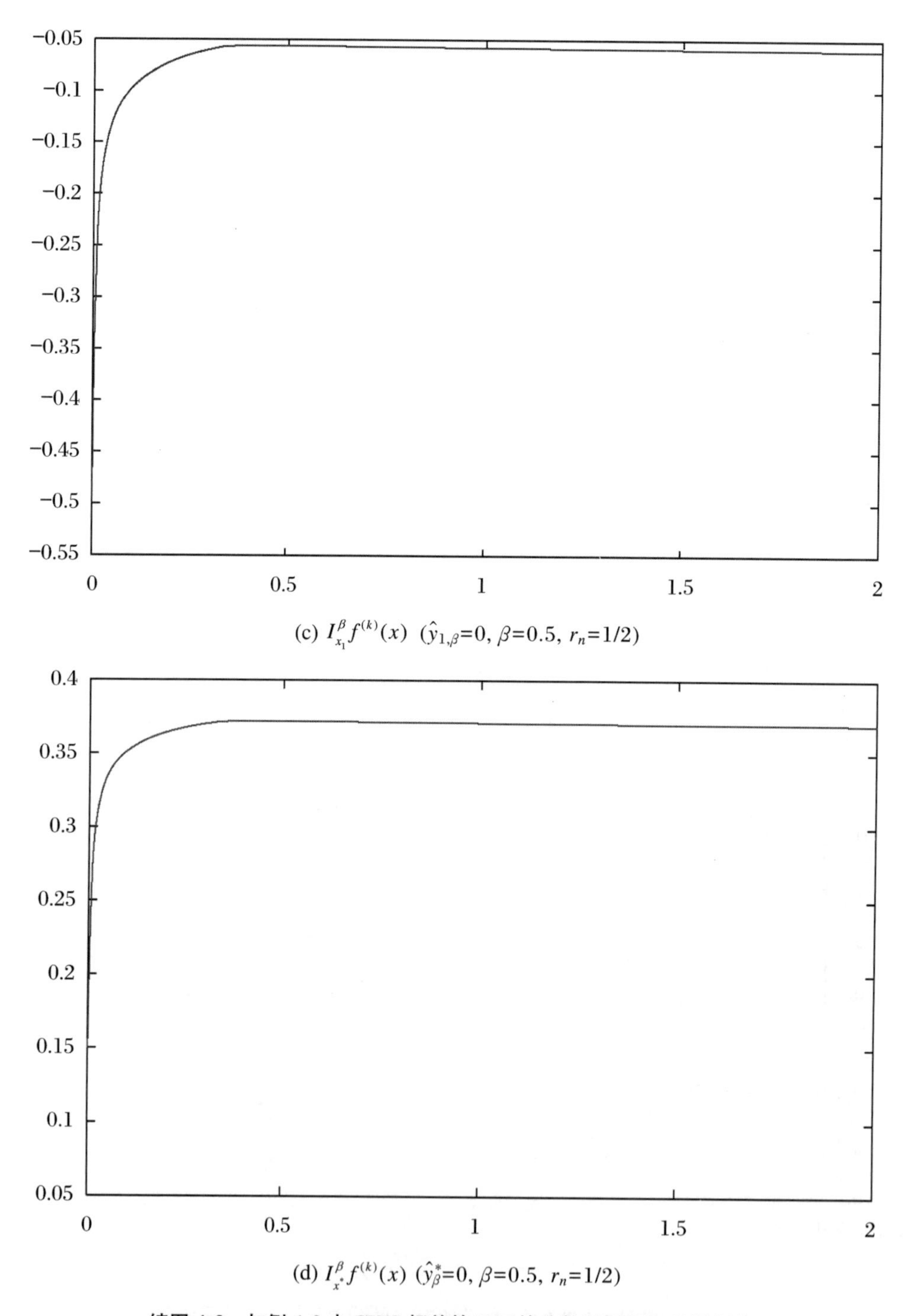

(c) $I^{\beta}_{x_1} f^{(k)}(x)$ $(\hat{y}_{1,\beta}=0,\ \beta=0.5,\ r_n=1/2)$

(d) $I^{\beta}_{x^*} f^{(k)}(x)$ $(\hat{y}^*_{\beta}=0,\ \beta=0.5,\ r_n=1/2)$

续图 4-3 与例 4-3 中 CIFS 相关的 FIF 的分数阶积分和普通积分

【例 4-4】 如果 FIF f 由以下形式的 CIFS 生成：

$$\begin{aligned} L_n(x) &= \frac{1}{n^2-n}x + \frac{2n^2-3n-1}{n^2-n} \\ R_n(x,y) &= \left(\frac{(-1)^{n-1}}{n^2-n} - \frac{1}{2}\right)x + \frac{1}{3}y + \frac{(-1)^{n-1}(3n+1)}{n^2-n} + \frac{5}{6} \end{aligned} \tag{4.4}$$

并且 f 经过数据集 $\{(x_n, y_n): n \in \mathbf{N}^+\}$，其中 $x_n = \left(\frac{2n-1}{n}\right)_{n=1}^{\infty}$，$y_n = \left(\frac{(-1)^n}{n}\right)_{n=1}^{\infty}$，各自吸引子的逼近过程如图 4-4 所示。若选定 $\hat{y}_1 = -1$，则 FIF $\hat{f}$ 可由如下形式的 CIFS 生成：

$$\hat{R}_n(x,y) = \hat{y}_{n-1} + \frac{1}{n^2-n}\left(\left(\frac{(-1)^{n-1}}{n^2-n} - \frac{1}{2}\right)\left(\frac{x^2-1}{2}\right) + \left(\frac{(-1)^{n-1}(3n+1)}{n^2-n} + \frac{5}{6}\right)(x-1)\right)$$
$$+ \frac{y}{3(n^2-n)} + \frac{1}{3(n^2-n)}$$

其中，$\hat{y}_{n-1} = -1 + \sum_{i=2}^{n-1} \frac{1}{i^2-i}\left(\frac{(-1)^{n-1}(1-6i)}{2(i^2-i)} + \frac{1788}{1327}\right)$。于是当 $\hat{f}$ 在首端点处的值选定为 $\hat{y}_1 = -1$ 时，$\hat{f}$ 对数据集 $\{(x_n, \hat{y}_{n-1}): n \in \mathbf{N}^+\}$ 插值，$\hat{f}$ 的图像如图 4-5(a)所示；当 $r_n = 1/3$，$\hat{y}_{1,\beta} = 0$ 时，$\hat{f}$ 的 0.5 阶分数阶导数如图 4-5(c)示。若选定 $\hat{y}^* = 1/2$，则由形如 $L_n(x)$ 的 CIFS 生成的 FIF $\hat{f}$ 与上述 FIF 相同，并且

$$\hat{R}_n(x,y) = \hat{y}_n - \frac{1}{n^2-n}\left(\left(\frac{(-1)^{n-1}}{n^2-n} - \frac{1}{2}\right)\left(\frac{4-x^2}{2}\right) + \left(\frac{(-1)^{n-1}(3n+1)}{n^2-n} + \frac{5}{6}\right)(2-x)\right)$$
$$+ \frac{y}{3(n^2-n)} - \frac{1}{6(n^2-n)}$$

其中，$\hat{y}_n = \frac{1}{2} - \sum_{i=2}^{n} \frac{1}{i^2-i}\left(\frac{(-1)^{n-1}(1-6i)}{2(i^2-i)} + \frac{1788}{1327}\right)$。当 $\hat{f}$ 在数据序列终点处的值选定为 $\hat{y}^* = 0$ 时，这里的 $\hat{f}$ 对数据集 $\{(x_n, \hat{y}_n): n \in \mathbf{N}^+\}$ 插值，$\hat{f}$ 的图像如图 4-5 (b)所示。进一步可得当 $\hat{y}^*_\beta = 0$ 时 $\hat{f}$ 的 0.5 阶分数阶积分，其图像如图 4-5(d)所示。图 4-5 (e)所示为当 $r_n = 1/3$ 时 FIFf 的 0.5 阶分数阶导数。此外，图 4-5(a)、图 4-5(b)分别给出了当 $r_n = 1/3$ 且 $I_a^\beta f^{(k)}(x)$ 在数据序列首端点、末端点处的值为 $\hat{y}_{1,\beta} = 0$、$\hat{y}^*_\beta = 0$ 时 FIF 的 0.5 阶分数阶积分，这里考察的 FIF 与例 4-2 中的 FIF 一致。图 4-6(c)描绘了 FIF f 的分数阶导数，同时图 4-6(d)描绘了当 $\beta = 0.5$ 且 $r_n = 1/2$ 时 $I_{x_1}^\beta f^{(k)}(x)$ 的 0.8 阶分数阶导数。

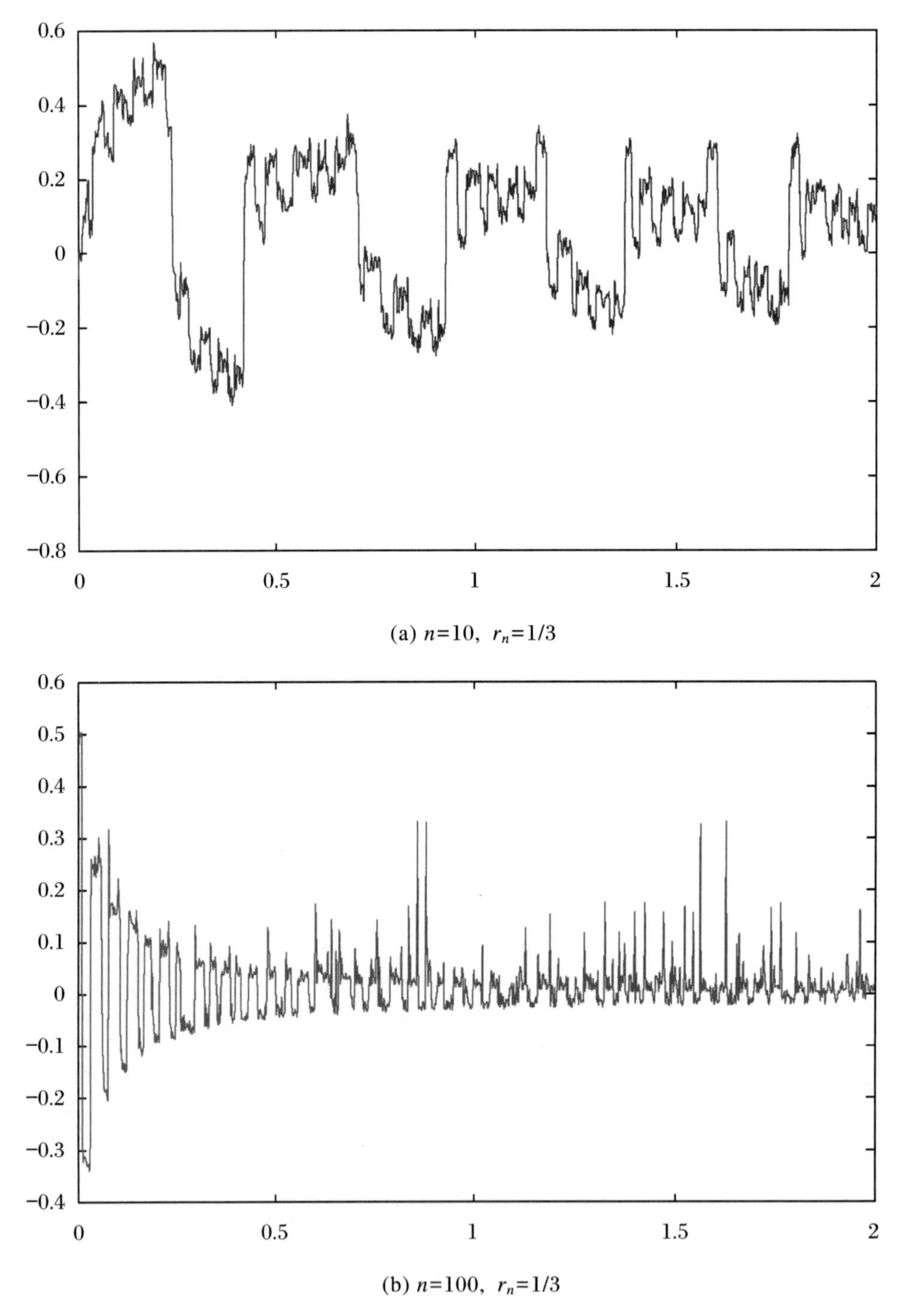

(a) n=10, r_n=1/3

(b) n=100, r_n=1/3

图 4-4 与式(4.4)中 CIFS 相关的 FIF 的逼近过程

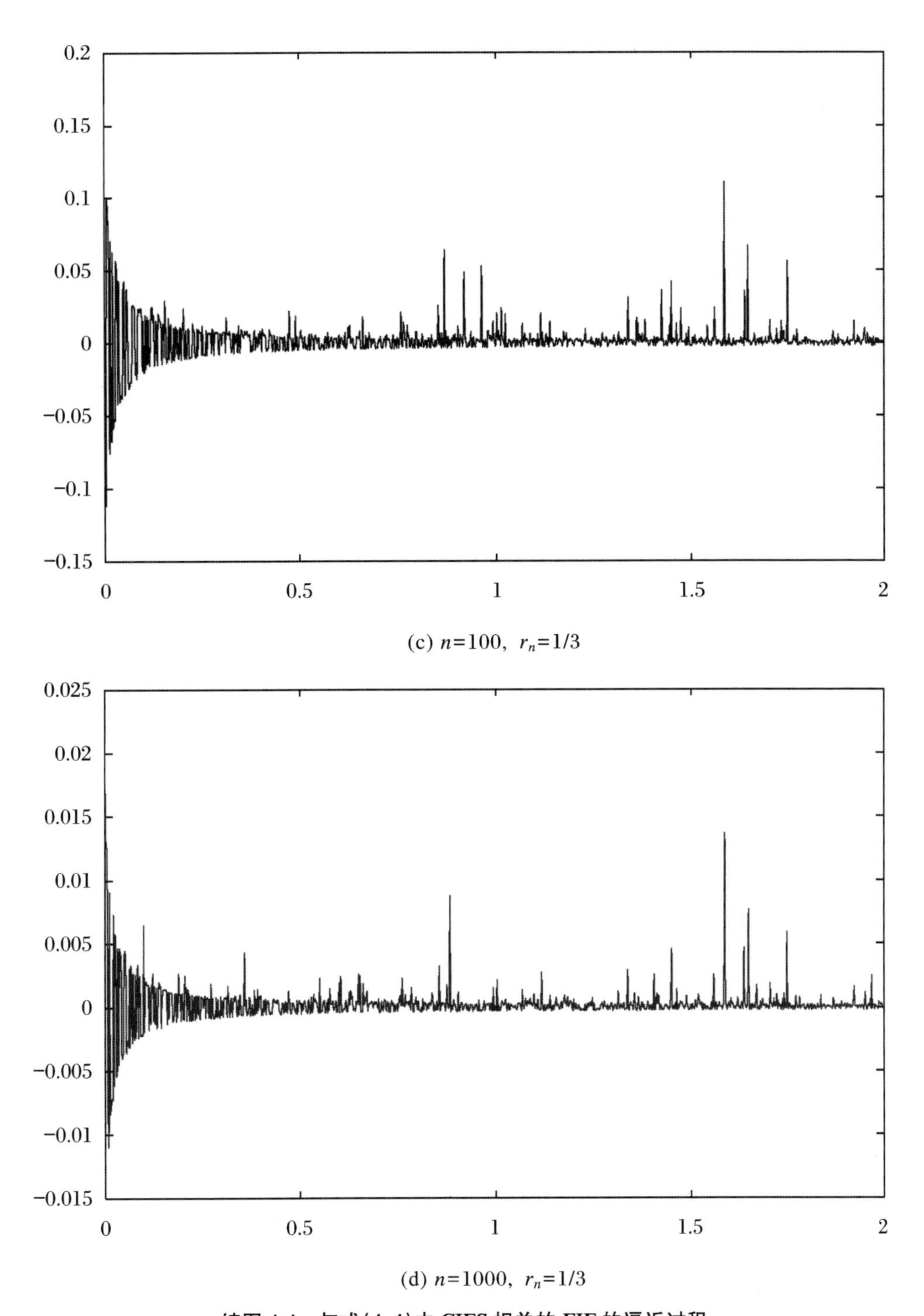

(c) n=100, r_n=1/3

(d) n=1000, r_n=1/3

续图 4-4 与式(4.4)中 CIFS 相关的 FIF 的逼近过程

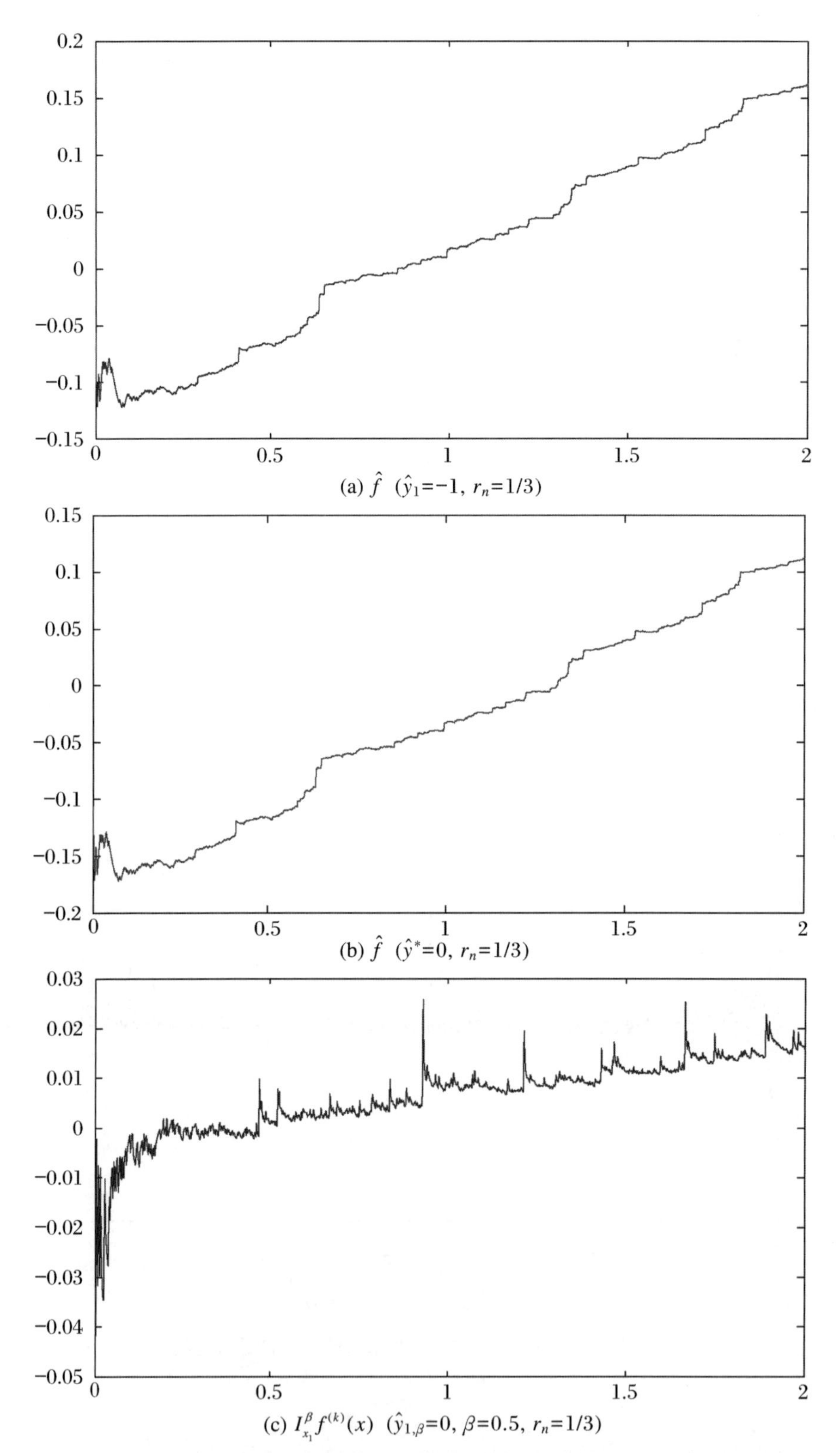

(a) $\hat{f}$ ($\hat{y}_1=-1$, $r_n=1/3$)

(b) $\hat{f}$ ($\hat{y}^*=0$, $r_n=1/3$)

(c) $I_{x_1}^{\beta}f^{(k)}(x)$ ($\hat{y}_{1,\beta}=0$, $\beta=0.5$, $r_n=1/3$)

图 4-5 与例 4-4 中 CIFS 相关的 FIF 的分数阶积分、普通积分和分数阶导数

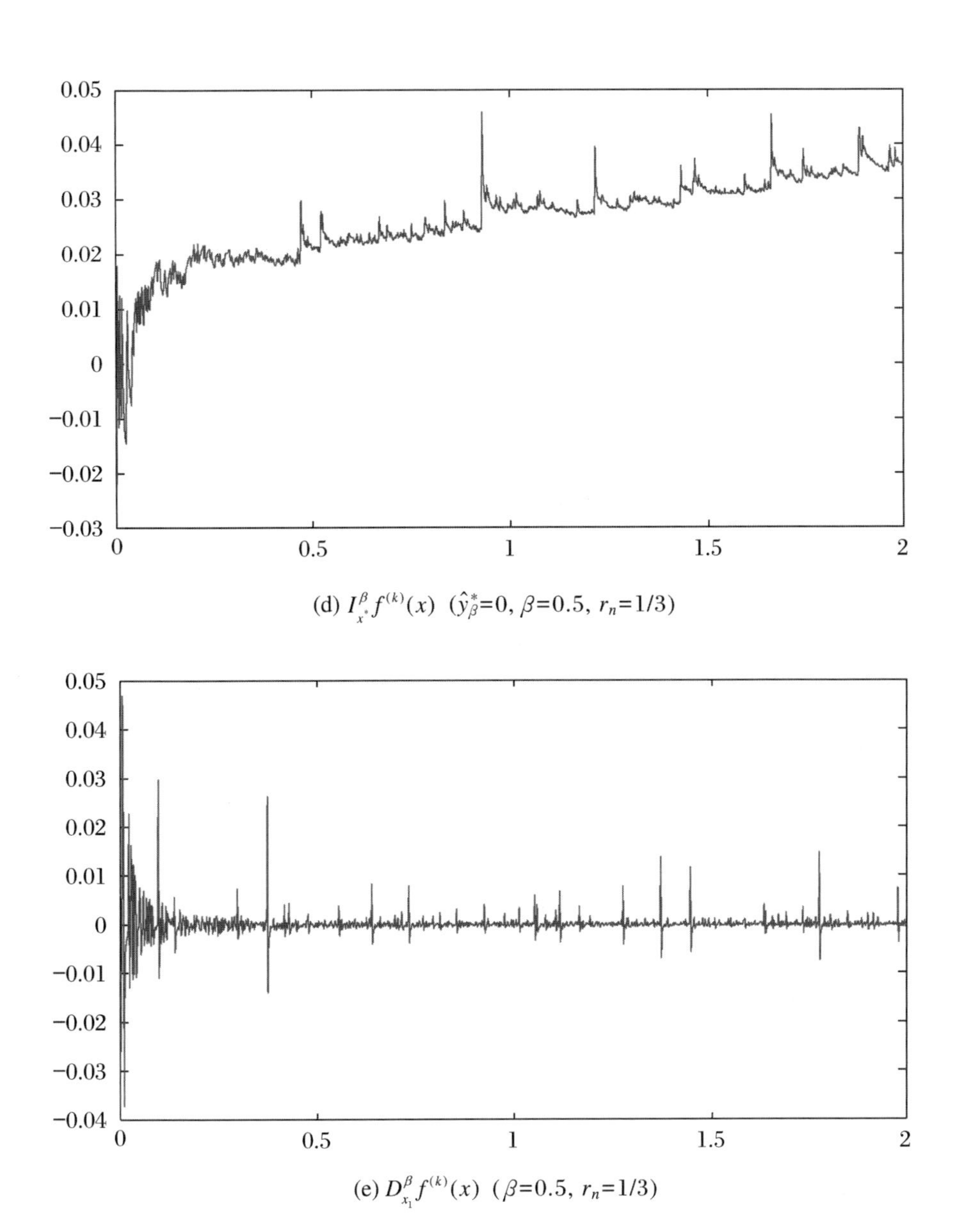

(d) $I^{\beta}_{x^*}f^{(k)}(x)$ ($\hat{y}^*_{\beta}=0$, $\beta=0.5$, $r_n=1/3$)

(e) $D^{\beta}_{x_1}f^{(k)}(x)$ ($\beta=0.5$, $r_n=1/3$)

续图 4-5　与例 4-4 中 CIFS 相关的 FIF 的分数阶积分、普通积分和分数阶导数

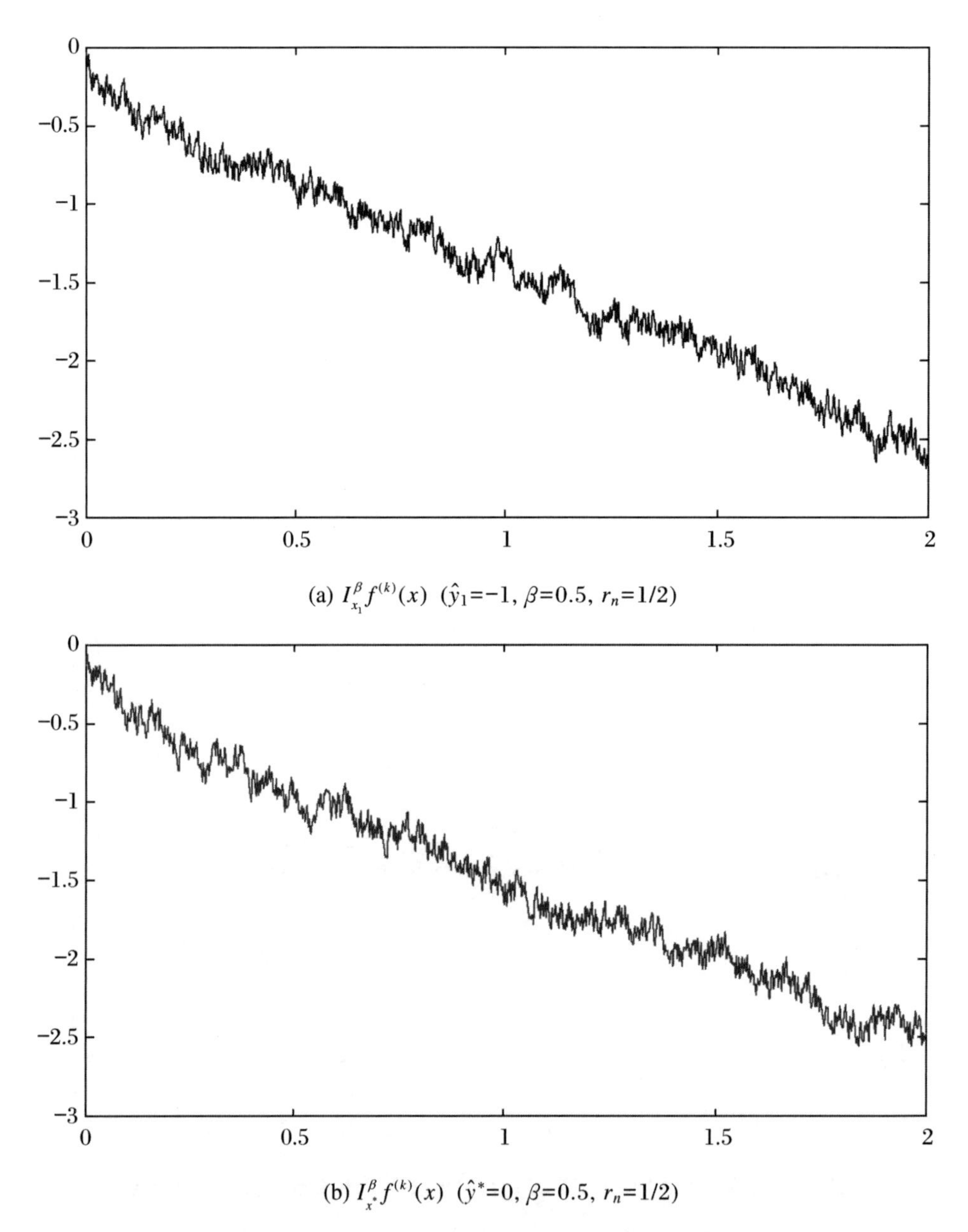

(a) $I_{x_1}^{\beta} f^{(k)}(x)$ ($\hat{y}_1=-1$, $\beta=0.5$, $r_n=1/2$)

(b) $I_{x^*}^{\beta} f^{(k)}(x)$ ($\hat{y}^*=0$, $\beta=0.5$, $r_n=1/2$)

图 4-6　例 4-4 中 CIFS 的 FIF 分数阶积分和分数阶导数

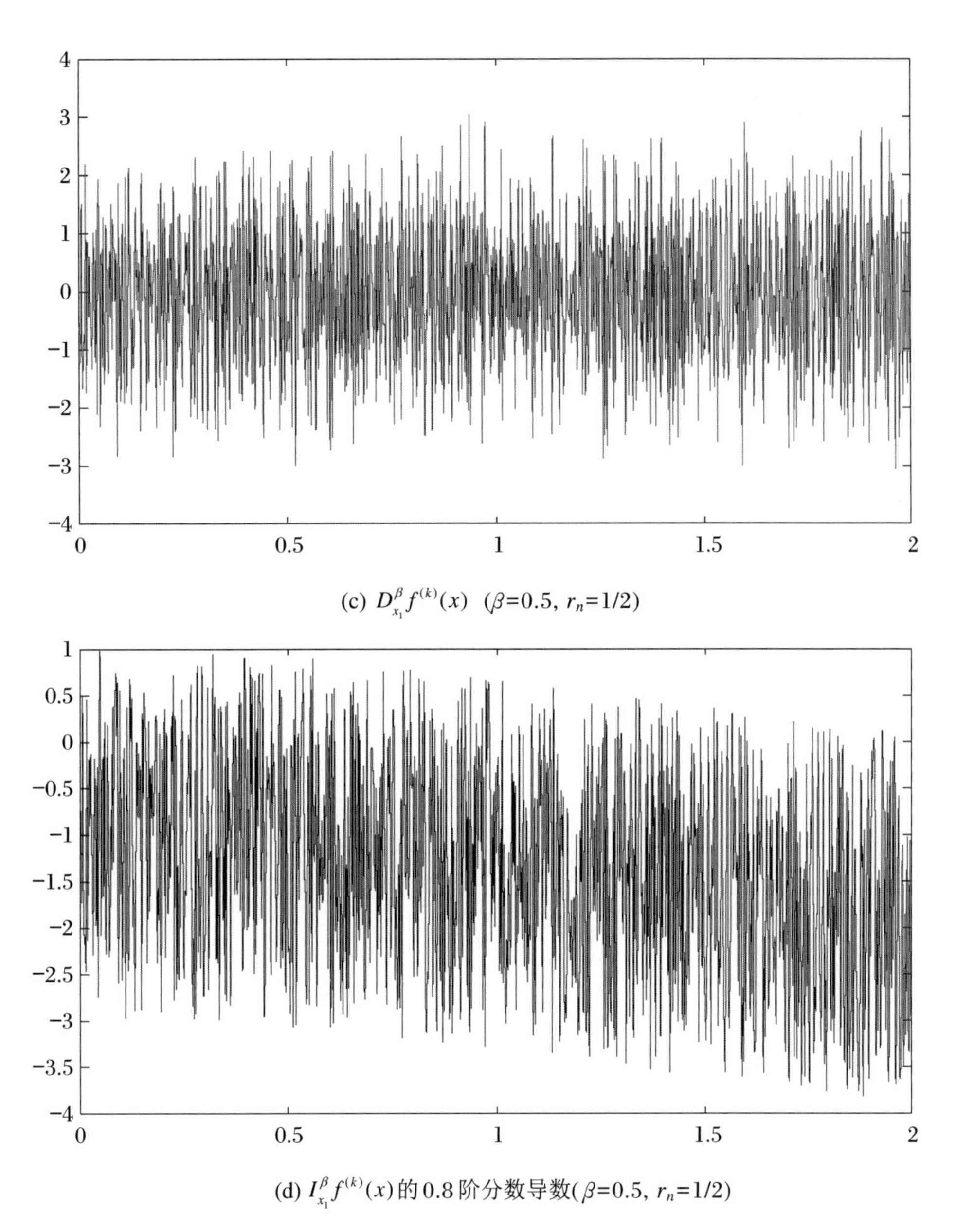

(c) $D_{x_1}^{\beta} f^{(k)}(x)$ (β=0.5, r_n=1/2)

(d) $I_{x_1}^{\beta} f^{(k)}(x)$的 0.8 阶分数导数($\beta$=0.5, r_n=1/2)

续图 4-6　例 4-4 中 CIFS 的 FIF 分数阶积分和分数阶导数

4.4 结 束 语

采样理论和插值概念相互交织,从根本上讲两者无疑是一致的。采样理论的一个传统问题是如何从有限的离散样本集中重构信号,对于这个问题,传统的解决方法关注于如何利用一些恰当假设来实现信号的完美重构,而一个被更广泛采用的方法则是寻求对某些受约束信号进行粗糙的逼近,而不是理想的重构。此外,在采样和插值理论中我们往往需要处理无限多而非有限数量的采样点。针对这些问题,本章在插值理论中提出了一种利用 CIFS 对函数进行重构的新插值策略,该策略适用于可数数据集的情况。同时,当 FIF 给定时,本章也研究了 CIFS 的存在性,并进一步探讨了可数数据集的 FIF 的经典积分和黎曼-刘维尔分数阶积分。另外,本章还评估了自由变量对 FIF 形状的影响,这些 FIF 可用于重构复杂函数。

第5章 多重分形分析和小波分解在EEG信号分类中的应用

5.1 引 言

正常、发作间期和发作期EEG的多重分形测度之间存在显著差异。本章通过合适的图解方法和统计工具对提出的多重分形分析方法进行高精度演示，结果表明所提方法在EEG信号癫痫发作检测方面表现出优异的性能，这里用到的统计工具是带箱形图的单向方差分析(Analysis of Variance，ANOVA)检验。此外，本章还利用正态概率图对EEG数据进行线性检验，结果表明癫痫EEG信号表现出显著的非线性，而正常EEG信号则服从正态分布，类似于高斯线性过程。

5.2 实验信号

5.2.1 合成魏尔斯特拉斯信号

定理5.1 (魏尔斯特拉斯正弦和余弦函数[69])假设 $1<s<2$ 和 $\lambda>1$，分别定义 $f_s:[0,1]\to\mathbf{R}$ 和 $f_c:[0,1]\to\mathbf{R}$ 为

$$f_s(t)=\sum_{k=1}^{\infty}\lambda^{(s-2)k}\sin(\lambda^k t)$$

和

$$f_c(t)=\sum_{k=1}^{\infty}\lambda^{(s-2)k}\cos(\lambda^k t)$$

则当 λ 充分大时有 $\dim_B(\text{graph } f_s)=\dim_B(\text{graph } f_c)=s$ 成立。

注意：该函数处处连续但处处不可微，同时上述魏尔斯特拉斯函数图像的豪斯多夫维数或分形维数至多为 s。[69]

合成波形分别由魏尔斯特拉斯正弦函数 $f_s:[0,1]\to\mathbf{R}$ 和余弦函数 $f_c:[0,1]\to\mathbf{R}$ 生

成，它们分别定义为

$$f_s(t) = \sum_{k=1}^{M} \lambda^{(s-2)k} \sin(\lambda^k t)$$

和

$$f_c(t) = \sum_{k=1}^{M} \lambda^{(s-2)k} \cos(\lambda^k t)$$

其中 $1<s<2$，$\lambda>1$ 并且 $M \in \mathbf{N}^+$。

现在，我们将参数固定为 $\lambda=5$ 和 $M=400$，分别得到当 $s=1.1,1.3,1.5,1.7,1.9$ 时的魏尔斯特拉斯正弦和余弦波形，如图 5-1 和图 5-2 所示。

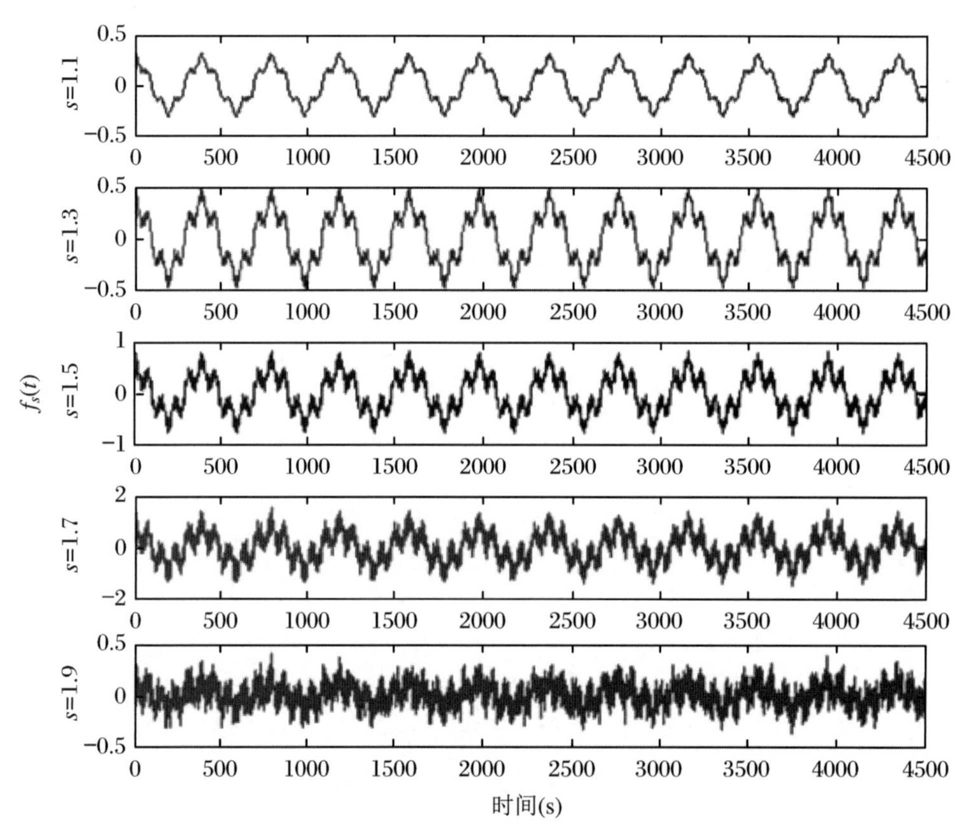

图 5-1 魏尔斯特拉斯正弦曲线

注：自上而下分别对应 A、B、C、D、E 五个数据集。

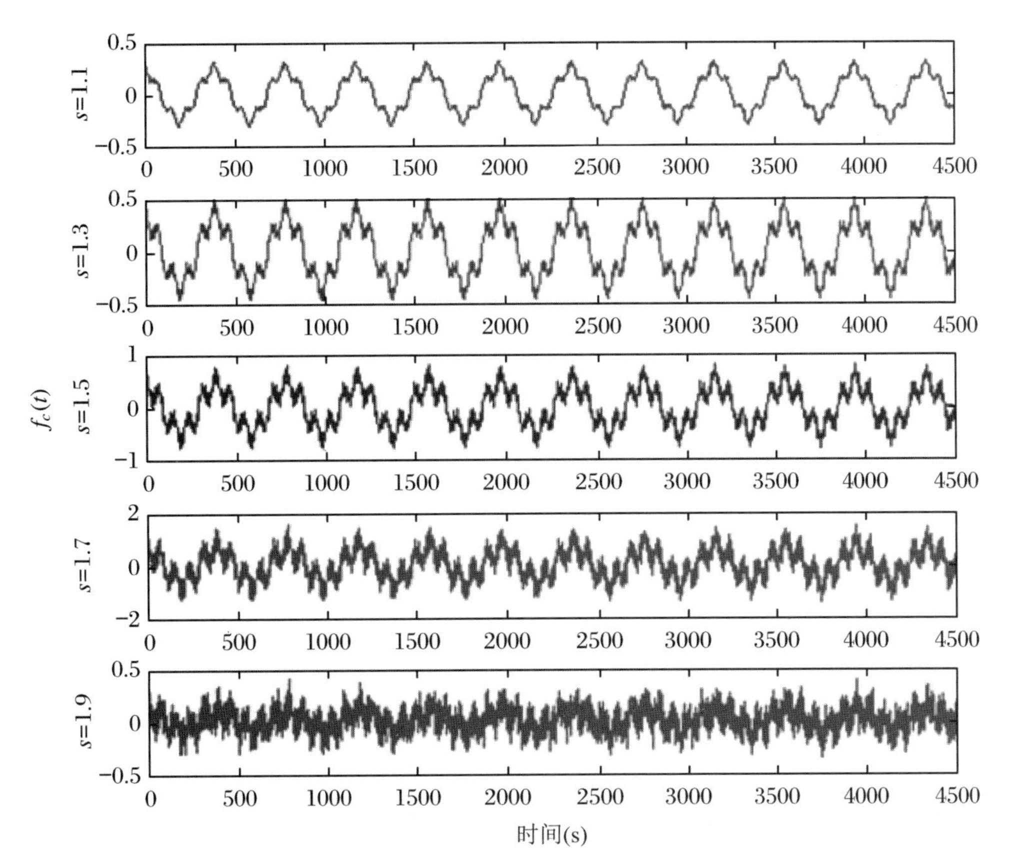

图 5-2　魏尔斯特拉斯余弦曲线

注：自上而下分别对应 A、B、C、D、E 五个数据集。

5.2.2　临床 EEG 信号

头皮和颅内 EEG 的测量数据被用于临床和研究。在认知神经科学中，EEG 被用于研究心理活动的神经相关性，研究覆盖了从低级的感知运动过程到高级的认知行为（关注、记忆、阅读等）的一切心理活动。在神经学中，EEG 的主要用途是癫痫诊断，当然，该技术也用于研究许多其他的疾病，如睡眠相关疾病、阿尔茨海默病和脑肿瘤。

临床 EEG 数据由 A、B、C、D 和 E 五组不同的数据集组成，每个单通道 EEG 片段持续时间为 23.6 s，包含 4096 个样本，这些数据可从德国波恩大学附属医院临床癫痫学 EEG 数据库获取。[78-79] EEG 数据通过国际 10～20 系统进行记录，并以 173.61 Hz 的采样率（采样频率）做了数字化处理。注意，EEG 时间序列具有采集系统的频谱带宽，即 0.5～85 Hz。

前两个数据集是从 5 名健康（正常）人的表面 EEG 记录中提取的 EEG 片段，睁眼状态对应数据集 A，闭眼状态对应数据集 B。

其他三个数据集（C、D 和 E）取自 5 名正接受术前评估的癫痫患者。C、D 数据集取自癫痫患者无癫痫发作间隔(发作间期)的颅内 EEG 记录,其中数据集 C 对应大脑致痫区外部(对侧),数据集 D 对应大脑致痫区内侧(同侧)。最后一个数据集 E 取自癫痫活动期(发作期)的数据记录,此记录是由放置在癫痫患者大脑致痫区内侧(同侧)的深度电极测定的。表 5-1 对这五个数据集进行了汇总,图 5-3 描绘了一段时间内每个数据集的 EEG 样本。

表 5-1　临床 EEG 信号汇总

数据集	受试者状态	电极类型	电极放置位置
A	健康,正常(睁眼)	头皮	国际 10～20 系统
B	健康,正常(闭眼)	头皮	国际 10～20 系统
C	癫痫发作间期(无癫痫发作)	颅内	致痫区对侧
D	癫痫发作间期(无癫痫发作)	颅内	致痫区内侧(同侧)
E	癫痫发作期(癫痫发作)	颅内	致痫区内侧(同侧)

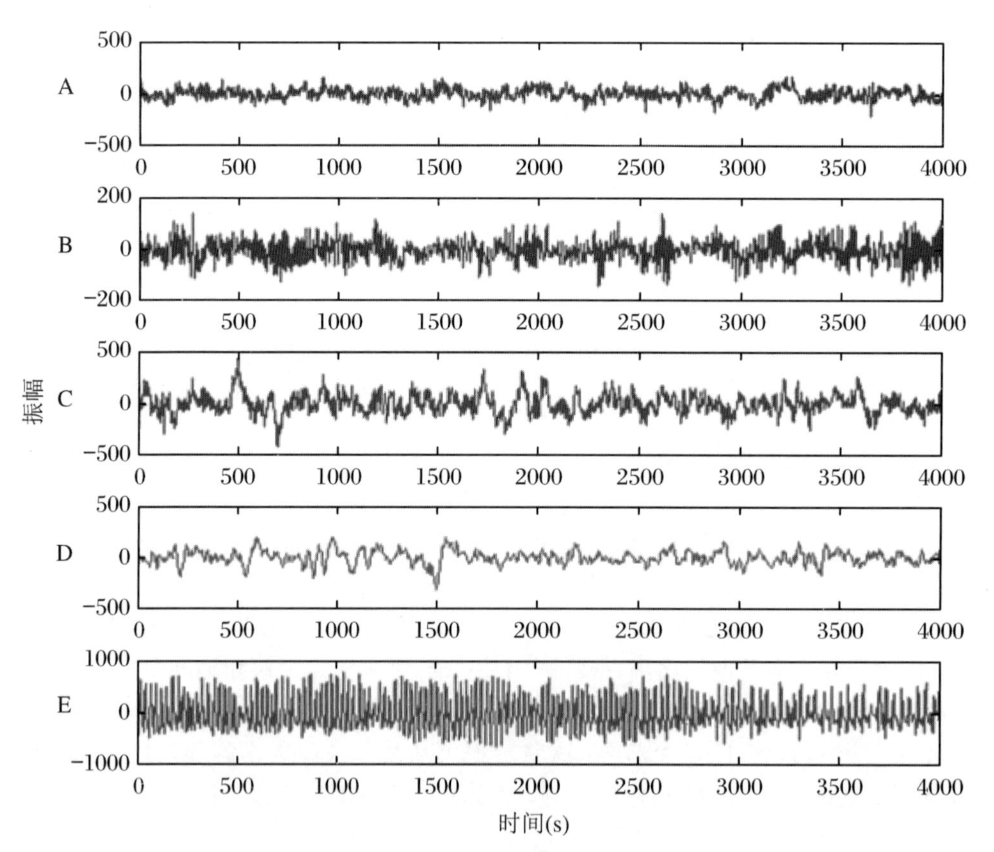

图 5-3　健康受试者和癫痫患者的 EEG 样本片段

注:自上而下分别对应 A、B、C、D、E 五个数据集。

5.3 统计方法

5.3.1 单向方差分析检验

单向ANOVA检验是分析给定数据集均值和方差的一种统计工具,ANOVA使用方差来推断均值是否存在差异,如果观察到差异程度较大,则可认为数据集间的差异是统计显著的。通过分析数据集的组间方差可以得到 p 值,在这种检验中,如果 p 值接近0,则零假设存疑,并表明至少有一个样本均值与其他样本均值间存在显著差异。换句话说,如果 p 值降至0,则我们断定数据集间差异的显著性会增强。

5.3.2 箱形图

箱形图可以清晰地显示出数据集间的差异程度。每个数据集的箱形图都会生成箱体和晶须,箱体在下四分位数、中位数和上四分位数处都存在线条,晶须是从箱体两端延伸出来的线条,显示了余下数据的范围。异常值是指超出晶须末端的数据。如果在晶须外没有数据,则在晶须底部画一个点。

5.3.3 正态概率图

正态概率图是一种用来评估数据是否服从正态分布的图解方法。它是数据与理论正态分布之间的相对关系图,通常近似为一条直线。如果数据服从正态分布,则图像是线性的;如果图像偏离这条直线,则意味着数据不服从正态性,其他类型的数据分布会使图像带有一定的曲率。

5.4 多重分形分析在EEG信号分类中的应用

本节探讨用于区分正常和癫痫EEG的三种不同分析方法,包括修正、改进和高级形式的GFD方法。我们将利用图解和统计分析方法对所设计的GFD方法与一般GFD方法进行比较。其中,图解方法将用到分形谱、分形谱范围以及绝对熵与相应对数尺度因子之间的关系图;统计分析方法将用到单向ANOVA检验、箱形图和正态概率图。最后我们得出结论:我们设计的方法比一般的GFD方法更能凸显正常和癫痫信号之间的差异。此外,正态概率图显示癫痫EEG数据具有强非线性,而正常和发作间期的EEG数据则受高斯线性过程主导。

5.4.1 修正广义分形维数

为了修正我们的 GFD 形式，我们为给定时间序列定义一种下面的概率分布。

将信号时间序列的总体范围划分为 N_V 个箱子，满足

$$N_V = \frac{V_{\max} - V_{\min}}{r}$$

其中，$V_{\max}$和 $V_{\min}$分别表示实验中接收信号的最大值和最小值，r 是不确定因子，取决于记录信号用的测量装置。

将信号时域也划分为 N_t 个间隔，满足

$$N_t = \frac{t_{\max} - t_{\min}}{r}$$

其中，$t_{\max}$和 $t_{\min}$分别是实验中接收信号在时域的最长和最短时间，r 是不确定因子。

对于范围内第 i 个大小为 r 的固定箱子，信号经过第 j 个长为 r 的时域间隔的概率可表示为

$$p_{ij} = \lim_{N_t \to \infty} \frac{N_{ij}}{N_t}, \quad j = 1,2,\cdots,N_t$$

式中，N_{ij}表示在第 i 个大小为 r 的箱子中信号经过第 j 个时间间隔的次数。信号经过信号范围内第 i 个大小为 r 的箱子的概率由下式给出：

$$p_{M_i} = \lim_{N_V \to \infty} \frac{\sum_{j=1}^{N_t} p_{ij}}{N_V}, \quad i = 1,2,\cdots,N_V \tag{5.1}$$

于是对于已知的概率分布，$q \in (-\infty, \infty)(q \neq 1)$阶修正雷尼分形维数或 MGFD MD_q 可定义为

$$MD_q = \lim_{r \to 0} \frac{1}{q-1} \frac{\log_2 \sum_{i=1}^{N_V} p_{M_i}^q}{\log_2 r} \tag{5.2}$$

这里 MD_q 由具有式(5.1)概率分布的广义雷尼熵定义，式(5.2)称为式(1.19)中 GFD 的修正形式。

1. 修正广义分形维数的极限情形

当 $q = -\infty$和 $q = \infty$时，MGFD 方法存在下列两种极限情形：

$$MD_{-\infty} = \lim_{r \to 0} \frac{\log_2 p_{M_{\min}}}{\log_2 r}$$

$$MD_{\infty} = \lim_{r \to 0} \frac{\log_2 p_{M_{\max}}}{\log_2 r}$$

其中

$$p_{M_{\min}} = \min\{p_{M_1}, p_{M_2}, \cdots, p_{M_{N_V}}\}$$

$$p_{M_{\max}} = \max\{p_{M_1}, p_{M_2}, \cdots, p_{M_{N_V}}\}$$

2. 修正广义分形维数的范围

两种极限情形 $MD_{-\infty}$ 和 MD_{∞} 共同定义了给定分形时间序列的 MGFD 范围，即

$$R_{\mathrm{MGFD}} = MD_{-\infty} - MD_{\infty} \tag{5.3}$$

5.4.2　改进广义分形维数

为了改进我们的 GFD 方法，我们对给定分形时间序列定义一种概率分布。将信号时间序列的总体范围划分为 $N_V \times N_t$ 个箱(盒)子，满足

$$N_V = \frac{V_{\max} - V_{\min}}{r} \text{ 和 } N_t = \frac{t_{\max} - t_{\min}}{r}$$

其中，$V_{\max}$、$V_{\min}$ 分别表示实验中接收信号的最大值和最小值，$t_{\max}$、$t_{\min}$ 分别表示实验信号的最长时间和最短时间，r 是不确定因子，可能依赖于记录信号用的测量装置。

信号经过第 ij 个大小为 r 的箱子的概率为

$$p_{I_{ij}} = \lim_{N_V, N_t \to \infty} \frac{N_{ij}}{N_V \times N_t} \tag{5.4}$$

式中，$i = 1, 2, \cdots, N_V$，$j = 1, 2, \cdots, N_t$，N_{ij} 是信号经过第 ij 个大小为 r 的箱子的次数。

于是，对于已知的概率分布，$q \in (-\infty, \infty)$（$q \neq 1$）阶改进雷尼分形维数或 IGFD ID_q 可定义为

$$ID_q = \lim_{r \to 0} \frac{1}{q-1} \frac{\log_2 \sum_{i=1}^{N_V} \sum_{j=1}^{N_t} p_{I_{ij}}^q}{\log_2 r} \tag{5.5}$$

这里的 ID_q 也由概率分布如式(5.4)所示的广义雷尼熵定义，式(5.4)称为式(1.19)中 GFD 的改进形式。

1. 改进广义分形维数的极限情形

当 $q = -\infty$ 和 $q = \infty$ 时，IGFD 方法存在两个极限情形：

$$ID_{-\infty} = \lim_{r \to 0} \frac{\log_2 p_{I_{\min}}}{\log_2 r}$$

$$ID_{\infty} = \lim_{r \to 0} \frac{\log_2 p_{I_{\max}}}{\log_2 r}$$

其中

$$p_{I_{\min}} = \min_{1 \leqslant i \leqslant N_V, 1 \leqslant j \leqslant N_t} \{p_{I_{ij}}\}$$

$$p_{I_{\max}} = \max_{1 \leqslant i \leqslant N_V, 1 \leqslant j \leqslant N_t} \{p_{I_{ij}}\}$$

2. 改进广义分形维数的范围

两种极限情形 $ID_{-\infty}$ 和 ID_{∞} 限定了给定分形时间序列的 IGFD 范围，即

$$R_{\mathrm{IGFD}} = ID_{-\infty} - ID_{\infty} \tag{5.6}$$

5.4.3 高级广义分形维数

为了设计高级形式的 GFD,我们为给定的分形时间序列构造一种下面的概率分布。将信号时间序列总体范围划分为 N_A 个间隔(箱子),满足

$$N_A = \frac{V_{\max} - V_{\min}}{r}$$

其中,$V_{\max}$和 $V_{\min}$分别表示实验中接收信号的最大值和最小值,r 表示不确定因子,可能取决于记录信号用的测量装置。

信号经过分形时间序列第 i 个长为 r 的范围间隔的概率由下式给出:

$$p_{A_i} = \lim_{T\to\infty} \frac{N_i}{T}, \quad i = 1,2,\cdots,N_A \tag{5.7}$$

其中,N_i 是信号通过第 i 个长为 r 的范围间隔的次数,T 是给定数据集的总取值数。

于是,对于已知的概率分布,$q\in(-\infty,\infty)(q\neq1)$阶高级雷尼分形维数或 AGFD 的 AD_q 定义为

$$AD_q = \lim_{r\to0} \frac{1}{q-1} \frac{\log_2 \sum_{i=1}^{N_A} p_{A_i}^q}{\log_2 r} \tag{5.8}$$

这里的 AD_q 同样由概率分布如式(5.7)所示的广义雷尼熵定义,式(5.8)称为式(1.19)中 GFD 的高级形式。

1. 高级广义分形维数的极限情形

当 $q=-\infty$和 $q=\infty$时,AGFD 方法存在如下两种极限情形:

$$AD_{-\infty} = \lim_{r\to0} \frac{\log_2 p_{A_{\min}}}{\log_2 r}$$

$$AD_{\infty} = \lim_{r\to0} \frac{\log_2 p_{A_{\max}}}{\log_2 r}$$

其中

$$p_{A_{\min}} = \min\{p_{A_1}, p_{A_2}, \cdots, p_{A_{N_A}}\}$$

$$p_{A_{\max}} = \max\{p_{A_1}, p_{A_2}, \cdots, p_{A_{N_A}}\}$$

2. 高级广义分形维数的范围

两种极限情形 $AD_{-\infty}$和 AD_{∞}限定了给定分形时间序列的 AGFD 范围,即

$$R_{\mathrm{AGFD}} = AD_{-\infty} - AD_{\infty} \tag{5.9}$$

5.4.4 分形时间信号的分析方法

作为给定一种分形时间信号的概率分布,GFD 函数 D_q 被称为分形谱。分形谱描述

了给定信号的幅度和频率信息,所以有理由认为它是一种表征信号的重要工具。

利用式(1.19)、式(5.2)、式(5.5)和式(5.8),结合雷尼熵绝对值与相应对数尺度因子的关系图,可以分别计算给定时间序列的 GFD(D_q)、MGFD(MD_q)、IGFD(ID_q)和 AGFD(AD_q),利用式(1.22)、式(5.3)、式(5.6)和式(5.9)可以分别确定给定时间序列的 GFD 范围(R_{GFD})、MGFD 范围(R_{MGFD})、IGFD 范围(R_{IGFD})和 AGFD 范围(R_{AGFD}),我们利用这些测度来比较分形时间信号。

为了对分形信号进行区分,首先根据式(1.19),设

$$REN = \frac{1}{q-1}\log_2\sum_{i=1}^{N} p_i^q \tag{5.10}$$

根据式(5.2),设

$$MREN = \frac{1}{q-1}\log_2\sum_{i=1}^{N_V} p_{M_i}^q \tag{5.11}$$

根据式(5.5),设

$$IREN = \frac{1}{q-1}\log_2\sum_{i=1}^{N_V}\sum_{j=1}^{N_t} p_{I_{ij}}^q \tag{5.12}$$

根据式(5.8),设

$$AREN = \frac{1}{q-1}\log_2\sum_{i=1}^{N_A} p_{A_i}^q \tag{5.13}$$

然后绘制给定信号 REN、$MREN$、$IREN$ 和 $AREN$ 的相对 $\log_2 r$ 的变化图像,通过对比这些图像来对分形信号进行分析、分类。

5.4.5　结果和讨论

在本节中,我们利用五种典型的 EEG 信号和各种形式的 GFD 对癫痫发作情况进行分析。这五种典型的 EEG 信号已在 5.2.2 节中给出,它们是正常 EEG 数据集 A 和 B、癫痫发作间期 EEG 数据集 C 和 D、癫痫发作期 EEG 数据集 E。本节中的计算都通过 MATLAB 软件实现。

从健康受试者和发作间期、发作期的癫痫患者身上采集的五个数据集中截取 20 个典型的临床 EEG 片段,得到这些 EEG 片段的概率分布,同时对 q 取 2～50 时的 GFD、MGFD、IGFD 和 AGFD 进行计算。

图 5-4、图 5-5、图 5-6 和图 5-7 分别绘制了来自五个数据集的三个 EEG 采样片段的广义分形谱、修正广义分形谱、改进广义分形谱和高级广义分形谱。然后计算所有给定临床 EEG 信号的 GFD 范围(R_{GFD})、MGFD 范围(R_{MGFD})、IGFD 范围(R_{IGFD})和 AGFD 范围(R_{AGFD}),结果分别列于表 5-2、表 5-3、表 5-4 和表 5-5 中,GFD 范围、MGFD 范围、IGFD 范围和 AGFD 范围的绝对值相对数据集编号的变化图像如图 5-8 所示。

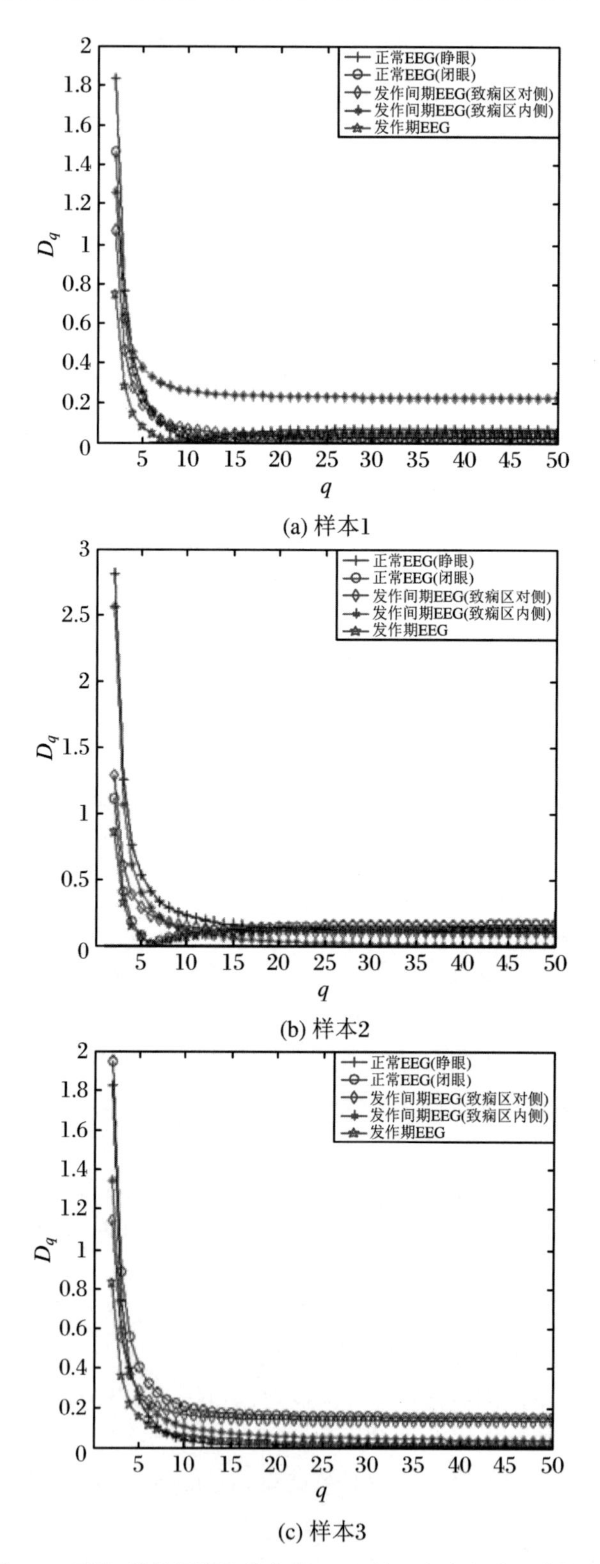

(a) 样本1

(b) 样本2

(c) 样本3

图 5-4　正常、发作间期和发作期 EEG 的三个广义分形谱样本

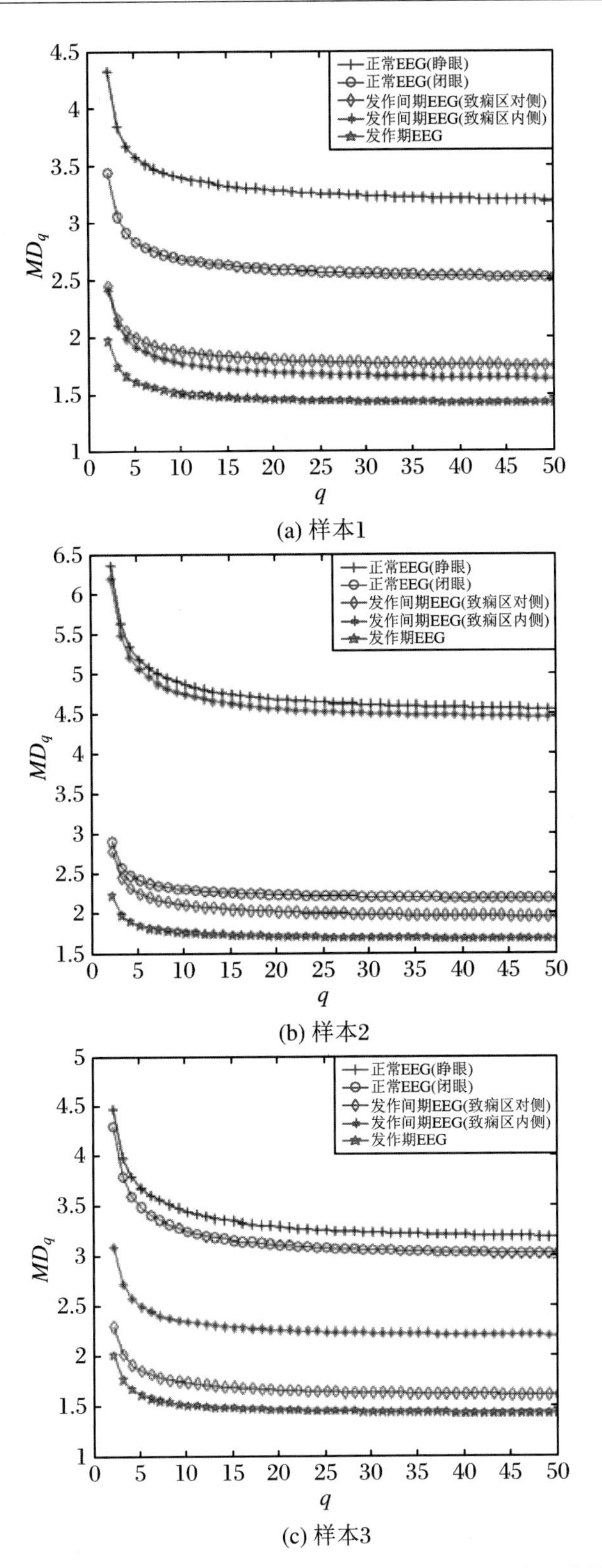

图 5-5　正常、发作间期和发作期 EEG 的三个修正广义分形谱样本

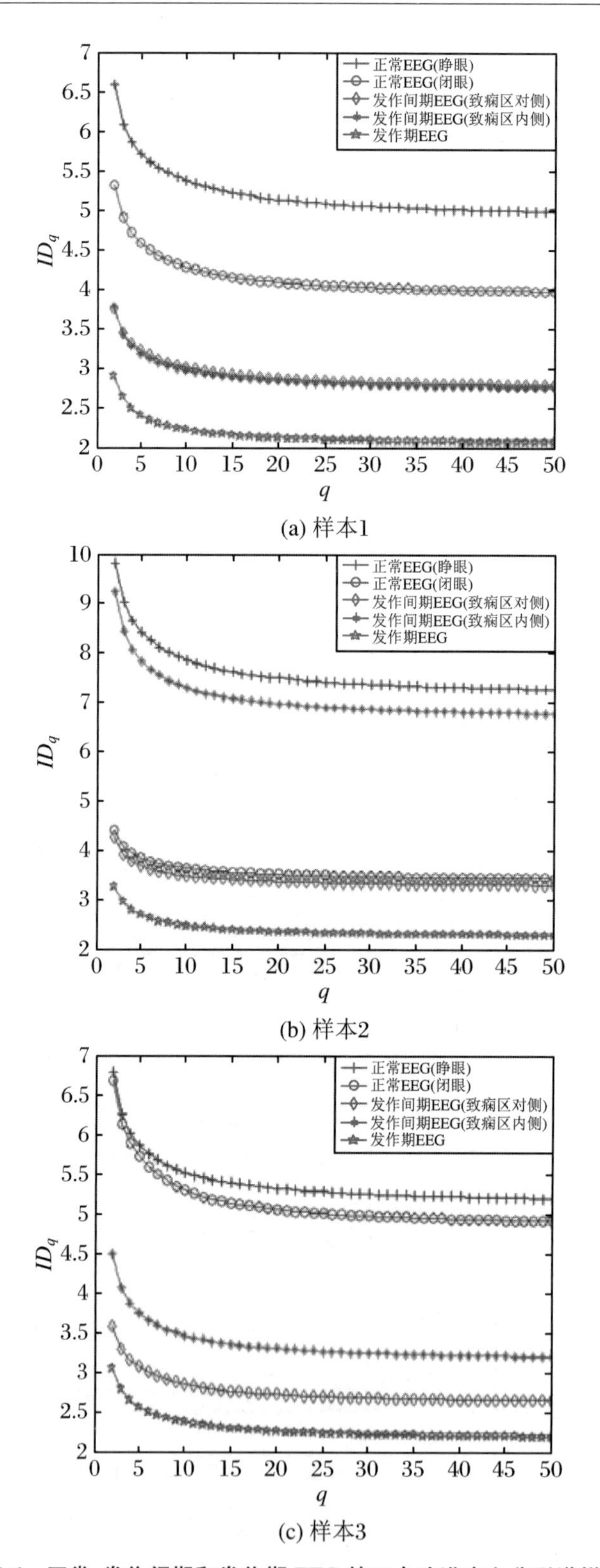

(a) 样本1

(b) 样本2

(c) 样本3

图 5-6 正常、发作间期和发作期 EEG 的三个改进广义分形谱样本

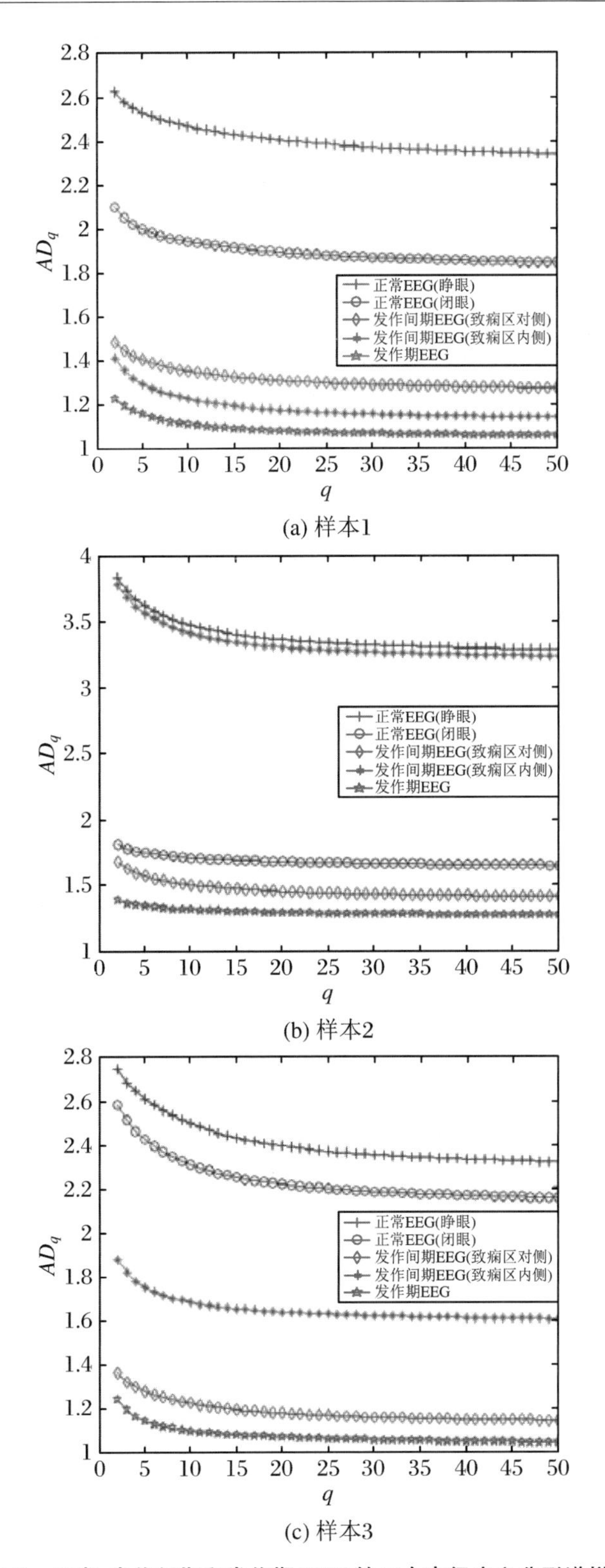

(a) 样本1

(b) 样本2

(c) 样本3

图5-7 正常、发作间期和发作期EEG的三个高级广义分形谱样本

表 5-2 正常、发作间期和发作期 EEG 的广义分形谱范围

数据集编号	数据集类型				
	A	B	C	D	E
1	5.2610	2.8690	1.9389	2.2521	1.4137
2	4.7053	2.4051	5.4074	1.7608	1.2215
3	9.1098	2.1110	2.4267	6.3487	1.5707
4	13.9069	2.8270	6.4996	3.2954	1.7179
5	4.9505	3.1634	3.9884	2.2089	1.3259
6	4.6417	2.8017	3.3231	2.0752	1.1445
7	4.0683	2.2648	3.8477	4.6456	1.2177
8	6.3030	2.6418	3.3989	5.9069	1.7383
9	4.7899	2.4303	5.1106	3.2363	1.8354
10	5.2240	4.1558	2.0017	2.5532	1.5883
11	5.0953	5.3701	4.9128	3.0152	1.7712
12	6.3295	2.9589	2.8026	1.3554	1.2985
13	4.7292	2.4347	3.9401	3.4925	1.3353
14	4.3784	3.4656	3.3420	1.9538	1.5864
15	4.9232	3.1217	3.5863	12.2176	1.5858
16	22.7800	2.2922	2.4982	4.2750	1.2069
17	4.9163	3.0646	2.9656	12.6599	1.3083
18	4.3153	3.2375	5.2213	2.9174	1.3441
19	4.1489	2.2081	2.6963	2.8078	1.8172
20	4.7241	2.2087	3.6049	9.1438	1.3308

表 5-3 正常、发作间期和发作期 EEG 的修正广义分形谱范围

数据集编号	数据集类型				
	A	B	C	D	E
1	9.0400	6.7401	4.4979	4.7472	3.3455
2	8.3583	5.6062	12.8975	3.7104	2.6423
3	16.2924	5.2593	5.3742	15.1047	3.8706
4	24.7345	6.6559	15.7514	6.9265	4.0873
5	8.8537	6.9392	9.3027	5.1743	3.3573
6	8.3836	6.3552	7.2379	4.1876	2.7085
7	7.0987	5.4796	9.2045	10.7032	2.8249
8	11.3958	6.3552	8.6798	13.2877	4.1585
9	8.5765	5.5487	11.9806	7.4564	4.0647
10	9.3429	9.2385	4.3908	5.9515	3.5308

续表

数据集编号	数据集类型				
	A	B	C	D	E
11	8.8238	11.6815	11.8184	6.8991	4.1827
12	11.3577	7.0398	6.6536	3.1750	2.7668
13	8.6227	5.5228	8.1998	8.0271	2.7697
14	7.9831	8.4350	7.2540	4.0861	3.9091
15	8.9766	7.1748	8.4873	27.3733	3.9245
16	41.1862	5.0391	5.9968	9.9223	3.0277
17	8.5139	6.6439	6.9128	28.5961	2.8176
18	7.7940	7.2536	11.3089	7.1440	3.1331
19	7.4201	5.3626	6.4502	6.4690	3.9948
20	8.3332	5.3134	8.4328	20.9705	3.1263

表 5-4　正常、发作间期和发作期 EEG 的改进广义分形谱范围

数据集编号	数据集类型				
	A	B	C	D	E
1	15.2991	11.4316	7.5579	8.0340	5.6619
2	14.1455	9.4879	22.0151	6.3199	4.4815
3	27.5731	8.9201	9.0953	25.5630	6.5266
4	41.9510	11.2643	26.7727	11.7223	6.9173
5	14.9840	11.7693	15.8117	8.7569	5.6818
6	13.7672	10.7554	12.2759	7.0870	4.5838
7	12.0138	9.2737	15.5776	18.1532	4.7808
8	19.3279	10.7554	14.7845	21.6212	7.0377
9	14.5462	9.4109	20.3633	12.6464	6.8791
10	15.8117	15.6352	7.4471	10.0723	5.9535
11	14.9333	19.7696	20.0012	11.6760	6.9372
12	18.8490	11.8703	11.2848	5.3734	4.7027
13	14.5929	9.3466	13.9371	13.5850	4.6976
14	13.5105	14.2752	12.3032	6.9303	6.6157
15	15.1918	12.1425	14.3638	46.1563	6.6562
16	68.1257	8.5281	10.1709	16.8648	5.1352
17	14.4088	10.9375	11.6991	48.3957	4.7685
18	13.1904	12.2759	18.8490	12.0905	5.3024
19	12.5577	9.0953	10.9162	10.9717	6.7608
20	14.1030	8.9923	14.2613	35.5671	5.3024

表 5-5　正常、发作间期和发作期 EEG 的高级广义分形谱范围

数据集编号	数据集类型				
	A	B	C	D	E
1	10.5769	2.8690	1.9389	2.2521	1.4137
2	9.6204	2.4051	5.4074	1.9735	1.2215
3	18.6905	2.1110	2.4267	6.3487	1.5707
4	28.4834	2.8270	6.4996	3.2954	1.7179
5	10.1569	3.1634	3.9884	2.2089	1.3259
6	9.5717	2.8017	3.3231	2.0752	1.1445
7	8.2427	2.2648	3.8477	4.6456	1.2177
8	13.0187	2.6418	3.3989	5.9069	1.7383
9	9.8442	2.4303	5.1106	3.2363	1.8354
10	10.7180	4.1558	2.0017	2.5532	1.5883
11	10.2841	5.3701	4.9128	3.0152	1.7712
12	13.0084	2.9589	2.8026	1.3554	1.2985
13	9.7997	2.4347	3.9401	3.4925	1.3353
14	9.0728	3.4656	3.3420	1.9538	1.5864
15	10.2019	3.1217	3.5863	12.2176	1.5858
16	47.0518	2.2922	2.4982	4.2750	1.2069
17	9.9229	3.0646	2.9656	2.9656	1.3083
18	8.8985	3.2375	5.2213	2.9174	1.3441
19	8.5123	2.2081	2.6963	2.8078	1.8172
20	9.6244	2.2087	3.6049	9.1438	1.3308

对于 $q=0.5$，计算了所有典型 EEG 信号在尺度因子为 r 时的 REN、$MREN$、$IREN$ 和 $AREN$，计算公式分别为式(5.10)、式(5.11)、式(5.12)和式(5.13)，这些 EEG 信号来自健康受试者和发作间期、发作期的癫痫患者；然后对所有正常、发作间期、发作期 EEG 分别绘制了 REN、$MREN$、$IREN$ 和 $AREN$ 关于 $\log_2 r$ 的图像。图 5-9 所示为一个 EEG 采样片段的 GFD、MGFD、IGFD 和 AGFD 图形。

为从统计学的角度检验正常、发作间期和发作期 EEG 片段之间的均值差异，使用标准统计分析工具(MATLAB 统计工具箱)对 GFD、MGFD、IGFD 和 AGFD 方法的分形谱进行可重复测量单向 ANOVA，结果如表 5-6 所示。同样，对 GFD、MGFD、IGFD 和 AGFD 方法的分形谱范围进行了 ANOVA 检验，结果如表 5-7 所示。此外，对正常、发作间期和发作期 EEG 信号绘制了相应 GFD、MGFD、IGFD 和 AGFD 方法的箱形图，结果如图 5-10 所示。类似地，对正常、发作间期和发作期 EEG 信号绘制了 GFD、MGFD、IGFD 和 AGFD 方法的分形谱范围箱形图，结果如图 5-11 所示。

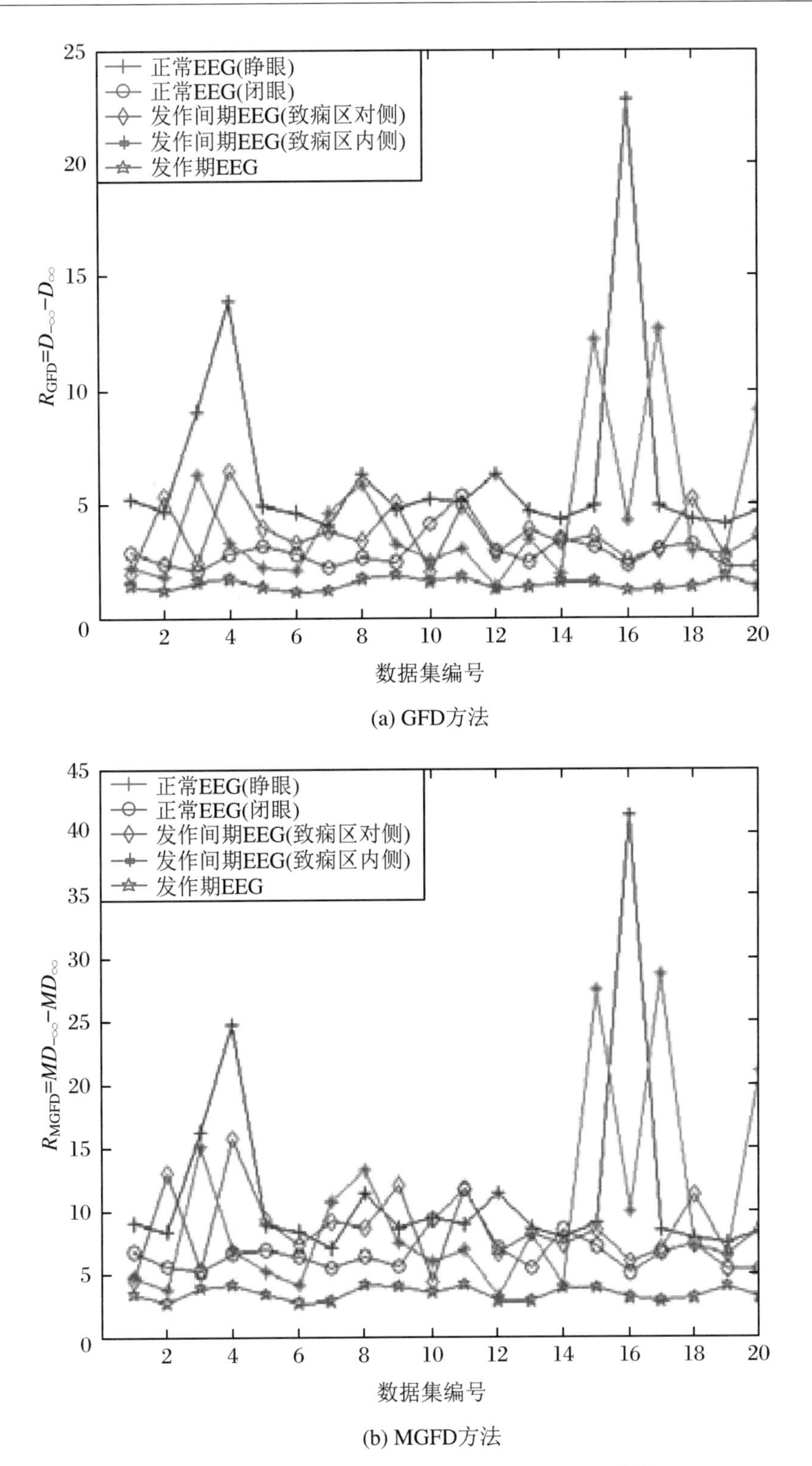

图5-8　正常、发作间期和发作期EEG的广义分形谱范围

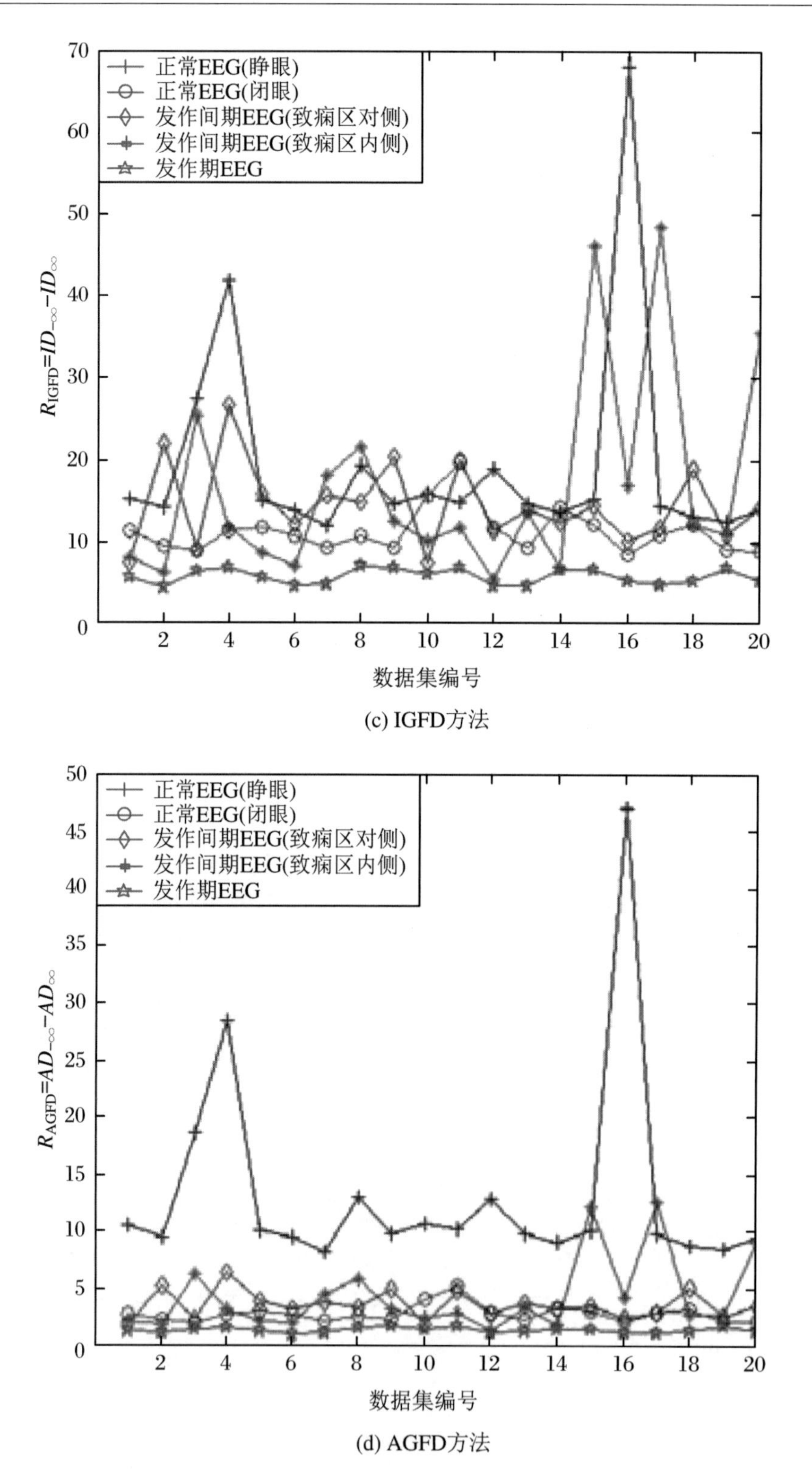

续图 5-8　正常、发作间期和发作期 EEG 的广义分形谱范围

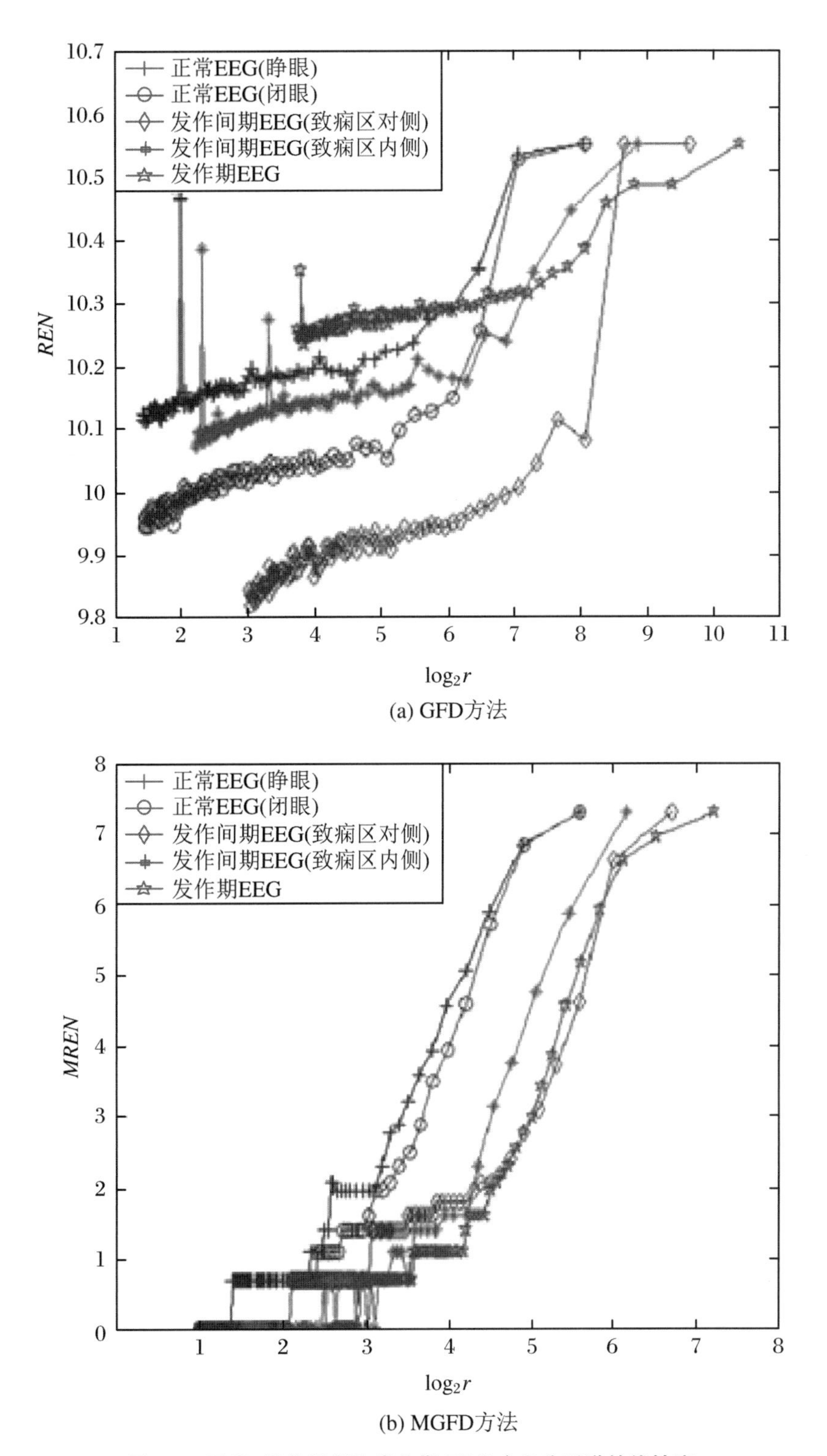

图 5-9　正常、发作间期和发作期 EEG 广义分形谱的线性度

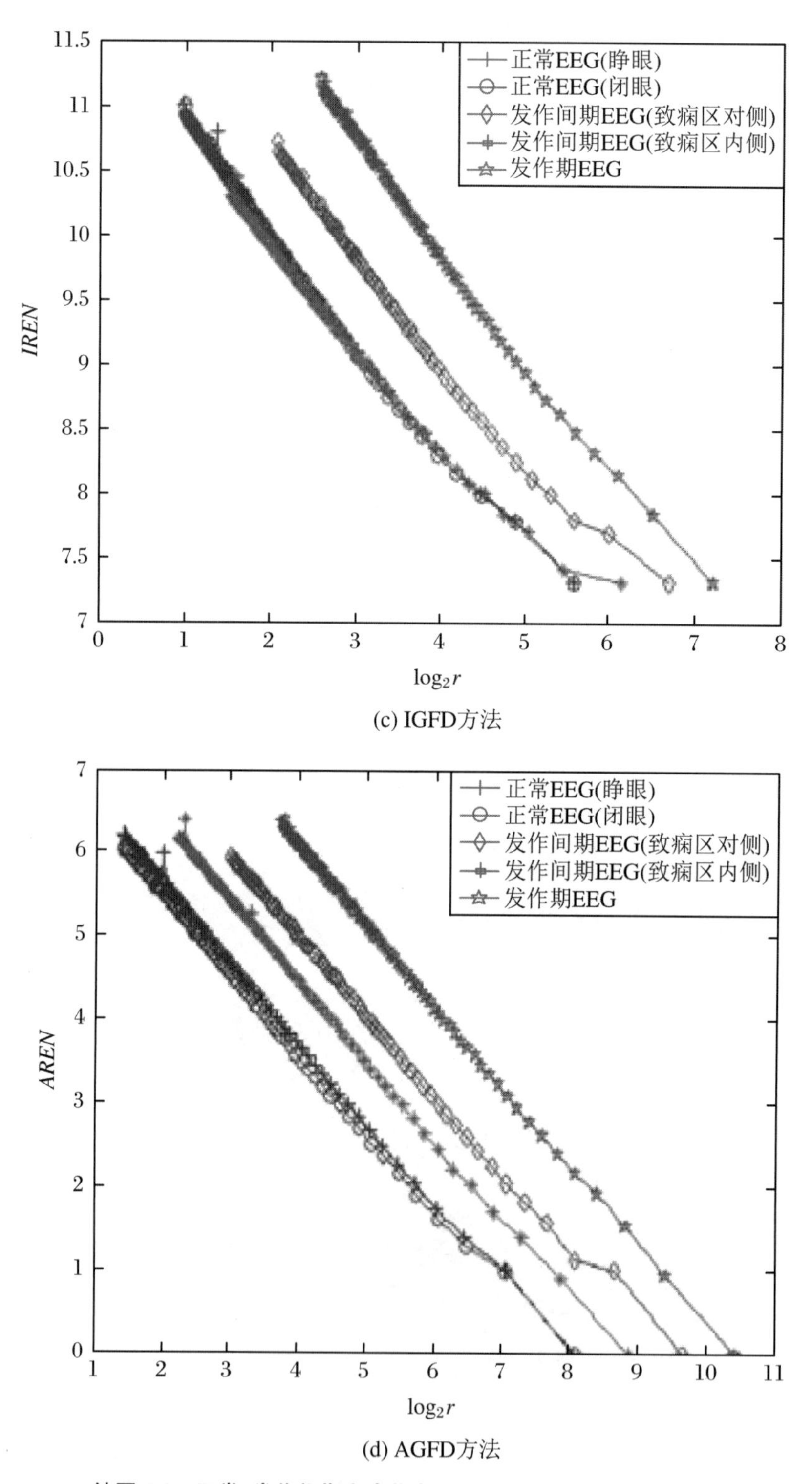

(c) IGFD方法

(d) AGFD方法

续图 5-9 正常、发作间期和发作期 EEG 广义分形谱的线性度

表5-6　正常、发作间期和发作期EEG广义分形谱的单向ANOVA表

(a) GFD方法

方差来源	*SS*	*df*	*MS*	*F*	*prob*>*F*
列因素	1.0728	4	0.2682	5.61	0.0002
误差	11.4662	240	0.04778		
总和	12.539	244			

(b) MGFD方法

方差来源	*SS*	*df*	*MS*	*F*	*prob*>*F*
列因素	138.869	4	34.7171	1099.72	0
误差	7.577	240	0.0316		
总和	146.445	244			

(c) IGFD方法

方差来源	*SS*	*df*	*MS*	*F*	*prob*>*F*
列因素	381.424	4	95.3559	1433.34	0
误差	15.966	240	0.0665		
总和	397.39	244			

(d) AGFD方法

方差来源	*SS*	*df*	*MS*	*F*	*prob*>*F*
列因素	71.0927	4	17.7732	3147.05	0
误差	1.3554	240	0.0056		
总和	72.4481	244			

表 5-7 正常、发作间期和发作期 EEG 广义分形谱范围的单向 ANOVA 表

(a) GFD 方法

方差来源	*SS*	*df*	*MS*	*F*	*prob*>*F*
列因素	274.59	4	68.6475	10.43	4.778e-007
误差	625.181	95	6.5809		
总和	899.771	99			

(b) MGFD 方法

方差来源	*SS*	*df*	*MS*	*F*	*prob*>*F*
列因素	793.75	4	198.438	7.46	2.86581e-005
误差	2527.23	95	26.602		
总和	3320.98	99			

(c) IGFD 方法

方差来源	*SS*	*df*	*MS*	*F*	*prob*>*F*
列因素	2245.92	4	561.479	7.54	2.5653e-005
误差	7077.13	95	74.496		
总和	9323.05	99			

(d) AGFD 方法

方差来源	*SS*	*df*	*MS*	*F*	*prob*>*F*
列因素	1743.55	4	435.889	22.36	4.95715e-013
误差	1852.07	95	19.495		
总和	3595.62	99			

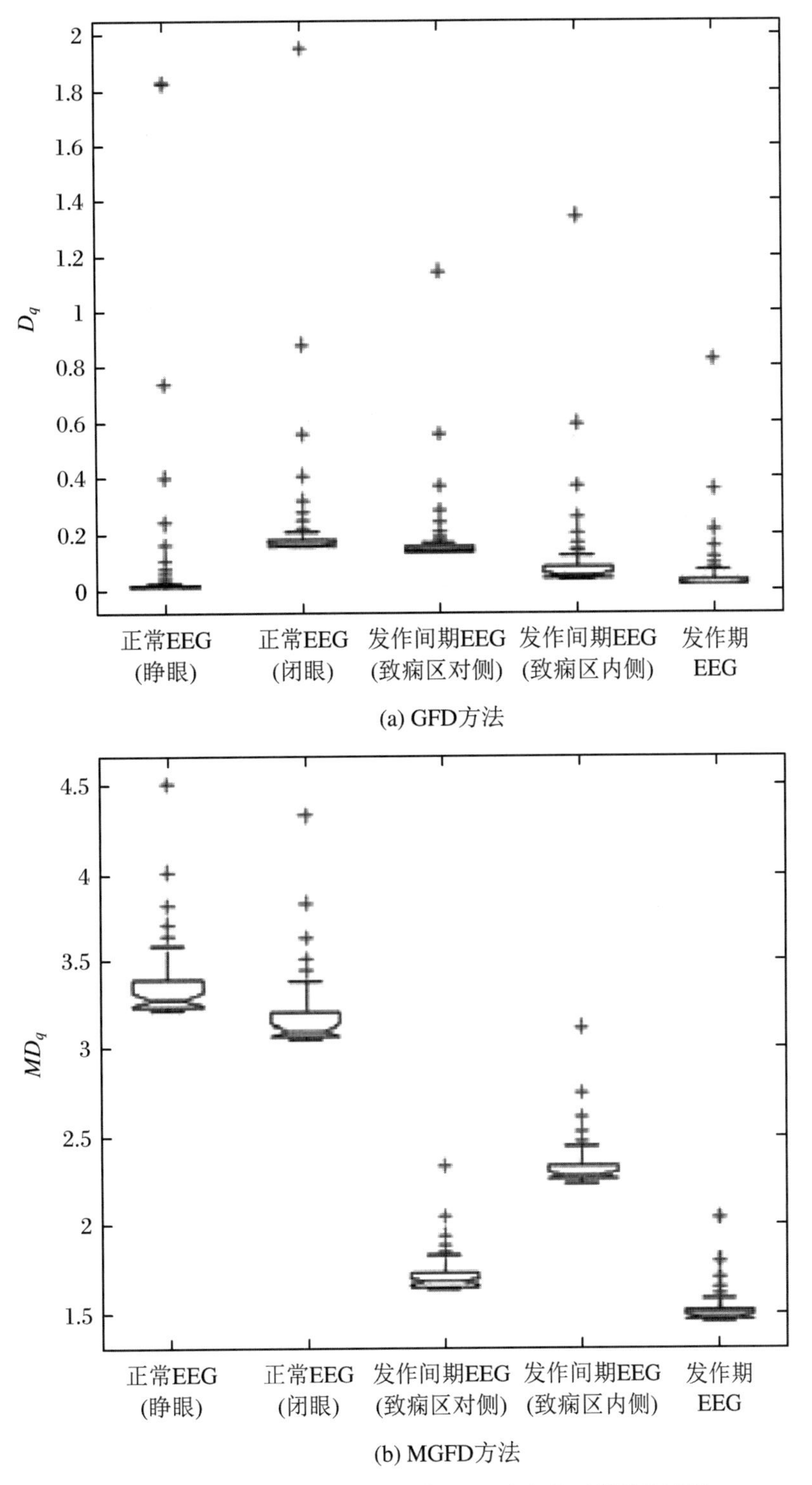

图 5-10　正常、发作间期和发作期 EEG 广义分形谱的箱形图

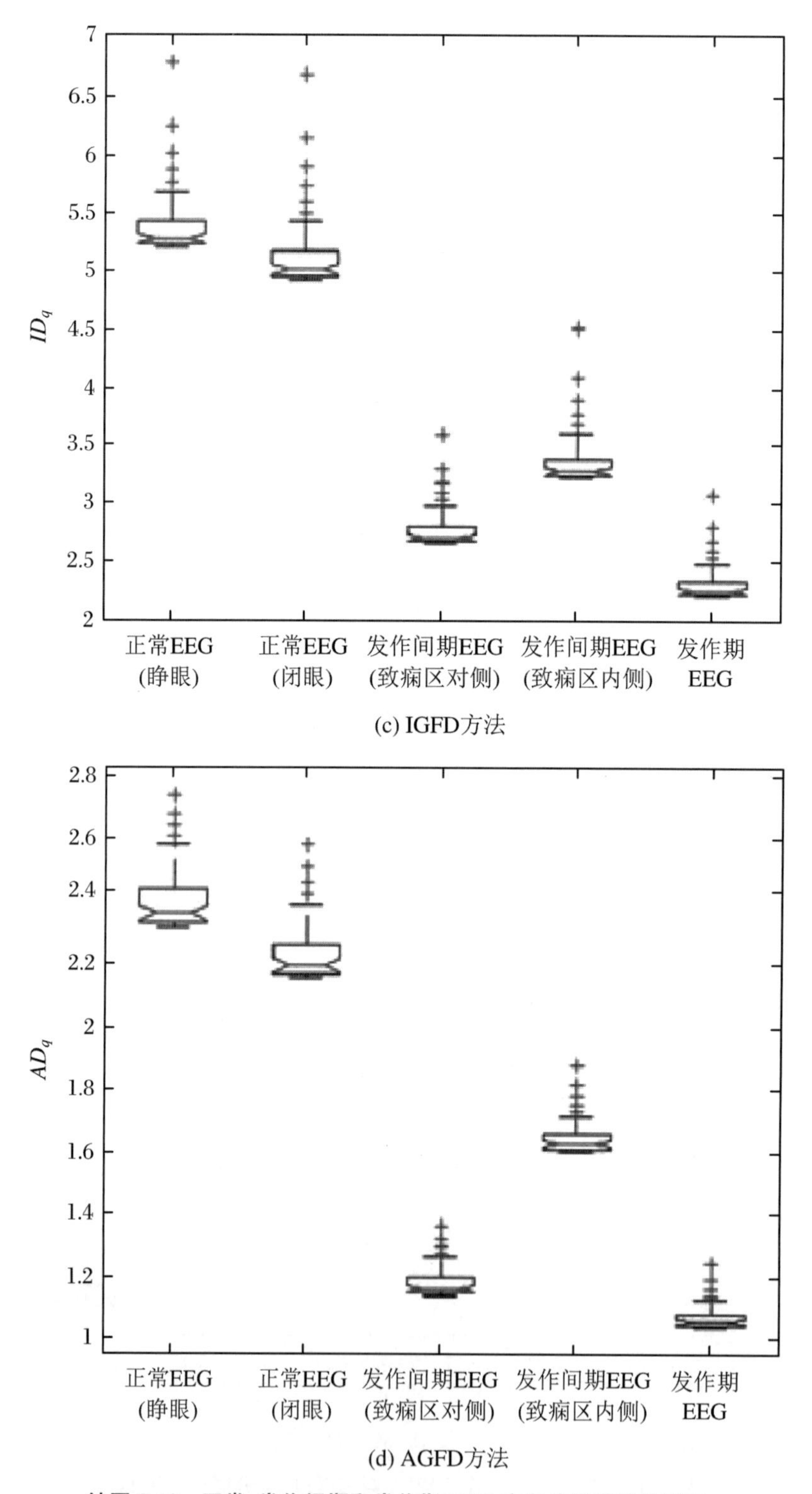

(c) IGFD方法

(d) AGFD方法

续图 5-10 正常、发作间期和发作期 EEG 广义分形谱的箱形图

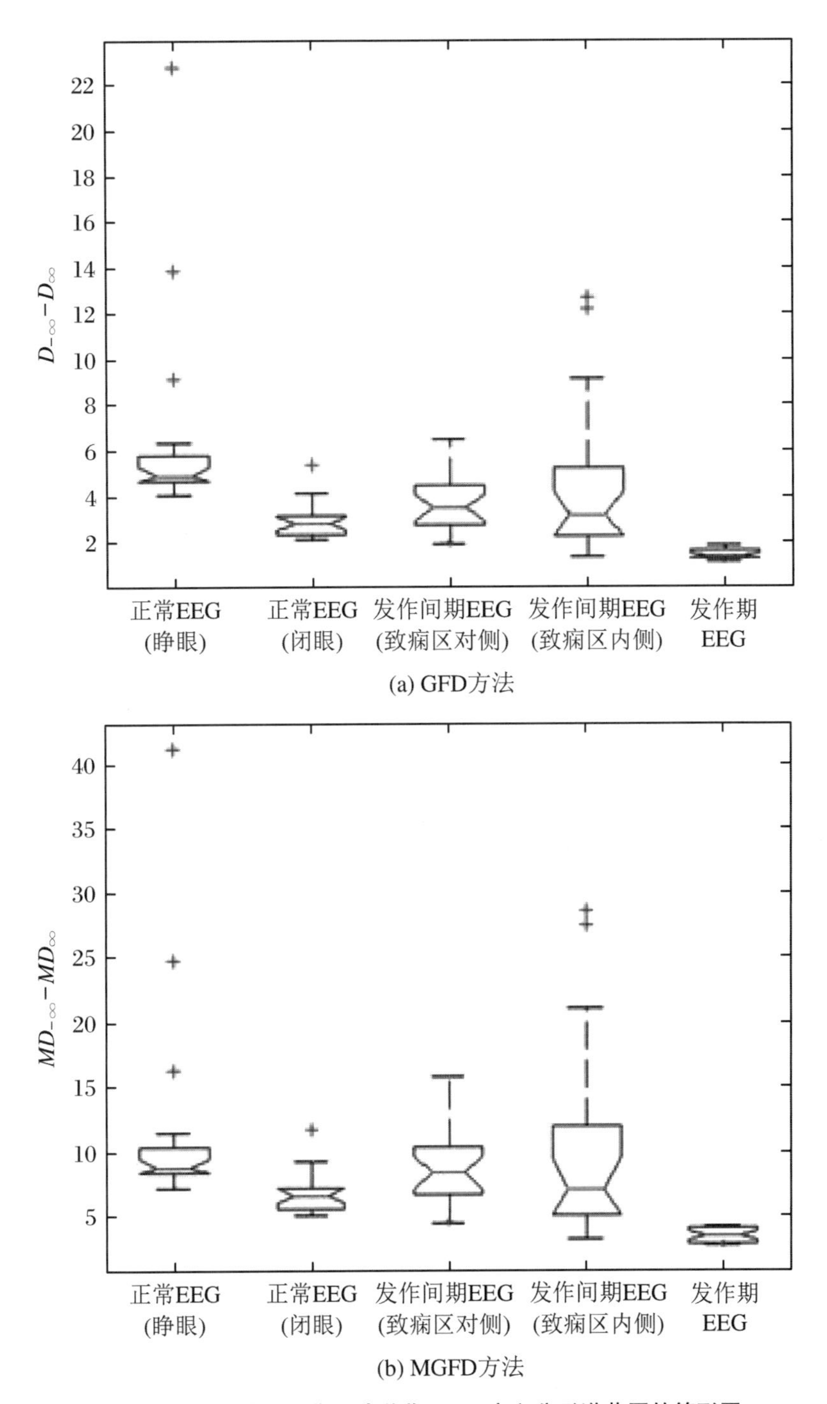

(a) GFD方法

(b) MGFD方法

图 5-11　正常、发作间期和发作期 EEG 广义分形谱范围的箱形图

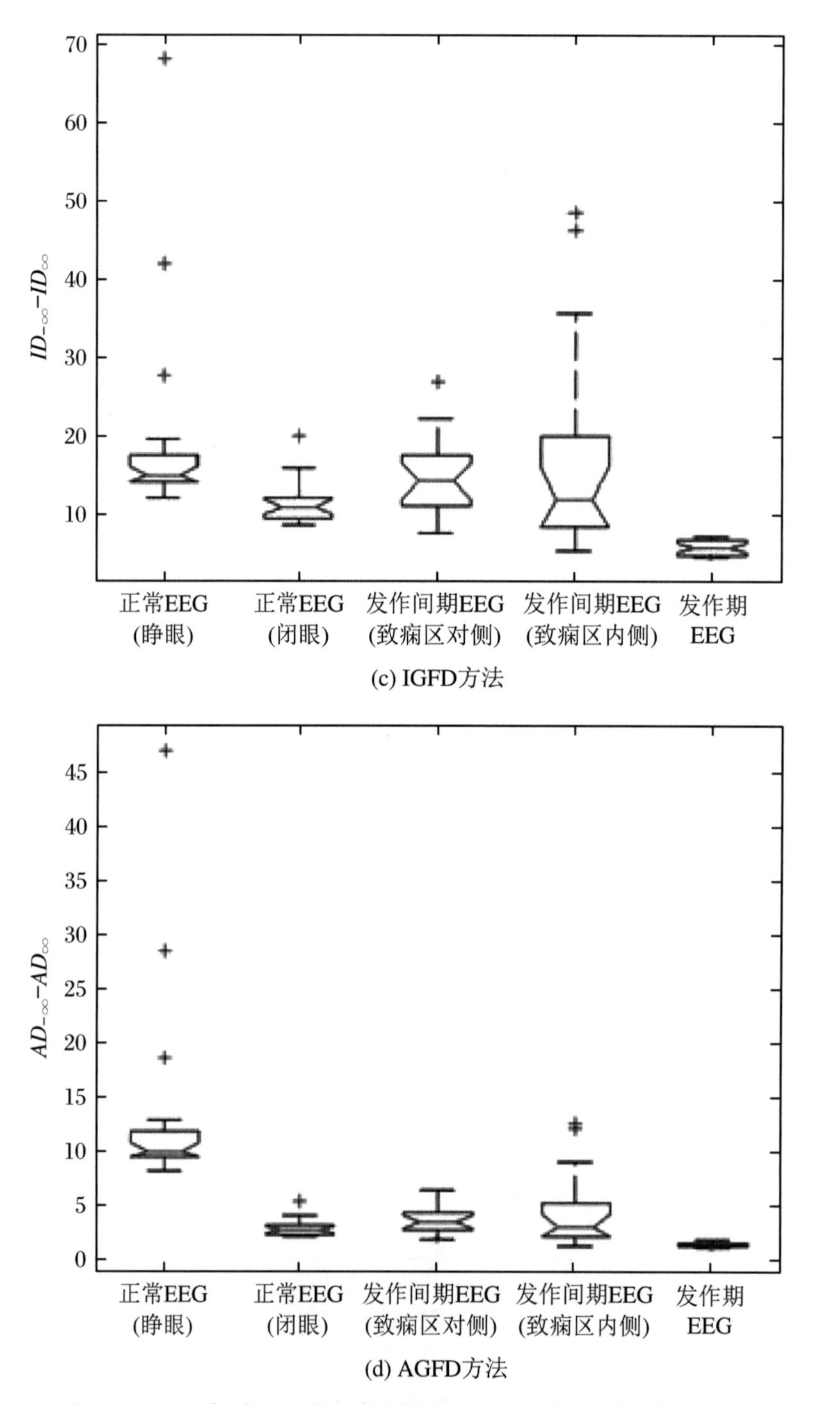

(c) IGFD方法

(d) AGFD方法

续图 5-11 正常、发作间期和发作期 EEG 广义分形谱范围的箱形图

最后,利用正态概率图对典型EEG数据进行检验,检验其是否服从正态分布,五个典型EEG数据的正态概率图如图5-12所示。

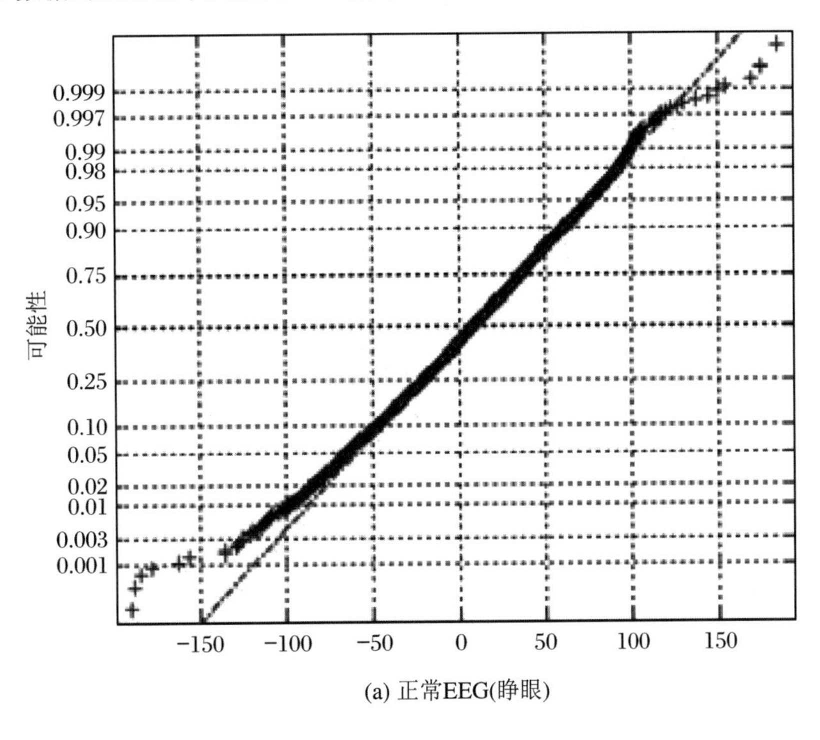

(a) 正常EEG(睁眼)

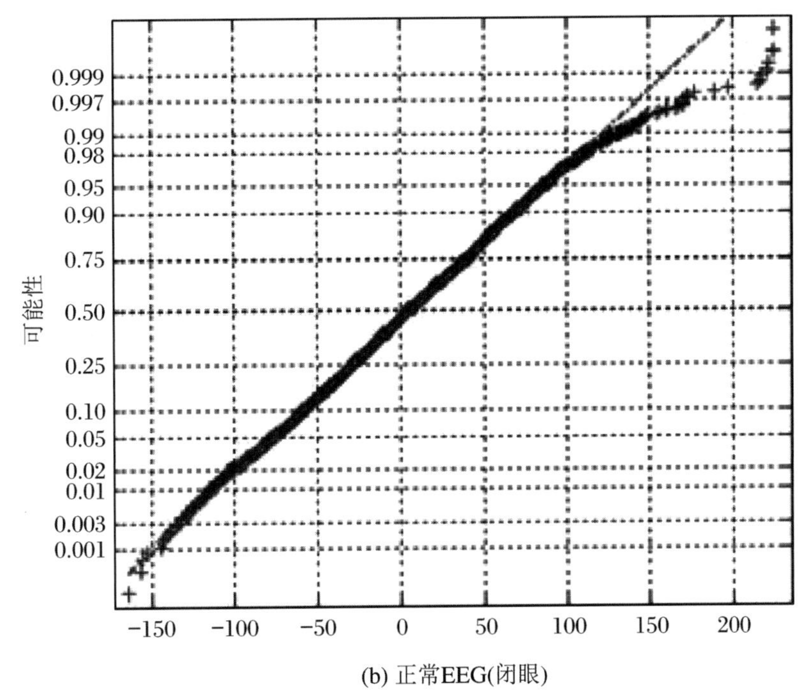

(b) 正常EEG(闭眼)

图5-12 正常、发作间期和发作期EEG的正态概率图

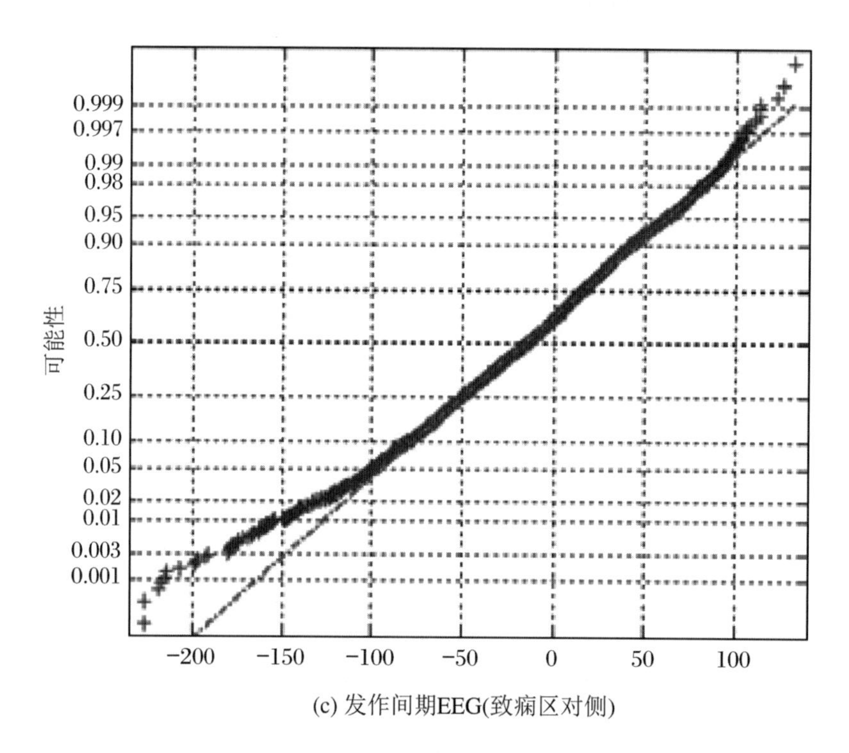

(c) 发作间期EEG(致痫区对侧)

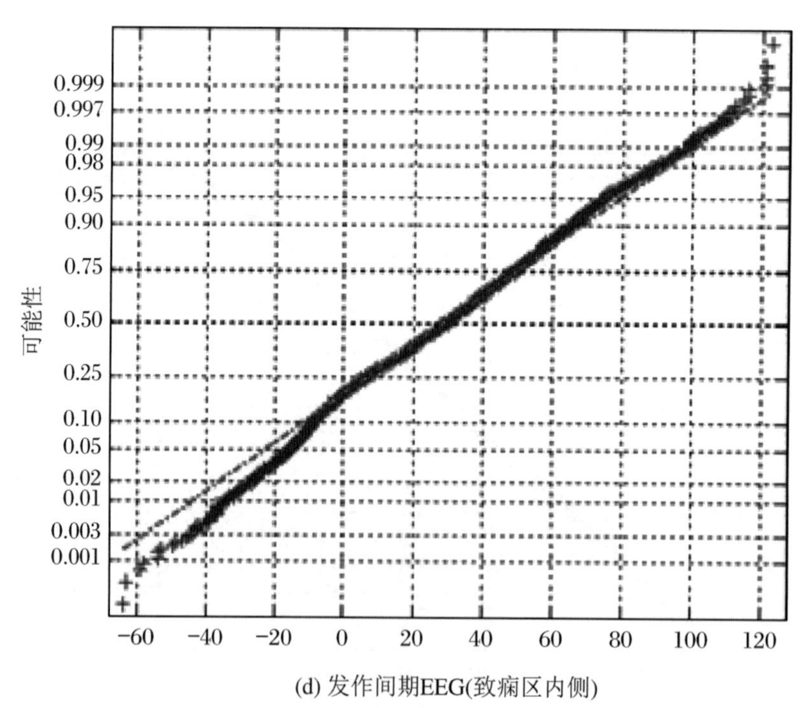

(d) 发作间期EEG(致痫区内侧)

续图 5-12　正常、发作间期和发作期 EEG 的正态概率图

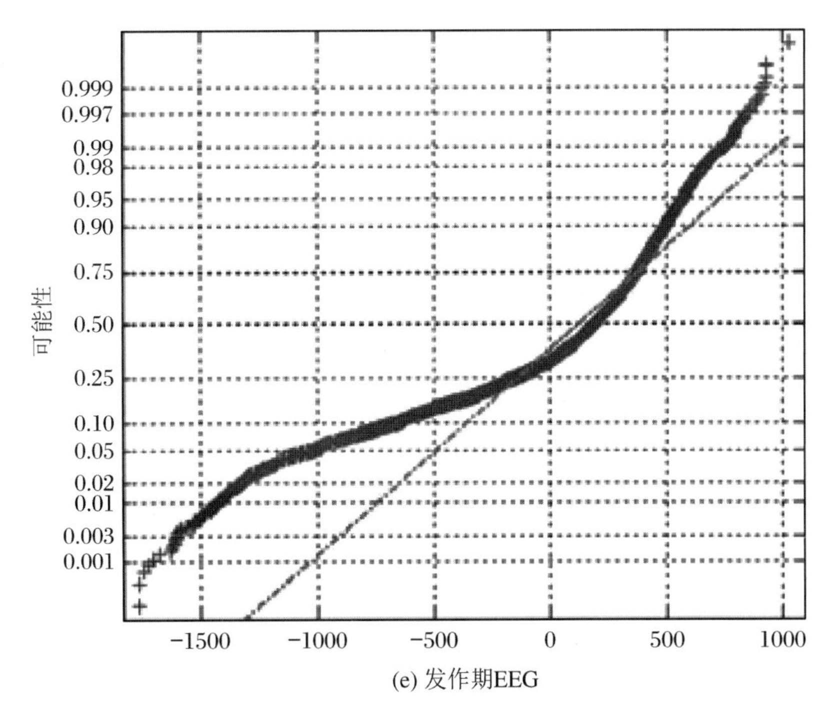

(e) 发作期EEG

续图 5-12 正常、发作间期和发作期 EEG 的正态概率图

图 5-4、图 5-5、图 5-6 和图 5-7 表明：随着 q 的增大，相比 GFD 方法，用 MGFD、IGFD 和 AGFD 方法绘制的正常、发作间期和发作期 EEG 曲线值之间的差异更显著。通过观察所有典型的 EEG 片段后发现，随着 q 的增加，用 GFD 方法得到的正常、发作间期和发作期 EEG 的 D_q 值将趋于一致；而我们设计的所有 GFD 方法，虽然 q 值较大，但是正常、发作间期和发作期 EEG 的 MD_q、ID_q 和 AD_q 值之间的差异仍非常明显。注意到从致痫区对侧获取的发作间期 EEG 分形谱值比从致痫区内侧获取的要小，这表明在癫痫患者大脑致痫区的对侧比在致痫区的内侧存在更多关于癫痫发作的扰动。

表 5-2～表 5-5 说明正常、发作间期和发作期 EEG 的高级分形谱取值范围与其他三种分形谱范围显著不同，同时图 5-8 也表明正常和癫痫 EEG 的 AGFD 范围之间有一定差异。

图 5-9 所示为正常、发作间期和发作期 EEG 的 *REN*、*MREN*、*IREN* 和 *AREN* 相对 $\log_2 r$ 的变化曲线。我们观察到，在使用了 GFD 方法的图 5-9(a)中，正常、发作间期和发作期 EEG 的 *REN* 发生了重合，并且 GFD 方法得到的曲线的线性度非常低。

此外，可以注意到在图 5-9(b)～图 5-9(d)中，利用设计的 GFD 方法得到的发作期 EEG 的 *MREN*、*IREN* 和 *AREN* 相对 $\log_2 r$ 的取值与正常和发作间期 EEG 显著不同，并且设计的方法比 GFD 方法具有更高的线性度。因为 EEG 信号维数只由图 5-9 中曲线的线性度决定，所以我们设计的方法在区分正常和癫痫 EEG 时能给出比 GFD 方法更准确的维数。

从统计学上讲，我们设计的方法比 GFD 方法更适用于 ANOVA 检验。可以看到表 5-6(a)中的 *prob* 值比表 5-6(b)、表 5-6(c)和表 5-6(d)中的大，表 5-6(d)中的 *prob* 值为

0。因此,我们设计的三种方法能得到比 GFD 方法差异更大的正常、发作间期和发作期的 EEG 取值。同时还能观察到表 5-7(d)中的 *prob* 值远小于表 5-7(a)、表 5-7(b)和表 5-7(c)中的,这表明用 AGFD 方法得到的正常、发作间期和发作期 EEG 分形谱范围差异比其他方法更显著。从图 5-10 的箱形晶须图中也可以观察到,与 GFD 方法相比,由提出的方法得到的正常、发作间期和发作期 EEG 分形谱存在更显著的变化,而图 5-11 的箱形晶须图也表明,AGFD 方法得到的分形谱范围变化比其他方法显著。

此外在图 5-12 中,正常和发作间期 EEG 的图像是线性的,而癫痫发作 EEG 的图像偏离线性,这表明在癫痫发作期间,发作期 EEG 表现出强非线性,而正常和发作间期 EEG 受高斯线性过程主导。由此可以得出结论:发作期 EEG 具有强非线性,而发作间期 EEG 数据则类似于线性过程。

综上,图 5-4～图 5-11 和表 5-2～表 5-7 表明:GFD 的修正、改进和高级方法在检测识别正常和癫痫 EEG 信号方面比 GFD 方法更为有效,尤其是 AGFD 方法更加适用于癫痫 EEG 信号分析。

5.5 多重分形-小波去噪技术在 EEG 信号分类中的应用

EEG 信号去噪是信号处理的一项重要任务,在进行后续的判决分析之前必须降低或去除噪声。本节介绍一种基于小波的去噪方法,用于恢复受非平稳噪声污染的 EEG 信号,同时研究如何利用多重分形测度(如 GFD)来识别正常和癫痫 EEG 信号。研究表明,利用小波变换去噪对正常、发作间期和癫痫发作期 EEG 信号进行预处理,得到的多重分形测度表现出显著差异。去噪后的无伪影 EEG 在提高癫痫发作识别率方面有非常大的效果。本节利用合适的图解和统计分析方法对所提方法进行高精度演示,结果表明提出的方法可在癫痫发作检测方面发挥出重要作用。

5.5.1 离散小波变换

小波分析方法是一种通过选取恰当的基函数,并用基函数幅度分布来表征信号的信号分析方法。小波变换为我们提供了一个解决应用科学中各种问题的强力工具,非常适用于检测和分析发生在不同尺度上的复杂事件。

小波变换被广泛应用于生物医学工程领域,用于解决各种实际问题。尤其是小波变换为生物医学信号处理提供了一种通用数学工具,在 EEG 数据分析中也有许多应用。离散小波变换(Discrete Wavelet Transform,DWT)通过将信号分解为粗糙的逼近信号和细节信号,可以在不同的频带上以不同的分辨率对信号进行分析。DWT 使用两组函数(尺度函数和小波函数)对信号进行分解,这两组函数分别与低通和高通滤波器相关,通过对时域信号进行连续的高通和低通滤波就可以简单地将信号分解到不同频带。

信号 $x(t)$ 的连续小波变换(Continuous Wavelet Transform,CWT)是信号与一个小波函数 Ψ 的缩放平移形式之间乘积的积分[80-81],可定义为

$$CWT(a,b)=\int_{-\infty}^{\infty}x(t)\frac{1}{\sqrt{|a|}}\Psi\left(\frac{t-b}{a}\right)\mathrm{d}t \tag{5.14}$$

其中,a 和 b 分别表示尺度参数(频率的倒数)和平移参数(时域局部化参数)。在每个可能的尺度上都对小波系数进行计算非常耗时,相反,如果以 2 的幂为选择尺度和平移参数,即进行二进制缩放和平移,那么小波分析将更加高效。上述分析可通过 DWT 实现,DWT 定义为

$$DWT(j,k)=\frac{1}{\sqrt{|2^j|}}\int_{-\infty}^{\infty}x(t)\Psi\left(\frac{t-2^jk}{2^j}\right)\mathrm{d}t \tag{5.15}$$

其中,a 和 b 分别被 2^j 和 $k2^j$ 替换。马拉特(Mallat)于 1989 年提出了一种实现二进制小波分析的有效途径,即将信号传递给一系列称为正交镜像滤波器的低通和高通滤波器。[82]

在 DWT 的第一步中,信号同时通过截止频率为 1/4 采样频率的低通和高通滤波器。低通和高通滤波器的输出分别称为第一层逼近系数(A_1)和第一层细节系数(D_1)。根据奈奎斯特(Nyquist)准则,输出信号频带为原始信号的一半,可以对其进行 2 倍下采样。对于第一层逼近系数和细节系数,可以对其重复相同的过程以获取第二层系数。在每一步分解过程中,通过滤波使频率分辨率翻倍,通过下采样使时间分辨率减半。

在信号的第三层小波分解中,系数 A_1、D_1、A_2、D_2、A_3 和 D_3 分别表示原始信号在频带 $0\sim f_s/4$、$f_s/4\sim f_s/2$、$0\sim f_s/8$、$f_s/8\sim f_s/4$、$0\sim f_s/16$ 以及 $f_s/16\sim f_s/8$ 内的频率分量,其中 f_s 表示原始信号的采样频率。

5.5.2　信号的小波去噪

在使用 DWT 对信号进行小波分解时,原始信号中的异常值和噪声大多被分解到逼近系数而非细节系数中。当然,我们也可以对逼近系数做进一步分解,从而在后续分解中消除剩余噪声。然后,通过合并所有的细节系数以及对应频带的最后一层逼近系数来对信号进行恢复。采用这种方式,我们就可以利用 DWT 在预处理步骤中实现信号去噪。

5.5.3　结果和讨论

本节利用 MATLAB 软件对基于 DWT 和 GFD 的癫痫发作分析进行仿真。所用信号为在 5.2.2 小节中给出的四种典型 EEG 信号,包括正常 EEG 数据集 A、癫痫发作间期 EEG 数据集 C 和 D、癫痫发作期 EEG 数据集 E。

提出的去噪方法的第一步是利用 DWT 分析典型的 EEG 片段,如式(5.15)所示,利用多贝西(Daubechies)小波对所有典型的正常、发作间期和发作期 EEG 片段进行三层小波分解,以此作为信号的预处理手段,这些 EEG 片段分别来自健康受试者和癫痫

患者。

将所有典型的EEG信号同时通过一个截止频率为1/4采样频率的低通和高通滤波器，并对所有实验信号进行至多三层的小波分解。如图5-13所示，在信号的三层小波分解中，系数A_1、D_1、A_2、D_2、A_3和D_3表示四种原始EEG信号的频率分量，从图5-13中还可看到三层小波分解的逼近系数和细节系数的对应频带。正常、发作间期和发作期EEG采样信号的逼近系数(A_3)和细节系数(D_1，D_2，D_3)分别如图5-14～图5-17所示。

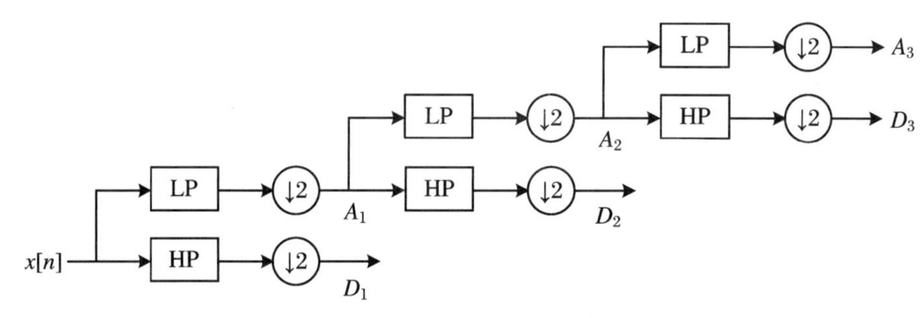

图5-13　EEG信号的三层小波分解

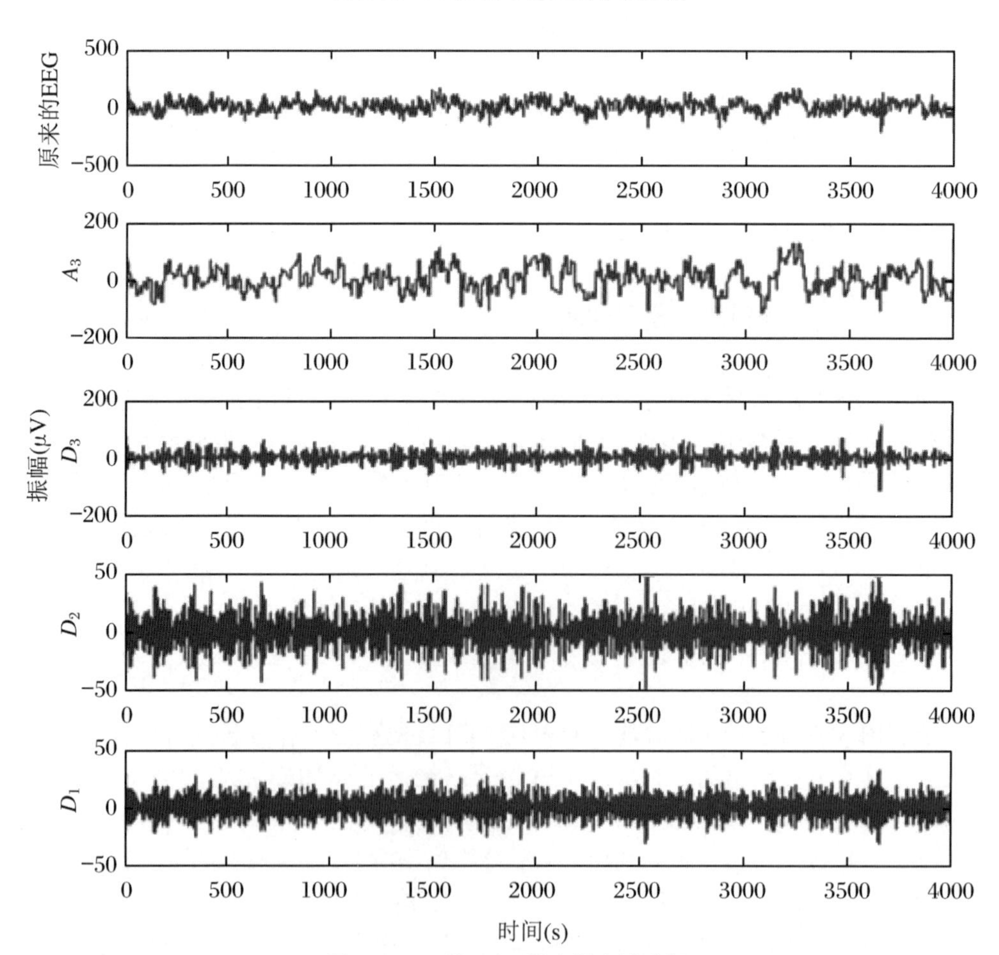

图5-14　正常EEG样本的小波分解

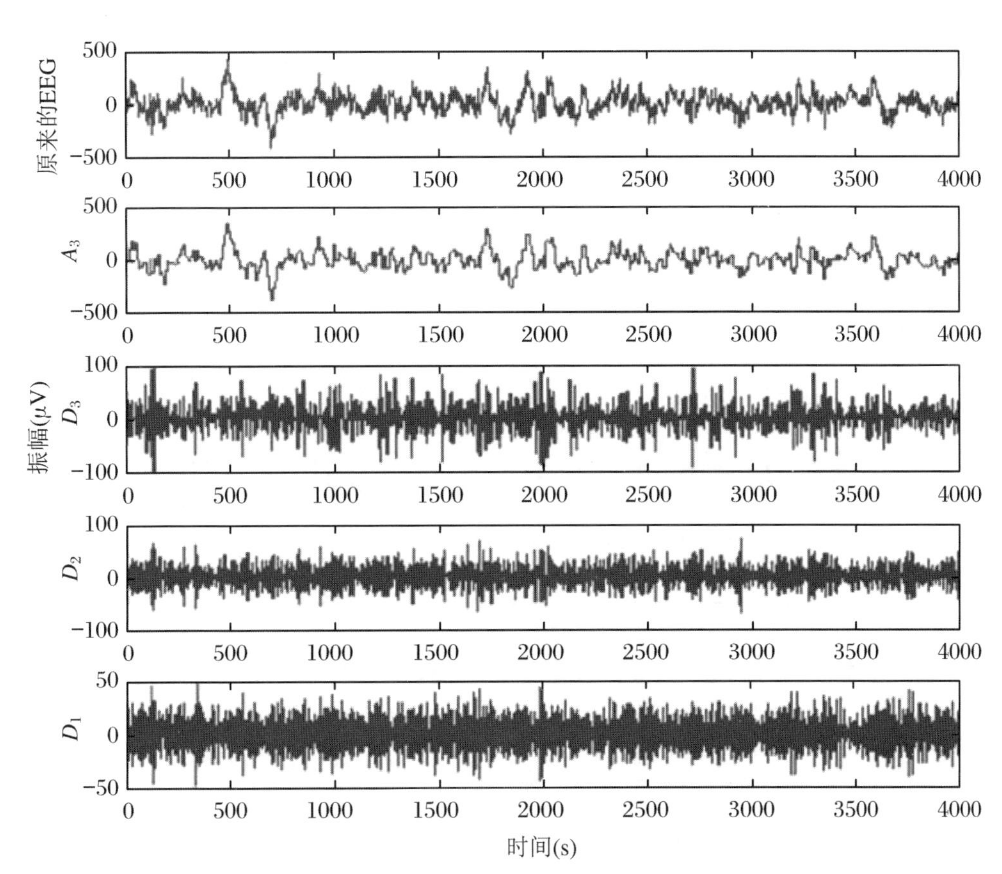

图 5-15　发作间期(致痫区对侧)EEG样本的小波分解

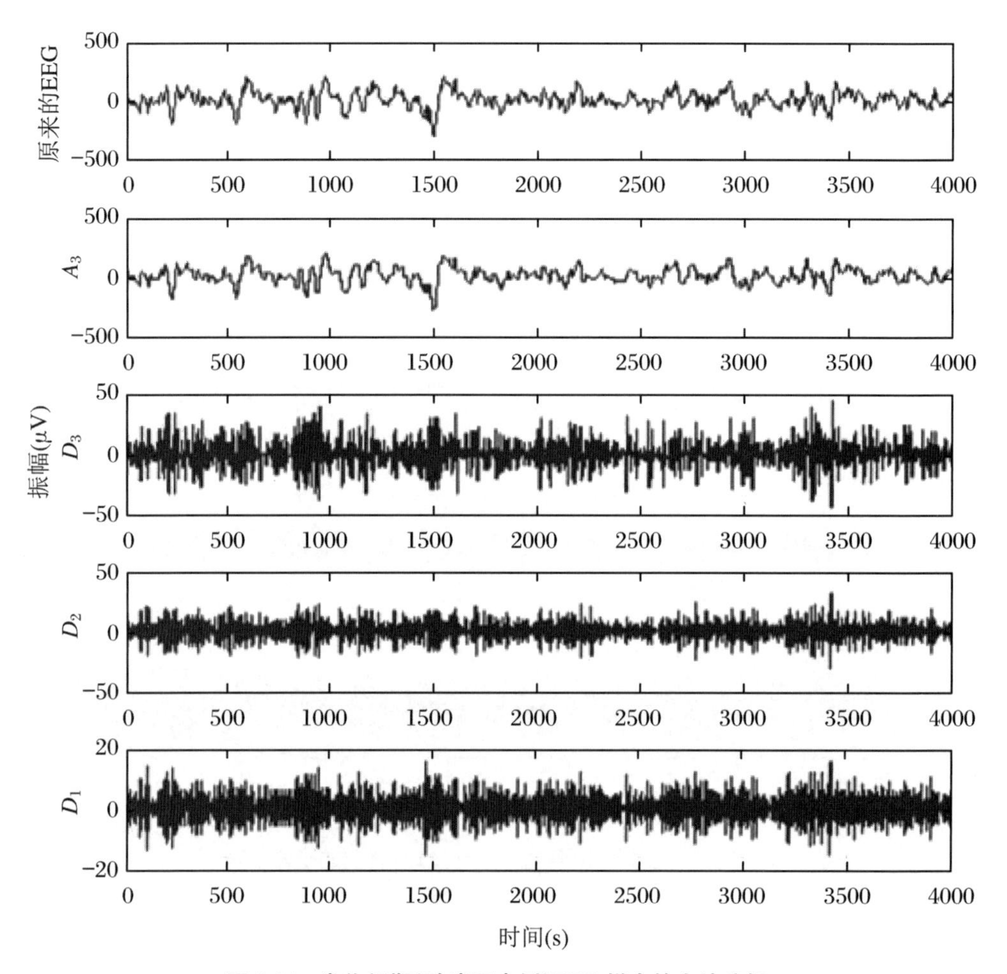

图 5-16 发作间期(致痫区内侧)EEG 样本的小波分解

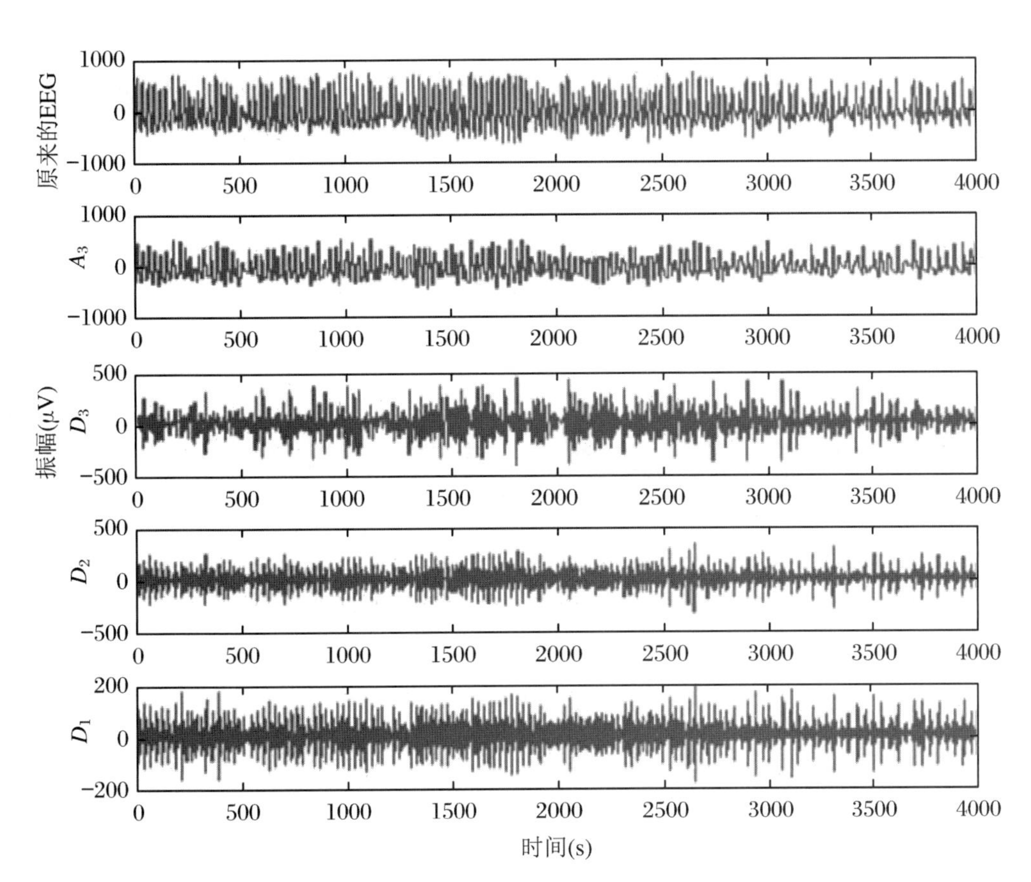

图 5-17　癫痫发作期 EEG 样本的小波分解

所有来自健康受试者和癫痫患者的典型正常、发作间期和发作期原始 EEG 信号均采用三级小波分解去噪。所有原始和去噪 EEG 信号如图 5-18～图 5-21 所示。在图 5-22～图 5-25 中，我们进一步对所有 EEG 信号的小波分解去噪性能进行了分析。

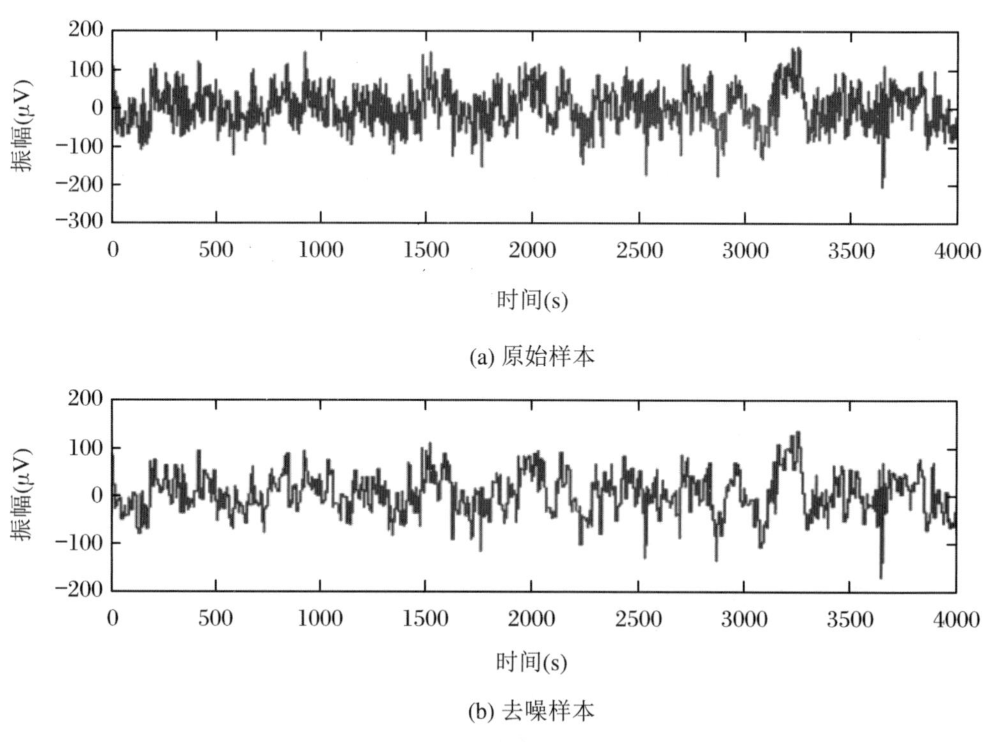

(a) 原始样本

(b) 去噪样本

图 5-18　正常 EEG 的原始样本和去噪样本

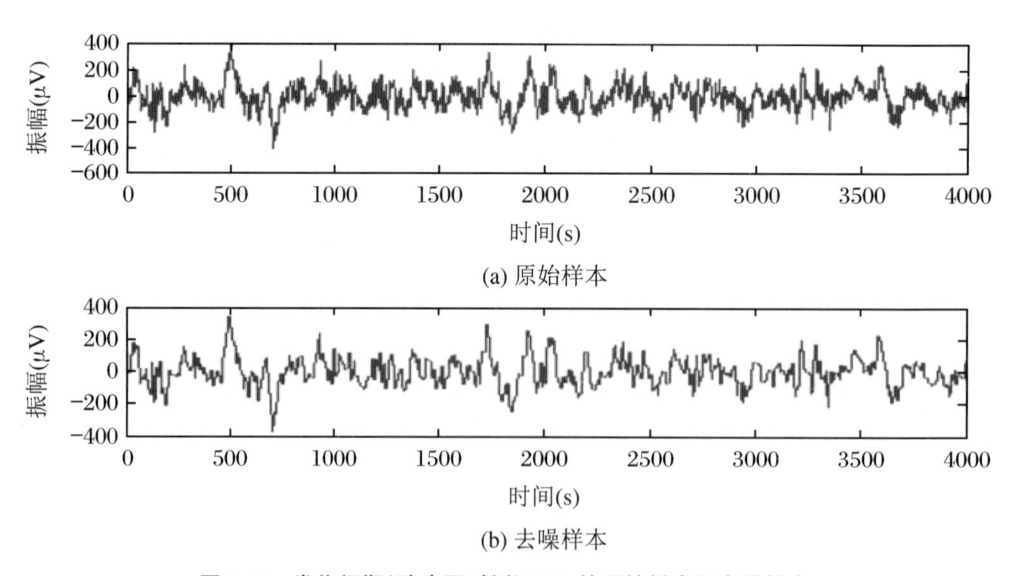

(a) 原始样本

(b) 去噪样本

图 5-19　发作间期(致痫区对侧)EEG 的原始样本和去噪样本

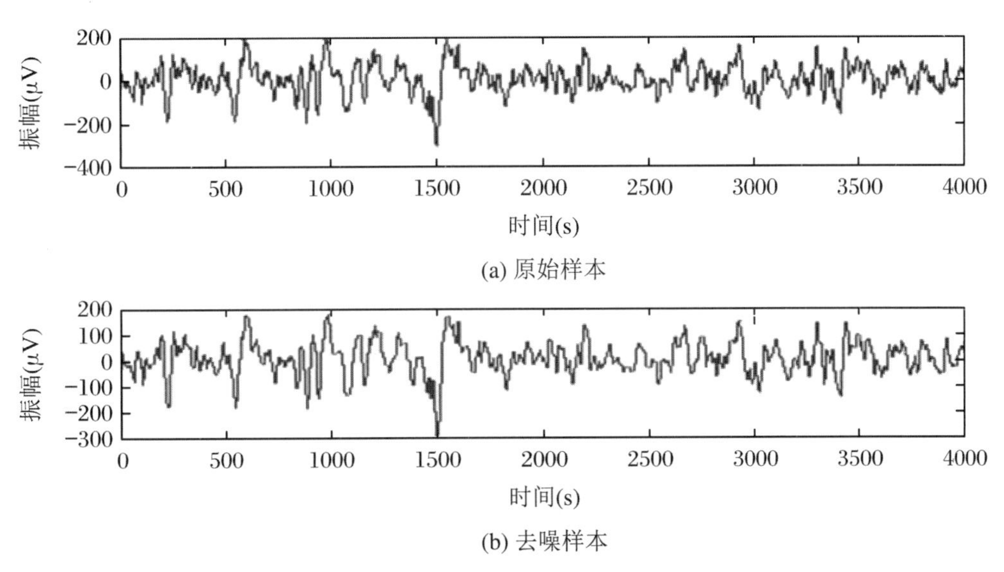

图 5-20　发作间期(致痫区内侧)EEG 的原始样本和去噪样本

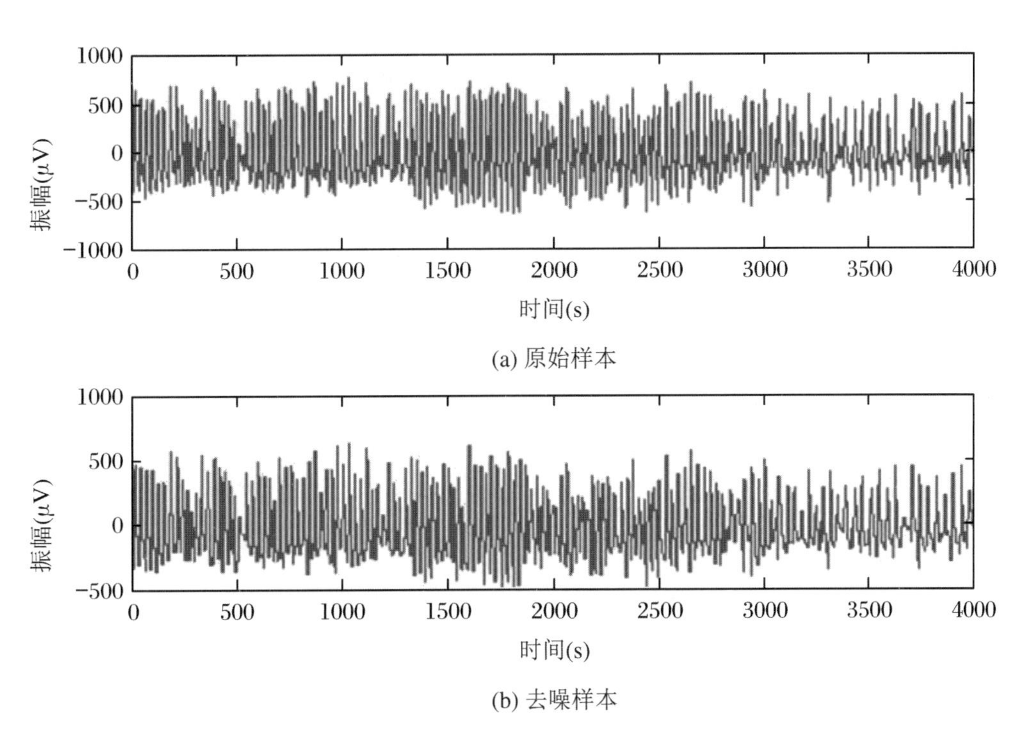

图 5-21　癫痫发作期 EEG 的原始样本和去噪样本

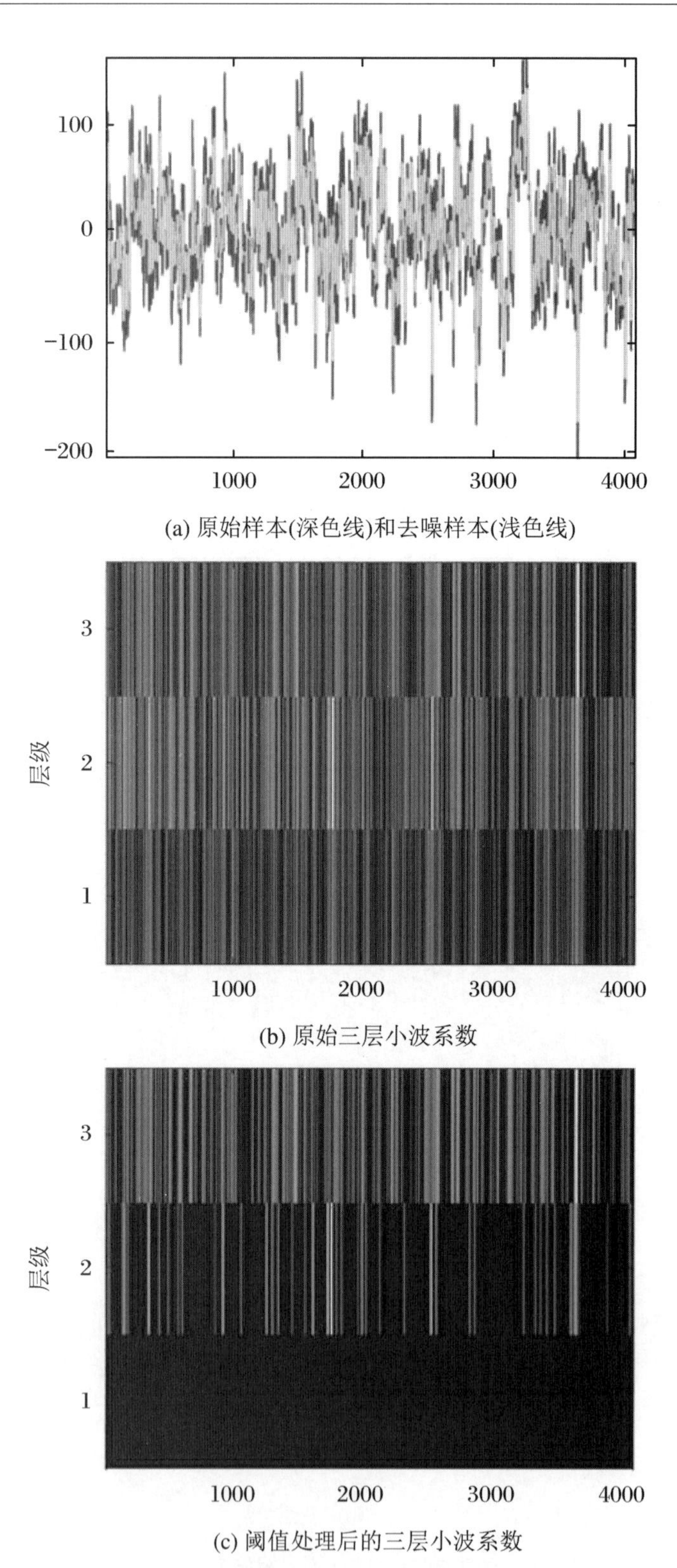

(a) 原始样本(深色线)和去噪样本(浅色线)

(b) 原始三层小波系数

(c) 阈值处理后的三层小波系数

图 5-22 正常 EEG 样本的去噪过程性能

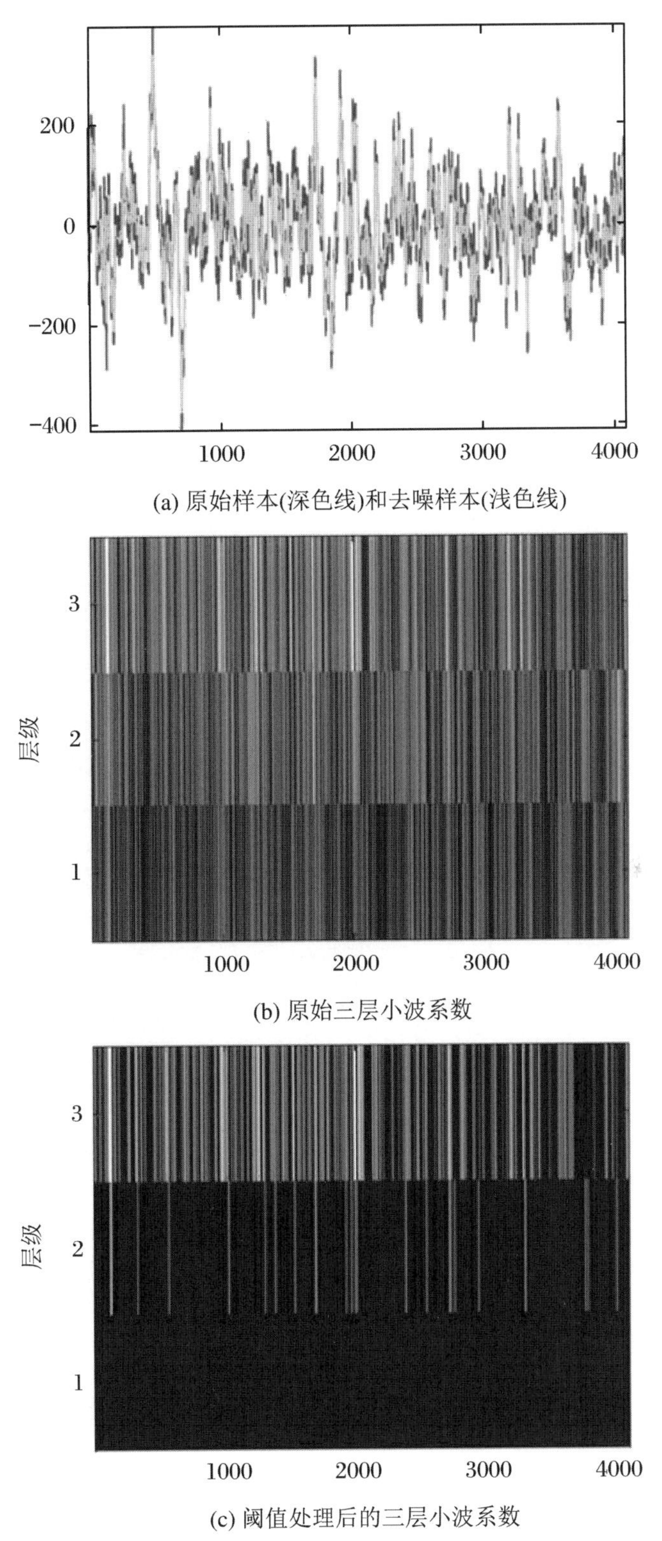

(a) 原始样本(深色线)和去噪样本(浅色线)

(b) 原始三层小波系数

(c) 阈值处理后的三层小波系数

图 5-23　发作间期(致痫区对侧)EEG 样本的去噪过程性能

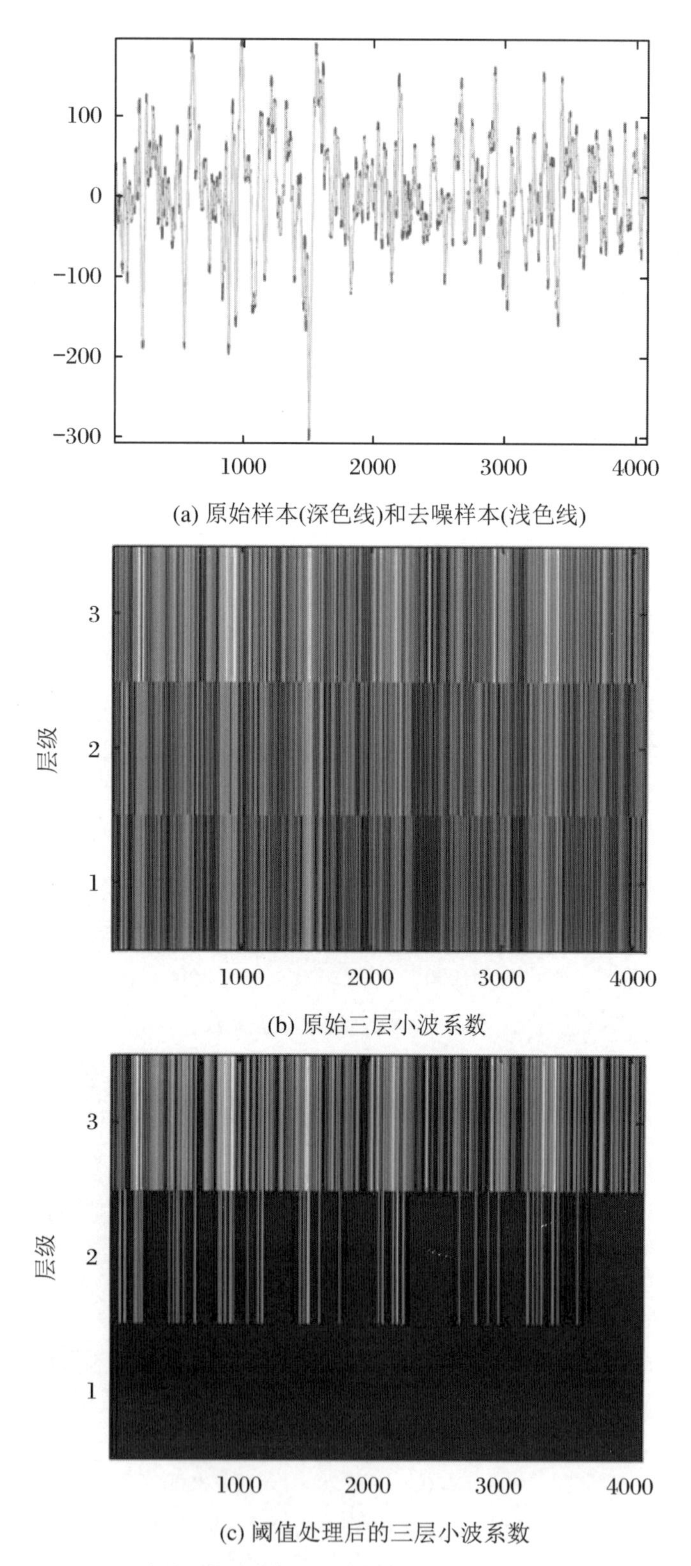

(a) 原始样本(深色线)和去噪样本(浅色线)

(b) 原始三层小波系数

(c) 阈值处理后的三层小波系数

图 5-24　发作间期(致痫区内侧)EEG 样本的去噪过程性能

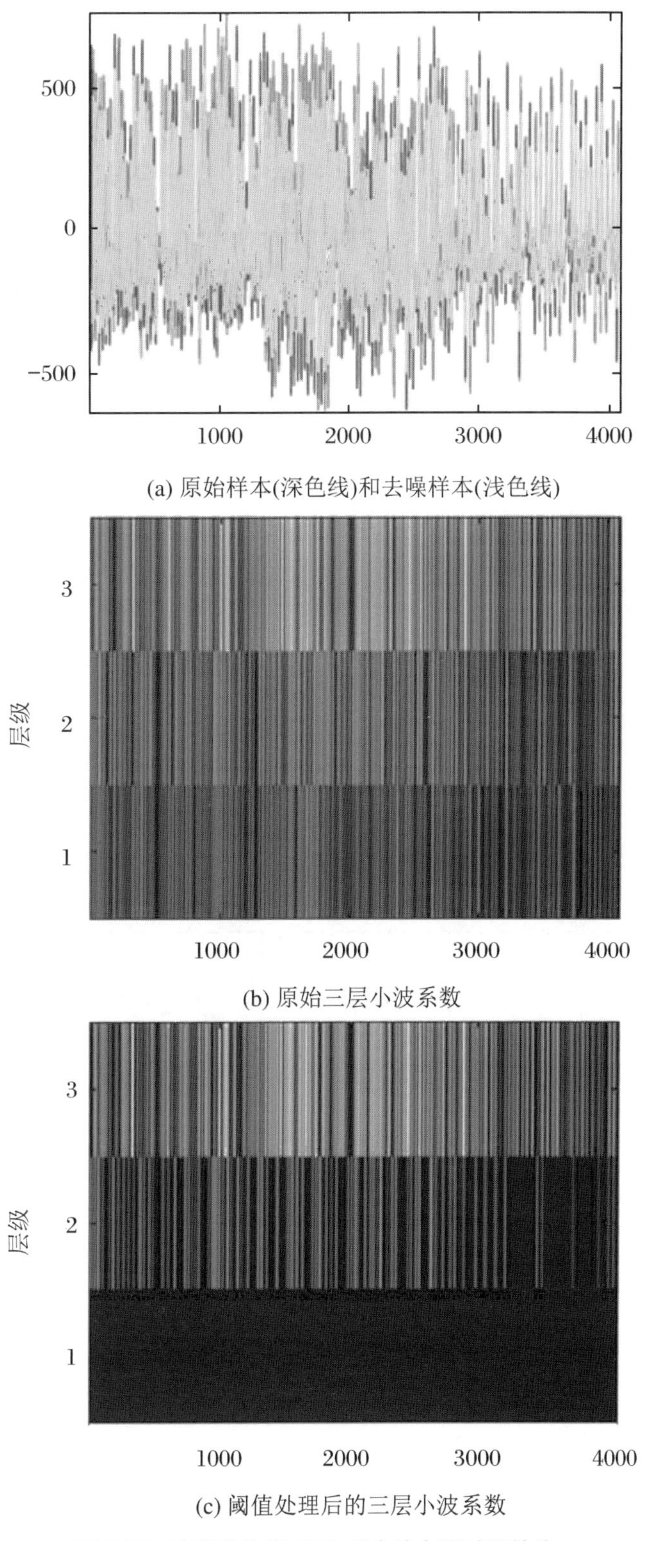

(a) 原始样本(深色线)和去噪样本(浅色线)

(b) 原始三层小波系数

(c) 阈值处理后的三层小波系数

图 5-25　癫痫发作期 EEG 样本的去噪过程性能

提出的去噪方法的第二步是计算原始 EEG 和去噪 EEG 的 GFD。我们首先计算了来自四个数据集的典型临床 EEG 片段的概率分布，同时也计算了当 q 在 2～100 之间取值时对应的 GFD。与此类似，我们计算了所有典型 EEG 片段对应的去噪信号的概率分布，同时还计算了当 q 在 2～100 之间取值时对应的 GFD。作为示例，图 5-26 和图 5-27 分别描绘了 EEG 采样片段及其相应的去噪片段的广义分形谱。

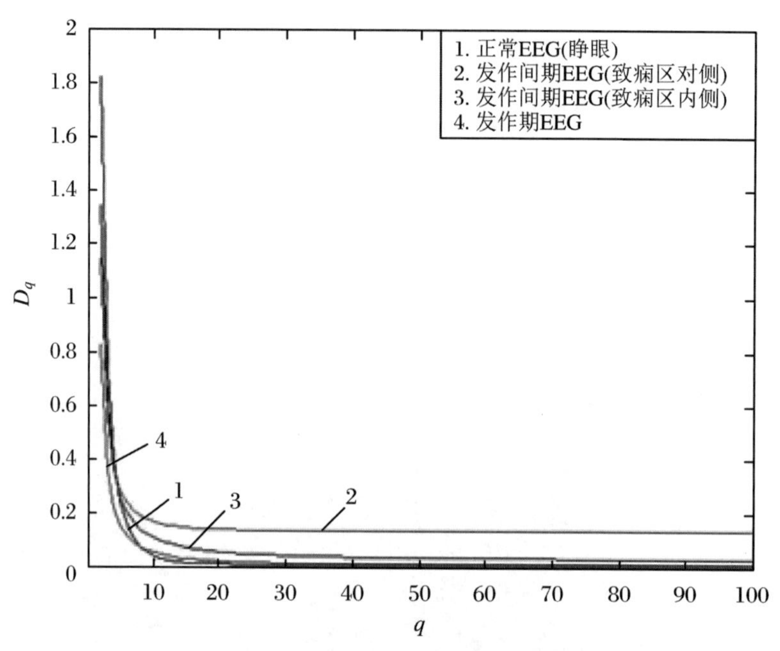

图 5-26 正常、发作间期和发作期原始 EEG 的广义分形谱

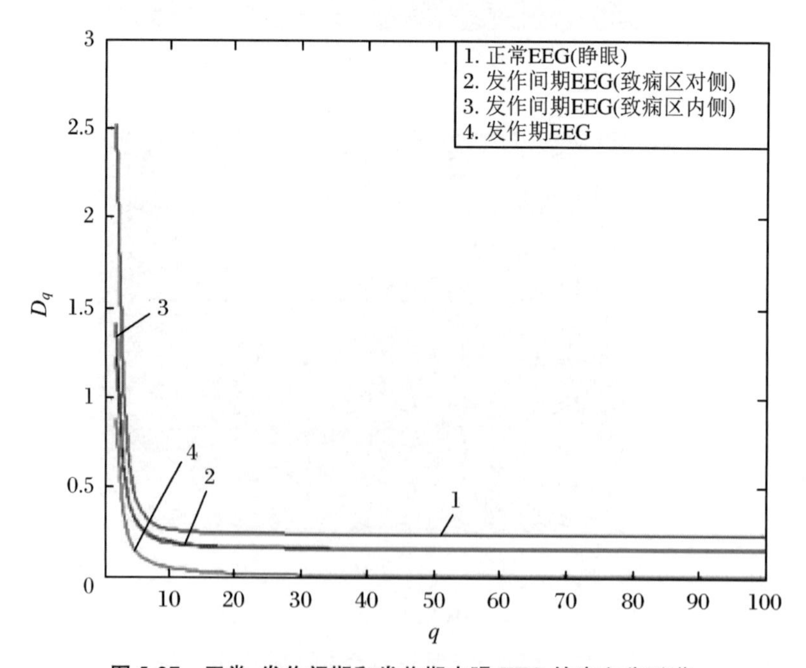

图 5-27 正常、发作间期和发作期去噪 EEG 的广义分形谱

此外，我们在表 5-8 和表 5-9 中分别列出了原始和去噪情况下正常、发作间期 EEG 和发作期 EEG 对于每个 q 的 GFD 差异，并在图 5-28 中进行了图解，进而分析去噪过程。为从统计学上评估正常、发作间期和发作期 EEG 片段之间的均值差异，我们使用标准统计分析工具（MATLAB 统计工具箱）对原始和去噪 EEG 片段的广义分形谱进行了可重复测量单向 ANOVA，结果如表 5-10 所示。

表 5-8　基于原始 EEG 信号 GFD 差异的去噪过程分析

q	D_q(SetA) − D_q(SetE)	D_q(SetC) − D_q(SetE)	D_q(SetD) − D_q(SetE)
2	0.9981300	0.31616	0.515990
4	0.1841500	0.15502	0.151410
6	0.0415180	0.12296	0.087214
8	−0.0022661	0.11424	0.063650
10	−0.0156180	0.11271	0.052208
12	−0.0181960	0.11352	0.045643
14	−0.0170990	0.11496	0.041415
16	−0.0149900	0.11642	0.038443
18	−0.0128330	0.11769	0.036208
20	−0.0109400	0.11872	0.034435
22	−0.0093798	0.11954	0.032967
24	−0.0081305	0.12016	0.031714
26	−0.0071457	0.12061	0.030619
28	−0.0063756	0.12095	0.029646
30	−0.0057761	0.12118	0.028771
32	−0.0053102	0.12133	0.027979
34	−0.0049484	0.12143	0.027258
36	−0.0046671	0.12148	0.026599
38	−0.0044482	0.12149	0.025994
40	−0.0042774	0.12148	0.025439
42	−0.0041440	0.12146	0.024929
44	−0.0040395	0.12142	0.024458
46	−0.0039574	0.12137	0.024024
48	−0.0038926	0.12132	0.023623
50	−0.0038414	0.12126	0.023252
52	−0.0038008	0.12120	0.022909
54	−0.0037684	0.12114	0.022591
56	−0.0037425	0.12108	0.022295
58	−0.0037217	0.12103	0.022020
60	−0.0037049	0.12097	0.021763
62	−0.0036912	0.12091	0.021524

续表

q	D_q(SetA) − D_q(SetE)	D_q(SetC) − D_q(SetE)	D_q(SetD) − D_q(SetE)
64	−0.0036801	0.12086	0.021301
66	−0.0036710	0.12081	0.021092
68	−0.0036635	0.12076	0.020896
70	−0.0036573	0.12072	0.020712
72	−0.0036520	0.12067	0.020539
74	−0.0036476	0.12063	0.020377
76	−0.0036439	0.12059	0.020223
78	−0.0036407	0.12055	0.020079
80	−0.0036380	0.12051	0.019942
82	−0.0036356	0.12047	0.019812
84	−0.0036335	0.12044	0.019690
86	−0.0036317	0.12041	0.019573
88	−0.0036301	0.12037	0.019463
90	−0.0036286	0.12034	0.019358
92	−0.0036273	0.12032	0.019257
94	−0.0036261	0.12029	0.019162
96	−0.0036250	0.12026	0.019071
98	−0.0036240	0.12024	0.018984
100	−0.0036231	0.12021	0.018900

表 5-9 基于去噪 EEG 信号 GFD 差异的去噪过程分析

q	D_q(SetA) − D_q(SetE)	D_q(SetC) − D_q(SetE)	D_q(SetD) − D_q(SetE)
2	1.63550	0.33945	0.53054
4	0.41581	0.19579	0.20084
6	0.25321	0.16339	0.15166
8	0.22003	0.15181	0.13951
10	0.21521	0.14744	0.13733
12	0.21668	0.14605	0.13826
14	0.21912	0.14596	0.14002
16	0.22132	0.14643	0.14185
18	0.22308	0.14710	0.14350
20	0.22444	0.14781	0.14490
22	0.22549	0.14849	0.14606
24	0.22629	0.14911	0.14702
26	0.22691	0.14966	0.14781
28	0.22740	0.15013	0.14845
30	0.22778	0.15054	0.14899

续表

q	D_q(SetA) − D_q(SetE)	D_q(SetC) − D_q(SetE)	D_q(SetD) − D_q(SetE)
32	0.22807	0.15089	0.14943
34	0.22830	0.15119	0.14979
36	0.22849	0.15145	0.15010
38	0.22863	0.15166	0.15035
40	0.22874	0.15185	0.15056
42	0.22882	0.15201	0.15074
44	0.22888	0.15214	0.15088
46	0.22893	0.15225	0.15101
48	0.22896	0.15235	0.15111
50	0.22898	0.15242	0.15120
52	0.22899	0.15249	0.15127
54	0.22900	0.15255	0.15133
56	0.22899	0.15259	0.15138
58	0.22898	0.15263	0.15142
60	0.22897	0.15266	0.15145
62	0.22895	0.15268	0.15147
64	0.22893	0.15270	0.15149
66	0.22891	0.15272	0.15151
68	0.22889	0.15273	0.15152
70	0.22886	0.15273	0.15153
72	0.22883	0.15274	0.15153
74	0.22881	0.15274	0.15153
76	0.22878	0.15274	0.15153
78	0.22875	0.15273	0.15153
80	0.22872	0.15273	0.15152
82	0.22869	0.15272	0.15152
84	0.22866	0.15271	0.15151
86	0.22863	0.15270	0.15150
88	0.22860	0.15269	0.15149
90	0.22857	0.15268	0.15148
92	0.22854	0.15267	0.15147
94	0.22851	0.15266	0.15146
96	0.22848	0.15265	0.15145
98	0.22845	0.15263	0.15143
100	0.22842	0.15262	0.15142

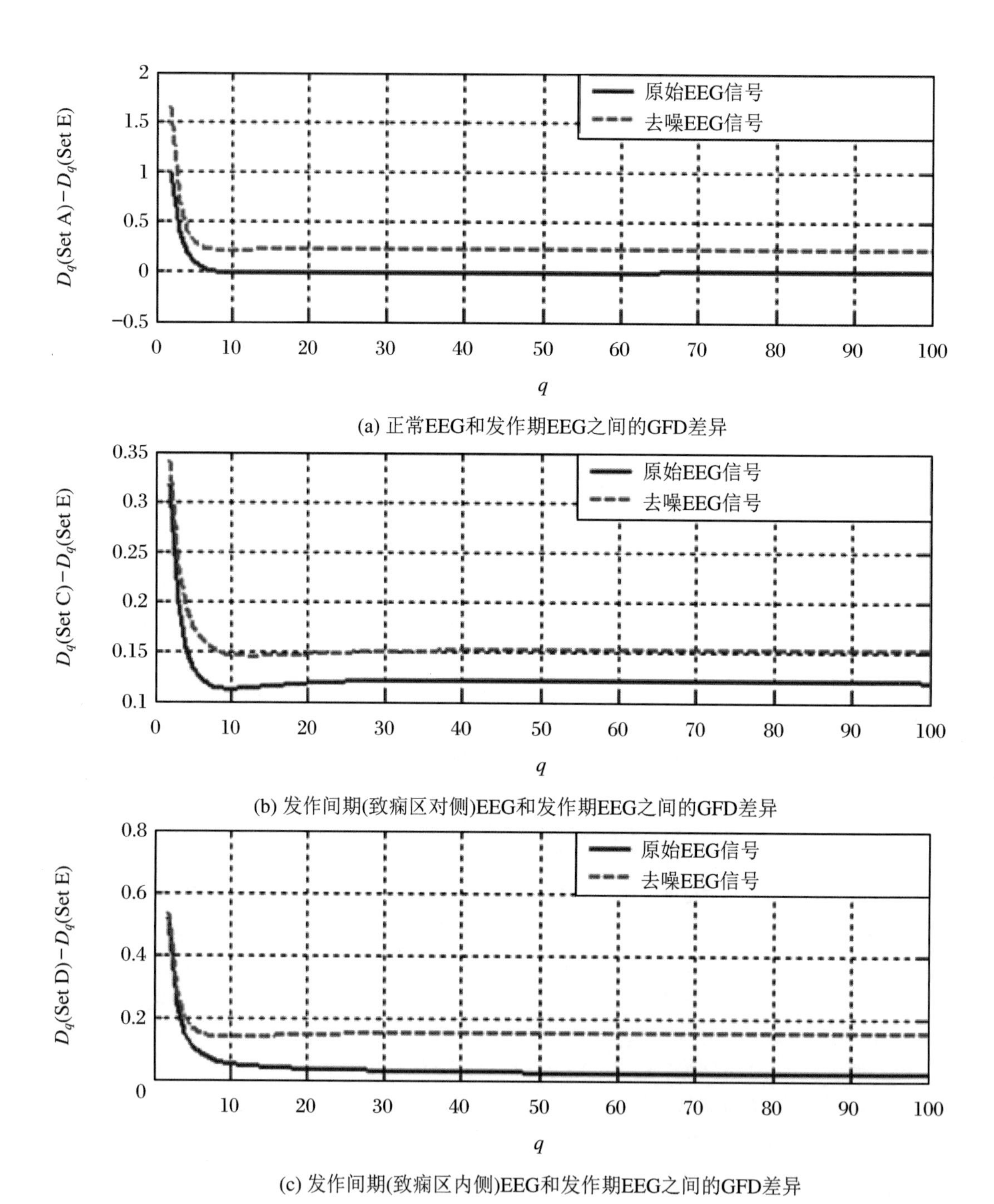

(a) 正常EEG和发作期EEG之间的GFD差异

(b) 发作间期(致痫区对侧)EEG和发作期EEG之间的GFD差异

(c) 发作间期(致痫区内侧)EEG和发作期EEG之间的GFD差异

图 5-28 基于原始和去噪 EEG 信号之间 GFD 差异的去噪过程的图解分析

表 5-10 原始和去噪 EEG 信号广义分形谱的单向 ANOVA 表

(a) 原始 EEG 信号

方差来源	*SS*	*df*	*MS*	*F*	*prob*＞*F*
列因素	0.92121	3	0.30707	14.8	3.78799E－009
误差	8.13243	392	0.02075		
总和	9.05364	395			

(b) 去噪 EEG 信号

方差来源	*SS*	*df*	*MS*	*F*	*prob*＞*F*
列因素	3.1641	3	1.05469	41.25	0
误差	10.0231	392	0.02557		
总和	13.1872	395			

我们在图 5-18～图 5-21 中对原始和去噪 EEG 信号进行了比较，结果表明原始信号得到了良好去噪。当然，我们也在图 5-22～图 5-25 中展示了正常、发作间期和发作期 EEG 信号的去噪性能，在这些图中，我们将去噪信号叠加到了原始信号上，进而凸显去噪方法对所有 EEG 信号的良好去噪性能。我们还可以看到 EEG 信号小波分解的噪声去除效果在不断地逐层增强，这一点可通过对比图 5-22～图 5-25 中原始系数和小波分解自动阈值系数之间的差异来印证。在这些图中，由浅色线表示的去噪信号叠加到了由深色线表示的原始信号上，可以清楚地看到：对于所有的 EEG，其去噪信号中的尖峰都比原始信号更平滑，原始信号中的尖峰得到了一定程度的消除。此外，通过比较四类 EEG 的原始系数和去噪阈值系数发现：分解的去噪性能在逐层提升。

为验证上述小波去噪方法在正常和癫痫 EEG 信号分类中的作用，我们对原始和去噪 EEG 的 GFD 谱进行了分析。图 5-27 表明，随着 q 值增加，正常、发作间期和发作期去噪 EEG 的 GFD 差异比图 5-26 所示的原始 EEG 更加明显。对于所有典型的 EEG 片段，我们观察到随着 q 值增加，正常、发作间期和发作期原始 EEG 的 D_q 值都将趋于一致，如图 5-26 所示。具体而言，正常和发作期 EEG 的 GFD 曲线在图 5-26 中发生了重合。但在去噪 EEG 中，正常、发作间期和发作期的 D_q 值即使在 q 值较高的情况下仍存在显著差异，如图 5-27 所示，尤其是癫痫患者发作间期和发作期的 EEG，其 D_q 值的差异更加显著。

通过对表 5-8、表 5-9 以及图 5-28 中原始和去噪 EEG 信号的 GFD 进行分析，可以清楚地看到小波去噪方法在正常、发作间期和发作期 EEG 识别方面表现出良好的去噪性能。与表 5-8 中的原始 EEG 相比，表 5-9 中正常、发作间期的去噪 EEG 与发作期去噪 EEG 的 GFD 差异更显著，这些差异在图 5-28 中展示得更加清晰。

利用 ANOVA 检验方法可以从统计学上得到相同的结果，表 5-10(a)的 *prob* 值大于表 5-10(b)的 *prob* 值。因此，正常、发作间期和发作期去噪 EEG 的对应值之间的差异比原始 EEG 更为显著。此外，四组 EEG 数据集去噪信号的 GFD 测度存在显著差异，这些差异使我们能够实现对癫痫发作的高精度检测。显然，如果不使用 DWT 作为预处理步骤对信号进行去噪，那么检测率会大大降低。

综上，图 5-22～图 5-28 和表 5-8～表 5-10 证明，小波去噪和 GFD 方法在正常和癫痫 EEG 分类中能发挥出有效作用。

5.6 结 束 语

本章我们首先分别介绍了 MGFD、IGFD 和 AGFD，它们从 GFD 的概念发展而来，用于识别无癫痫发作（正常）和癫痫发作（发作间期和发作期）的 EEG；其次，我们基于 GFD、MGFD、IGFD 和 AGFD 方法分别计算了正常、发作间期和发作期 EEG 信号的分形谱（D_q、MD_q、ID_q 和 AD_q）、分形谱范围（R_{GFD}、R_{MGFD}、R_{IGFD} 和 R_{AGFD}）以及 *REN*、*MREN*、*IREN* 和 *AREN* 的值；最后，我们用图解的方法分析比较了分形谱、分形谱范围以及 *REN*、*MREN*、*IREN* 和 *AREN* 值随 $\log_2 r$ 的变化情况，进而区分正常、发作间期和发作期 EEG。通过图解分析可以得出结论：我们设计的方法比 GFD 方法性能更好，同时在所有的癫痫 EEG 信号分析方法中，AGFD 是最可靠的一种方法。此外，统计分析（即单向 ANOVA 检验）也表明，与 GFD 方法相比，用我们提出的方法得到的正常、发作间期和发作期 EEG 的对应值之间的差异更加显著。

另外，我们还设计了一种基于小波去噪的 EEG 信号预处理方法，并对基于 GFD 等多重分形测度的正常和癫痫 EEG 信号分类技术进行了研究。我们以 GFD 作为分类测度，通过图解和统计分析证明了：利用 DWT 将 EEG 信号小波分解到子带，可以从逼近系数和细节系数中获得对 EEG 信号的最佳分类率，实验结果表明去噪过程增强了正常、发作间期和发作期 EEG 的 GFD 值之间的差异。

对健康者和发作间期、发作期癫痫患者的 EEG 信号的图解和统计分析结果显示：基于小波去噪和 GFD 方法的 EEG 分类技术非常准确，此外，正态概率图显示癫痫 EEG 数据具有强非线性，而正常和癫痫发作间期 EEG 信号则近似为高斯线性过程。

第6章　模糊多重分形分析在ECG信号分类中的应用

6.1　引　　言

在本章中，为了定义FGFD，我们通过在经典的GFD方法中引入模糊隶属函数(Fuzzy Membership Function，FMF)来建立信号的模糊多重分形理论，并将该理论用于分形波形的混沌特性分类中。本章提出了一种生物医学信号的模糊多重分形测度，用于识别受试者的年龄组。所提方法通过设计带高斯FMF的FGFD并将其应用于基于心脏心跳间期动力学的ECG信号分析，可以实现区分青年和老年受试者。

6.2　分形信号的模糊多重分形分析

在本节中，为了对魏尔斯特拉斯曲线进行分析和分类，我们通过在经典GFD方法中引入FMF来建立一种模糊多重分形理论，该理论可用于定义FGFD。

6.2.1　模糊雷尼熵

与雷尼熵的定义类似，我们将在给定集合S上的q($q\geqslant 0$且$q\neq 1$)阶模糊雷尼熵定义为

$$FRE_q = \frac{1}{1-q}\log_2\Big(\sum_{i=1}^{N}\Big(\sum_{x\in S_i}\mu(x)\Big)^q\Big) \tag{6.1}$$

其中$\mu:S\to[0,1]$是集合S上的FMF，S具有N个分割$S_1,S_2,\cdots,S_N$。

模糊雷尼熵的一些特例如下：

(1) 如果$q=0$，则有

$$FRE_0 = \log_2 N$$

此时的模糊雷尼熵称为给定FMF的模糊哈特利(Hartley)熵。

(2) 注意到若q趋于1，则FRE_q收敛于FRE_1，FRE_1定义为

$$FRE_1 = -\sum_{i=1}^{N}\left(\sum_{x\in S_i}\mu(x)\log_2\left(\sum_{x\in S_i}\mu(x)\right)\right)$$

此时的模糊雷尼熵称为给定 FMF 的模糊香农熵。

6.2.2 信号的模糊广义分形维数

本节我们引入 FGFD 以量化多重分形信号的模糊度，分形波形的 FGFD 可通过下面的构造方法进行定义。

首先将信号取值范围 S 划分为 N 个间隔(箱子)$S_1, S_2, \cdots, S_N$，满足

$$N = \frac{V_{\max} - V_{\min}}{r}$$

其中，$V_{\max}$ 和 $V_{\min}$ 分别表示实验中接收信号的最大值和最小值；r 是不确定因子，可能依赖于记录信号用的测量装置。

在具有 N 个划分 $S_1, S_2, \cdots, S_N$ 的信号值集合 S 上定义一个 FMF$\mu: S\to[0,1]$。那么，对于信号值集合 S 上的给定 FMF，其 $q\in(-\infty,\infty)(q\neq 1)$ 阶模糊雷尼分形维数或 FGFD 可定义为

$$FD_q = \lim_{r\to 0}\frac{1}{q-1}\frac{\log_2\left(\sum_{i=1}^{N}\left(\sum_{x\in S_i}\mu(x)\right)^q\right)}{\log_2 r} \tag{6.2}$$

这里 FD_q 由广义模糊雷尼熵定义。

1. 模糊广义分形维数的一些特例

(1) 若 $q=0$，则

$$FD_0 = -\frac{\log_2 N}{\log_2 r}$$

此时，FGFD 就是分形维数。

(2) 若 $q\to 1$，则 FD_q 收敛于 FD_1，FD_1 可表示为

$$FD_1 = \lim_{r\to 0}\frac{\sum_{i=1}^{N}\left(\sum_{x\in S_i}\mu(x)\log_2\left(\sum_{x\in S_j}\mu(x)\right)\right)}{\log_2 r}$$

此时，FGFD 称为模糊信息维数。

(3) 若 $q=2$，则 FD_q 称为模糊相关维数。

(4) 对于具有 N 个分割 $S_1, S_2, \cdots, S_N$ 的信号值集合 S，如果 S 上的一个 FMF$\mu: S\to[0,1]$定义为

$$\mu(x) = 1/N$$

则 FGFD 与经典 FGFD 一致，即 $FD_q = D_q$，此时经典 GFD 是 FGFD 的一个特例。

2. 高斯模糊隶属函数

信号值集合 S 上的对称高斯 FMF$g: S\to[0,1]$取决于均值($\bar{x}$)和标准差(σ)两个参

数，可表示为

$$g(x;\bar{x},\sigma) = e^{\frac{-(x-\bar{x})^2}{2\sigma^2}} \tag{6.3}$$

6.3　确定性分形波形的模糊广义分形维数

本节利用 MATLAB 软件对基于 FGFD 的分形波形不规则性分析进行仿真，所用波形为在 5.2.1 小节中描述的具有不同混沌特性的合成魏尔斯特拉斯余弦信号。

本研究采用 $s=1.1,1.3,1.5,1.7,1.9$ 的魏尔斯特拉斯余弦曲线（见 5.2.1 小节）来分析模糊多重分形理论和 FGFD 的有效性，研究中推导了五种典型合成魏尔斯特拉斯余弦波形的概率分布，并根据概率分布计算了相应的 GFD。

我们首先利用高斯 FMF(g)得到了五种典型信号的模糊隶属度，然后根据得到的高斯模糊隶属度确定了所有波形的 FGFD，五种典型魏尔斯特拉斯余弦波形的高斯 FMF 图像如图 6-1 所示。图 6-2 描绘了当 q 在 2～100 范围内取值时所有波形的经典 GFD，类似地，图 6-3 描绘了 q 在 2～100 范围内取值时所有波形的 FGFD。此外，图 6-4 和图 6-5 还分别给出了五种典型魏尔斯特拉斯余弦波形的 GFD 和 FGFD 的箱形图。

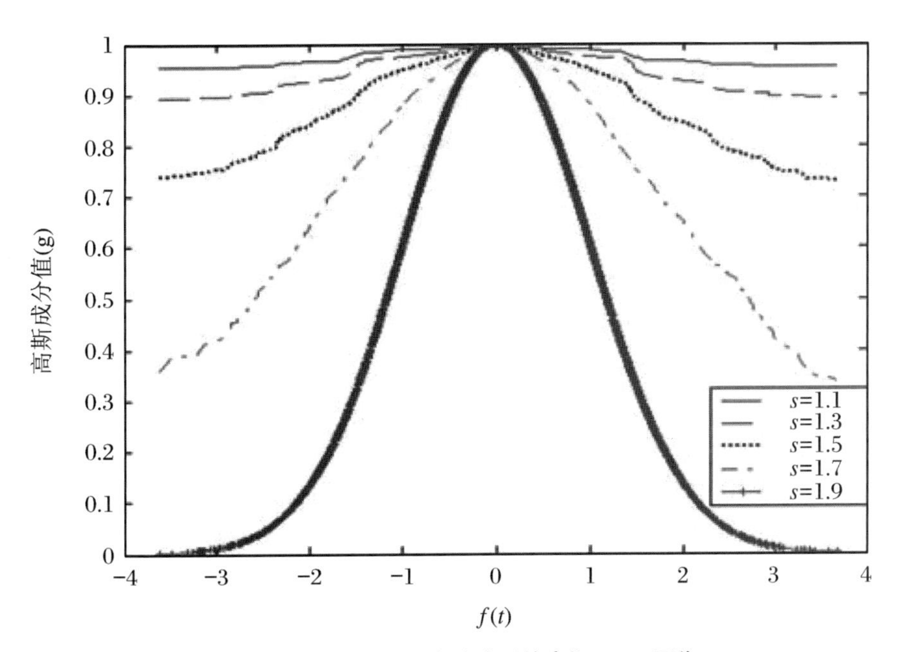

图 6-1　魏尔斯特拉斯余弦波形的高斯 FMF 图像

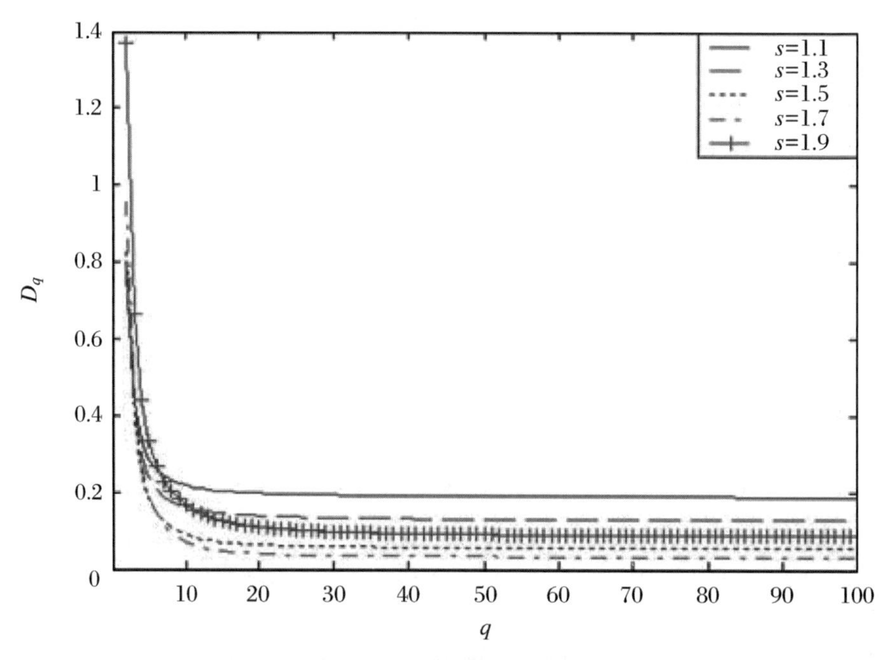

图 6-2 魏尔斯特拉斯余弦波形的广义分形谱

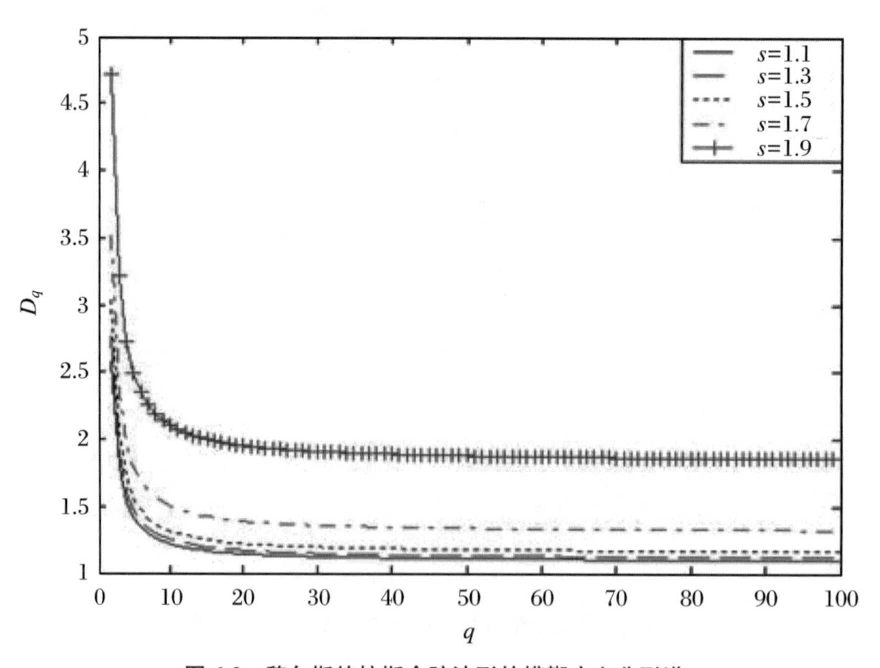

图 6-3 魏尔斯特拉斯余弦波形的模糊广义分形谱

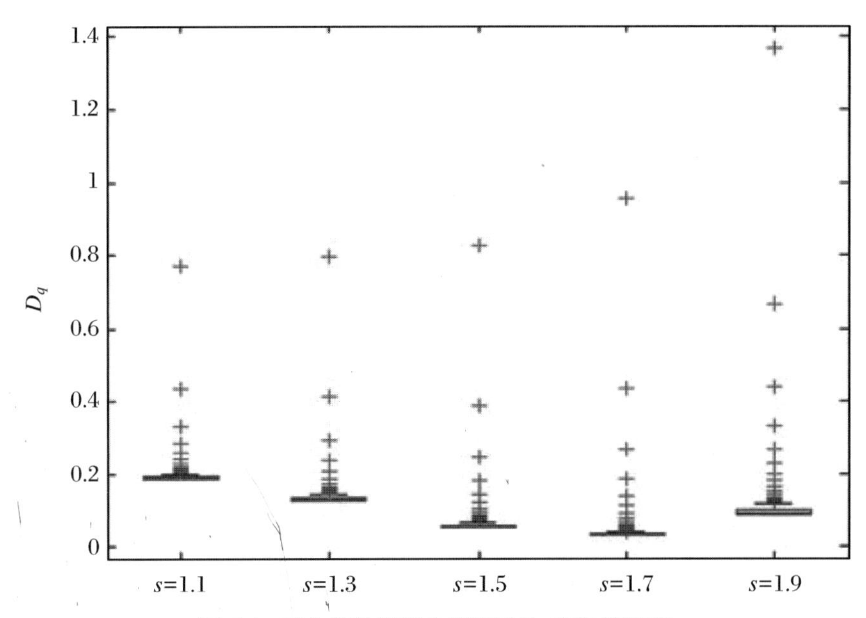

图 6-4　魏尔斯特拉斯余弦波形的 GFD 箱形图

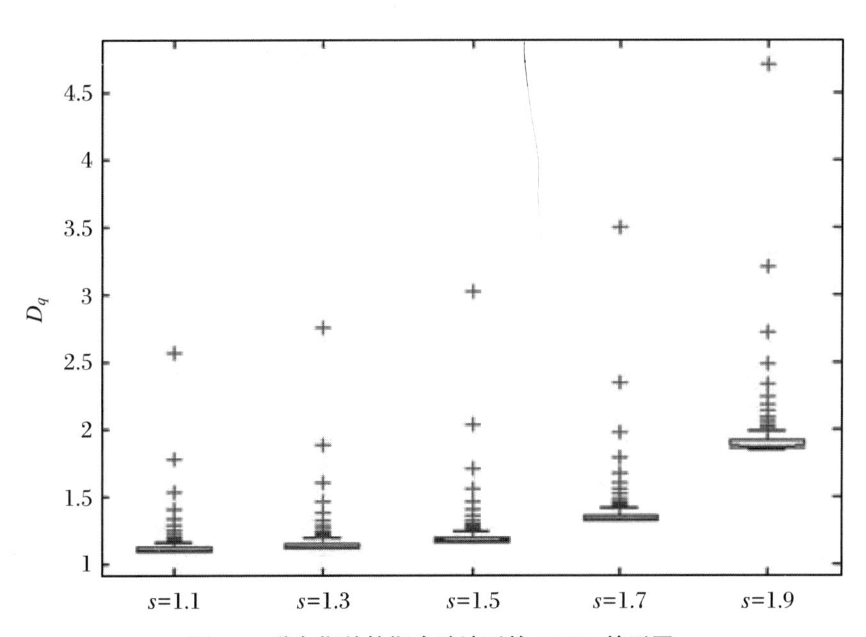

图 6-5　魏尔斯特拉斯余弦波形的 FGFD 箱形图

图 6-1 表明如果魏尔斯特拉斯余弦函数的复杂度(即 s)增加,则其相应 FMF 值的变化会加剧。如图 6-1 所示,$s=1.9$ 比 $s=1.1,1.3,1.5,1.7$ 时的魏尔斯特拉斯余弦函数隶属度变化更剧烈。图 6-2 给出了 $s=1.1,1.3,1.5,1.7,1.9$ 时的魏尔斯特拉斯余弦函数的 GFD 谱,显然根据经典多重分形维数理论无法对其进行正确分类。而对于图 6-3 中 $s=1.1,1.3,1.5,1.7,1.9$ 时的魏尔斯特拉斯余弦函数的 FGFD 谱,应用模糊多重分形维数理论可对其进行准确分类。当 s 从 1.1 增加到 1.9 时,魏尔斯特拉斯余弦函数的 FGFD 也会相应增加,即 FGFD 随着波形复杂度的提高逐渐增大;但如图 6-2 所示,这一现象对于经典 GFD 方法并不成立,尤其是 $s=1.9$ 时的魏尔斯特拉斯余弦函数的 FGFD 比 $s=1.1,1.3,1.5,1.7$ 时大得多,而 $s=1.9$ 时的魏尔斯特拉斯余弦函数 GFD 却比 $s=1.1,1.3$ 时小。此外,GFD 的箱形图和 FGFD 的箱形图也都表明 FGFD 能对具有不同复杂度范围的魏尔斯特拉斯波形进行精确分类。

综上,图 6-1～图 6-5 表明:与经典 GFD 方法相比,基于 FGFD 的模糊多重分形分析在混沌波形的复杂度量化方面作用更大。另外值得一提的是,6.2.2 小节中的特例(4)表明:通过选择合适的 FMF,可以将经典 GFD 推广到 FGFD。

6.4 ECG 实验数据

本实验首先将经过严格筛查的 5 名健康青年人(21～34 岁)和 5 名健康老年人(68～81 岁)分为两个年龄组,然后让两组受试者均仰卧静息 120 分钟,同时对其进行连续 ECG 信号采集。实验中所有受试者均维持在窦性心律的静息状态,同时通过观看特定电影保持清醒。每个受试者分组中男女数量相等。实验中以 250 Hz 采样率对 ECG 连续信号进行数字化。对于每次心跳,我们都使用自动心律失常检测算法进行注释,并且通过肉眼观察对每次心跳的注释进行了核实。然后我们计算了每名受试者的R-R 间期(心跳间期)时间序列。[72] 两个年龄组的 ECG 片段样本如图 6-6 所示。

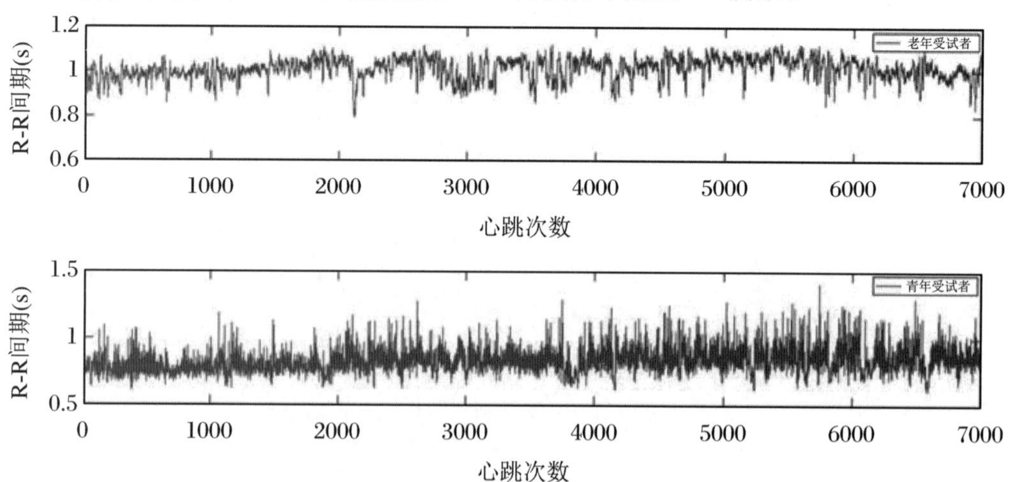

图 6-6　老年和青年健康受试者的 ECG 片段样本

6.5 临床 ECG 信号的模糊广义分形维数

本研究采用典型的生物医学 ECG 数据来分析模糊多重分形测度的有效性，仿真基于 MATLAB 软件，所用信号为 6.4 节中介绍的 ECG 信号。

研究中我们评估了每个临床 ECG 的 R-R 间期时间序列的概率分布，并根据得到的概率分布计算出相应的 GFD。类似地，我们也利用高斯 FMF(g)求出每个典型时间序列的隶属度，并根据高斯隶属度确定了所有典型波形的 FGFD。

所有典型间期时间序列的经典 GFD 相对阶数 q 的变化曲线如图 6-7 所示，其中 q 在 2～100 范围内取值。类似地，图 6-8 给出了所有典型间期时间序列的 FGFD 相对阶数 q 的变化曲线，q 的取值范围为 2～100。为了从统计学上检验老年人和青年人的 ECG 时间序列间的均值差异，我们为所有临床 ECG 的 R-R 间期时间序列创建了 GFD 和 FGFD 的 ANOVA 表和箱形图，结果分别如图 6-9、图 6-10 和表 6-1 所示。

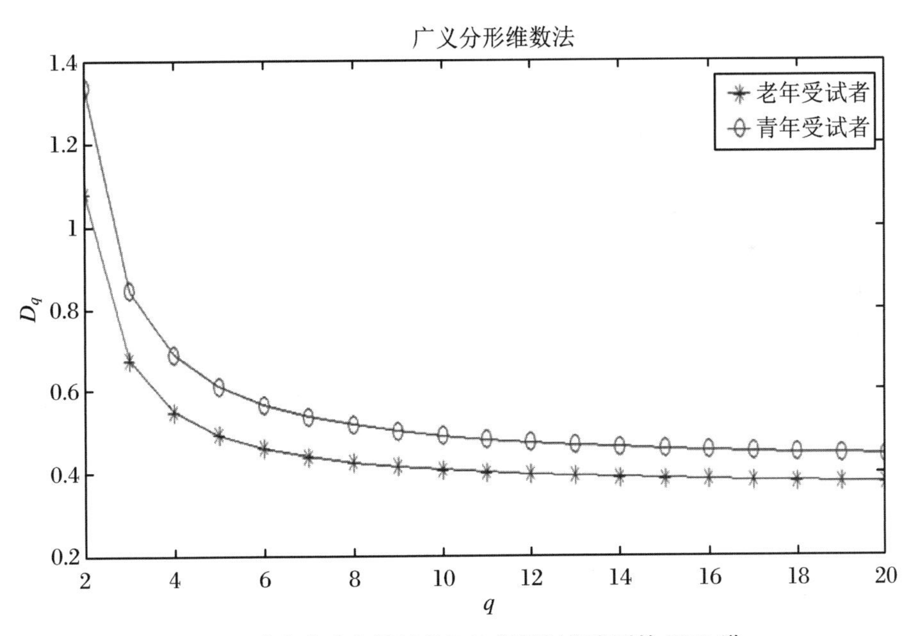

图 6-7　老年和青年受试者 R-R 间期时间序列的 GFD 谱

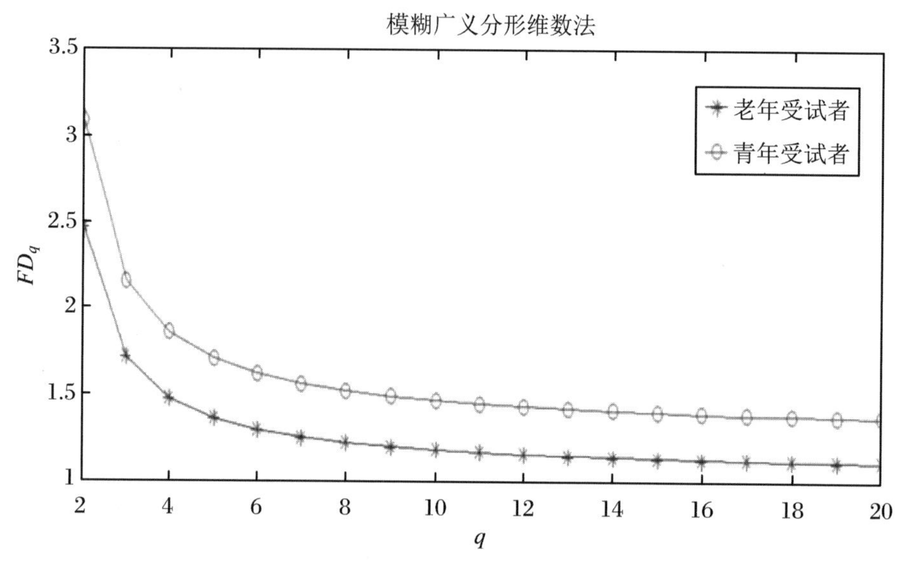

图 6-8 老年和青年受试者 R-R 间期时间序列的 FGFD 谱

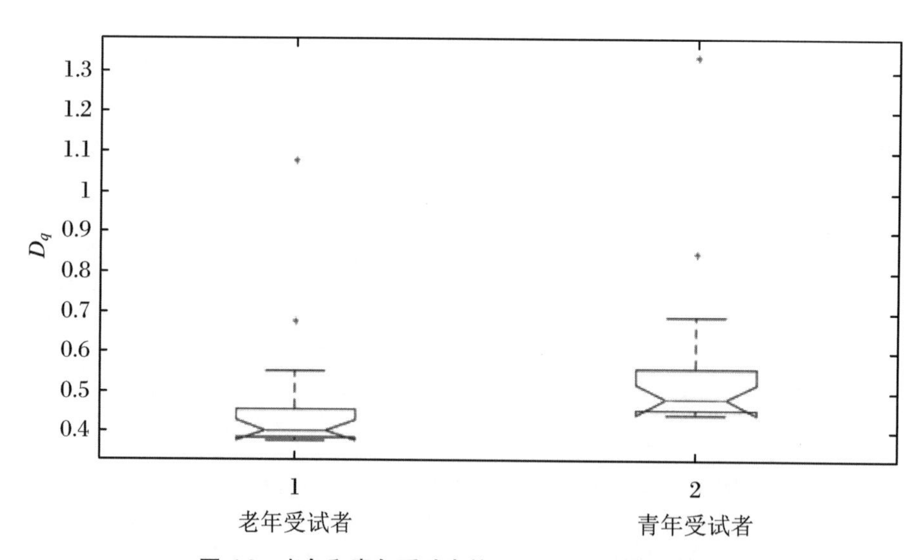

图 6-9 老年和青年受试者的 GFD 谱的凹槽箱形图

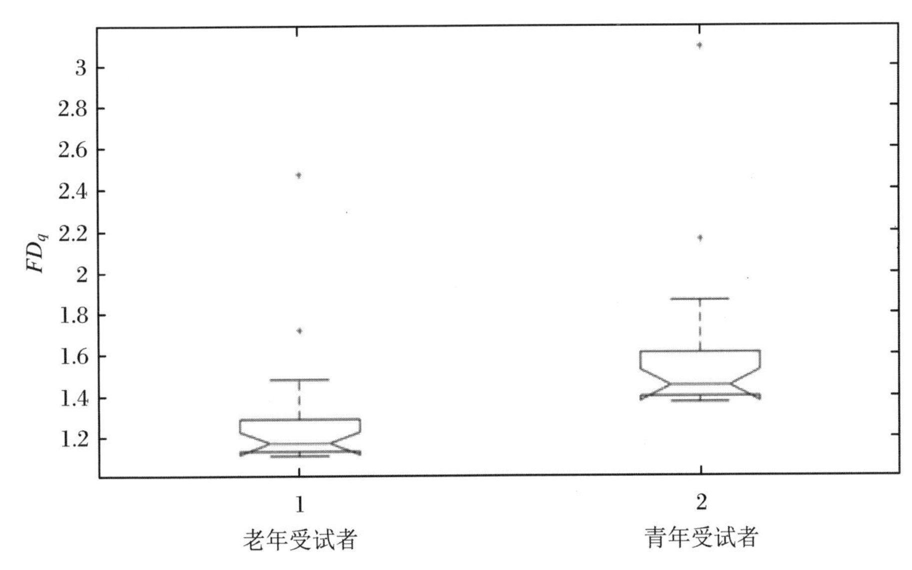

图 6-10　老年和青年受试者的 FGFD 谱的凹槽箱形图

表 6-1　老年和青年受试者 GFD 谱和 FGFD 谱的单向 ANOVA 表

(a) GFD 方法

方差来源	*SS*	*df*	*MS*	*F*	*prob*>*F*
列因素	0.09191	1	0.09191	2.51	0.1221
误差	1.3199	36	0.3666		
总和	1.41182	37			

(b) FGFD 方法

方差来源	*SS*	*df*	*MS*	*F*	*prob*>*F*
列因素	0.93736	1	0.93736	6.81	0.0131
误差	4.95819	36	0.13773		
总和	5.89555	37			

如图 6-7 和图 6-8 所示，R-R 间期时间序列的 FGFD 谱比 GFD 谱更有利于对老年和青年受试者进行分类，而表 6-1 所示的 ANOVA 检验从统计学上验证了设计方法的优越性。此外，从图 6-9 和图 6-10 可看出：FGFD 方法的箱形图的均方差差异比 GFD 方法的大。

综上，图 6-7～图 6-10 以及表 6-1 证明：模糊多重分形分析比经典 GFD 方法能更有效地区分不同的年龄组。

6.6 结 束 语

在本章中，为了定义 FGFD，我们通过在经典 GFD 方法中引入 FMF，建立了模糊多重分形理论。我们通过图解分析对 FGFD 方法和经典 GFD 方法进行了比较，结果表明 FGFD 方法能够更加精确地对混沌波形（如魏尔斯特拉斯函数）的复杂度进行分类，因此可以明确地说，模糊多重分形分析比经典多重分形分析性能更优异。当然，FGFD 方法也是经典 GFD 方法的一种推广形式。

在本研究中，为了实现对两个年龄组（青年组和老年组）的区分，我们设计了带高斯 FMF 的 FGFD，并将 FGFD 应用于 ECG 心跳间期时间序列的分析中，建立了一种模糊多重分形理论。为了进一步从统计学上给出两个年龄组之间的分类率，我们还开展了单向 ANOVA 检验。仿真结果表明，模糊多重分形分析性能显著，比经典多重分形分析更适用于解决与年龄识别有关的问题。

参考文献

[1] Mandelbrot B B. The fractal geometry of nature[M]. New York: WH Freeman, 1982.

[2] Barnsley M F. Fractals everywhere[M]. Dublin: Academic Press, 1988.

[3] Hutchinson J E. Fractals and self-similarity[J]. Indiana University Mathematics Journal, 1981, 30(5): 713-747.

[4] Barnsley M F. Fractal functions and interpolation[J]. Constructive Approximation, 1986, 2(1): 303-329.

[5] Barnsley M F, Harrington A N. The calculus of fractal interpolation functions[J]. Journal of Approximation Theory, 1989, 57(1): 14-34.

[6] Barnsley M F, Hegland M, Massopust P. Numerics and fractals[J]. Bulletin of the Institute of Mathematics, 2014, 9(3): 389-430.

[7] Barnsley M F, Hurd L P. Fractal image compression[M]. Wellesly: A K Peters Press, 1993.

[8] Massopust P R. Fractal functions, fractal surfaces, and wavelets[M]. Cambridge: Academic Press, 1994.

[9] Banerjee S, Hassan M K, Mukherjee S, et al. Fractal patterns in nonlinear dynamics and applications[M]. Boca Raton: CRC Press, 2019.

[10] Barnsley M F, Elton J, Hardin D, et al. Hidden variable fractal interpolation functions [J]. SIAM Journal on Mathematical Analysis, 1989, 20(5): 1218-1242.

[11] Bouboulis P, Dalla L. Hidden variable vector valued fractal interpolation functions[J]. Fractals, 2005, 13(3): 227-232.

[12] Chand A K B, Katiyar S K, Viswanathan P V. Approximation using hidden variable fractal interpolation function[J]. Journal of Fractal Geometry, 2015, 2(1): 81-114.

[13] Tatom F B. The relationship between fractional calculus and fractals[J]. Fractals, 1995, 3(1): 217-229.

[14] Yao K, Su W Y, Zhou S P. On the connection between the order of fractional calculus and the dimensions of a fractal function[J]. Chaos, Solitons & Fractals, 2005, 23(2): 621-629.

[15] Ruan H J, Su W Y, Yao K. Box dimension and fractional integral of linear fractal interpolation functions[J]. Journal of Approximation Theory, 2009, 161(1): 187-197.

[16] Liang Y S, Su W Y. Fractal dimensions of fractional integral of continuous functions

[J]. Acta Mathematica Sinica, 2016, 32(12): 1494-1508.

[17] Wu X E, Du J H. Box dimension of Hadamard fractional integral of continuous functions of bounded and unbounded variation[J]. Fractals, 2017, 25(3): 1750035.

[18] Li Y, Liang Y S. Upper bound estimation of fractal dimension of fractional calculus of continuous functions[J]. Advances in Analysis, 2017, 2(2): 121-128.

[19] Liang Y S, Zhang Q I. A type of fractal interpolation functions and their fractional calculus[J]. Fractals, 2016, 24(2): 1650026.

[20] Liang Y S. Progress on estimation of fractal dimensions of fractional calculus of continuous functions[J]. Fractals, 2019, 27(5): 1950084.

[21] Liang Y S. Estimation of fractal dimension of Weyl fractional integral of certain continuous functions[J]. Fractals, 2020, 28(2): 2050030.

[22] Gowrisankar A, Uthayakumar R. Fractional calculus on fractal interpolation for a sequence of data with countable iterated function system[J]. Mediterranean Journal of Mathematics, 2016, 13(6): 3887-3906.

[23] Gowrisankar A, Prasad M G P. Riemann - Liouville calculus on quadratic fractal interpolation function with variable scaling factors[J]. The Journal of Analysis, 2019, 27(2): 347-363.

[24] Liang Y S. Estimation of fractal dimension of fractional calculus of the Holder continuous functions[J]. Fractals, 2020, 28(7): 2050123.

[25] Diethelm K. The analysis of fractional differential equations [M]. Berlin: Springer, 2010.

[26] Kilbas A A, Srivastava H M, Trujillo J J. Theory and applications of fractional differential equations[M]. Sydney: Elsevier, 2006.

[27] Ross B. Fractional calculus and its applications[M]. Berlin: Springer, 1975.

[28] Secelean N A. Countable iterated function systems[J]. The Far East Journal of Dynamical Systems, 2001, 3(2): 149-167.

[29] Secelean N A. Approximation of the attractor of a countable iterated function system [J]. General Mathematics, 2009, 17(3): 221-231.

[30] Secelean N A. Generalized F-iterated function systems on product of metric spaces[J]. Journal of Fixed Point Theory and Applications, 2015, 17(3): 575-595.

[31] Secelean N A, Wardowski D. ψF-contractions: not necessarily nonexpansive picard operators[J]. Results in Mathematics, 2016, 70(3): 415-431.

[32] Uthayakumar R, Gowrisankar A. Fractals in product fuzzy metric space[M]. Cham: Springer, 2014.

[33] Uthayakumar R, Gowrisankar A. Attractor and self-similar group of generalized fuzzy contraction mapping in fuzzy metric space[J]. Cogent Mathematics (Taylor & Francis), 2015, 2(1): 1024579.

[34] Secelean N A. The existence of the attractor of countable iterated function systems[J]. Mediterranean Journal of Mathematics, 2012, 9(1): 61-79.

[35] Easwaramoorthy D, Uthayakumar R. Analysis on fractals in fuzzy metric spaces[J]. Fractals, 2011, 19(3): 379-386.

[36] Uthayakumar R, Easwaramoorthy D. Hutchinson-Barnsley operator in fuzzy metric spaces[J]. World Academy of Science, Engineering and Technology, 2011, 5(8): 1418-1422.

[37] Gowrisankar A, Easwaramoorthy D. Local countable iterated function systems[M]. Cham: Springer, 2018.

[38] Ramasamy U, Arulprakash G. Mid-sagittal plane detection in brain magnetic resonance image based on multifractal techniques[J]. IET Image Processing, 2016, 10(10): 751-762.

[39] Mohan C R, Gowrisankar A, Uthayakumar R, et al. Morphology dependent electrical property of chitosan film and modeling by fractal theory[J]. The European Physical Journal Special Topics, 2019, 228(1): 233-243.

[40] Prasad P K, Gowrisankar A, Saha A, et al. Dynamical properties and fractal patterns of nonlinear waves in solar wind plasma[J]. Physica Scripta, 2020, 95(6): 65603.

[41] Fataf N A A, Gowrisankar A, Banerjee S. In search of self-similar chaotic attractors based on fractal function with variable scaling approximately[J]. Physica Scripta, 2020, 95(7): 75206.

[42] Navascues M A. Fractal polynomial interpolation[J]. Zeitschrift für Analysis und ihre Anwendungen, 2005, 25(2): 401-418.

[43] Navascues M A, Sebastian M V. Smooth fractal interpolation[J]. Journal of Inequalities and Applications, 2004, 20: 78734.

[44] Navascues M A. Non-smooth polynomials[J]. International Journal of Mathematical Analysis, 2007, 1(4): 159-174.

[45] Chand A K B, Vijender N. Monotonicity preserving rational quadratic fractal interpolation functions[J]. Advances in Numerical Analysis, 2014, 17: 504825.

[46] Chand A K B, Kapoor G P. Hidden variable bivariate fractal interpolation surfaces[J]. Fractals, 2003, 11(3): 277-288.

[47] Wang H Y, Yu J S. Fractal interpolation functions with variable parameters and their analytical properties[J]. Journal of Approximation Theory, 2013, 175: 1-8.

[48] Navascues M A. A fractal approximation to periodicity[J]. Fractals, 2006, 14(4): 315-325.

[49] Secelean N A. The fractal interpolation for countable systems of data[J]. Publikacije Elektrotehnickog Fakulteta-Serija: Matematika, 2003, 14: 11-19.

[50] Balasubramani N, Prasad M G P, Natesan S. Fractal quintic spline solutions for fourth-

order boundary-value problems[J]. International Journal of Applied and Computational Mathematics, 2019,5(5): 130.

[51] Balasubramani N, Prasad M G P, Natesan S. Constrained and convex interpolation through rational cubic fractal interpolation surface[J]. Computational and Applied Mathematics, 2018, 37(5): 6308-6331.

[52] Balasubramani N, Prasad M G P, Natesan S. Fractal cubic spline methods for singular boundary-value problems[J]. International Journal of Applied and Computational Mathematics, 2020, 6(2): 47.

[53] Balasubramani N. Shape preserving rational cubic fractal interpolation function[J]. Journal of Computational and Applied Mathematics, 2017, 319: 277-295.

[54] Chand A K B, Reddy K M. Constrained fractal interpolation functions with variable scaling[J]. Sibirskie Elektronnye Matematicheskie Izvestiia, 2018, 15: 60-73.

[55] Tsvetkov V P, Mikheyev S A, Tsvetkov I V. Fractal phase space and fractal entropy of instantaneous cardiac rhythm[J]. Chaos, Solitons & Fractals, 2018, 108: 71-76.

[56] Luor D C. Fractal interpolation functions with partial self similarity[J]. Journal of Mathematical Analysis and Applications, 2018, 464(1): 911-923.

[57] Chand A K B, Navascues M A, Viswanathan P, et al. Fractal trigonometric polynomials for restricted range approximation[J]. Fractals, 2016, 24(2): 1650022.

[58] Katiyar S K, Chand A K B, Kumar G S. A new class of rational cubic spline fractal interpolation function and its constrained aspects[J]. Applied Mathematics and Computation, 2019, 346: 319-335.

[59] Navascues M A, Katiyar S K, Chand A K B. Multivariate affine fractal interpolation [J]. Fractals, 2020, 28(7): 2050136.

[60] Easwaramoorthy D, Uthayakumar R. Estimating the complexity of biomedical signals by multifractal analysis[C]//2010 IEEE Students Technology Symposium (TechSym). IEEE, 2010: 6-11.

[61] Easwaramoorthy D, Uthayakumar R. Analysis of EEG signals using advanced generalized fractal dimensions[C]//2010 Second International Conference on Computing, Communication and Networking Technologies. IEEE, 2010: 1-6.

[62] Easwaramoorthy D, Uthayakumar R. Analysis of biomedical EEG signals using wavelet transforms and multifractal analysis[C]//2010 International Conference on Communication Control and Computing Technologies. IEEE, 2010: 544-549.

[63] Easwaramoorthy D, Uthayakumar R. Improved generalized fractal dimensions in the discrimination between healthy and epileptic EEG signals[J]. Journal of Computational Science, 2011, 2(1): 31-38.

[64] Uthayakumar R, Easwaramoorthy D. Multifractal-wavelet based denoising in the classification of healthy and epileptic EEG signals[J]. Fluctuation and Noise Letters,

2012, 11(4): 1250034.

[65] Uthayakumar R, Easwaramoorthy D. Generalized fractal dimensions in the recognition of Noise Free Images [C]//2012 Third International Conference on Computing, Communication and Networking Technologies (ICCCNT'12). IEEE, 2012: 1-5.

[66] Uthayakurnar R, Easwaramoorthy D. Multifractal analysis in denoising of color images [C]//2012 International Conference on Emerging Trends in Science, Engineering and Technology (INCOSET). IEEE, 2012: 228-234.

[67] Uthayakumar R, Easwaramoorthy D. Epileptic seizure detection in EEG signals using multifractal analysis and wavelet transform[J]. Fractals, 2013, 21(2): 1350011.

[68] Uthayakumar R, Easwaramoorthy D. Fuzzy generalized fractal dimensions for chaotic waveforms[M]. Dordrecht: Springer, 2014.

[69] Falconer K J, Wiley J. Fractal geometry: mathematical foundations and applications[M]. 2nd ed, England: Wiley, 2003.

[70] Grassberger P. Generalized dimensions of strange attractors[J]. Physics Letters A, 1983, 97(6): 227-230.

[71] Hentschel H G E, Procaccia I. The infinite number of generalized dimensions of fractals and strange attractors[J]. Physica D: Nonlinear Phenomena, 1983, 8(3): 435-444.

[72] Iyengar N, Peng C K, Morin R, et al. Age-related alterations in the fractal scaling of cardiac interbeat interval dynamics[J]. American Journal of Physiology-Regulatory, Integrative and Comparative Physiology, 1996, 271(4): 1078-1084.

[73] Lakshmanan M, Rajaseekar S. Nonlinear dynamics: integrability, chaos and patterns [M]. Heidelberg: Springer, 2003.

[74] Sansone M, Fusco R, Pepin A, et al. Electrocardiogram pattern recognition and analysis based on artificial neural networks and support vector machines: a review[J]. Journal of Healthcare Engineering, 2013, 4(4): 465-504.

[75] Renyi A. On a new axiomatic theory of probability[J]. Acta Mathematica Academiae Scientiarum Hungarica, 1955, 6(3/4): 285-335.

[76] Sharma R R, Pachori R B. Baseline wander and power line interference removal from ECG signals using eigenvalue decomposition[J]. Biomedical Signal Processing and Control, 2018, 45: 33-49.

[77] Shannon C E. The mathematical theory of communication[M]. Champaign: University of Illinois Press, 1998.

[78] Andrzejak R G, Lehnertz K, Mormann F, et al. Indications of nonlinear deterministic and finite-dimensional structures in time series of brain electrical activity: Dependence on recording region and brain state[J]. Physical Review E, 2001, 64(6): 61907.

[79] Department of epileptology at the university hospital of Bonn, EEG signals[EB/OL].

http://www.epileptologie-bonn.de.

[80] Ocak H. Optimal classification of epileptic seizures in EEG using wavelet analysis and genetic algorithm[J]. Signal Processing Amsterdam, 2008, 88(7):1858-1867.

[81] Ocak H. Automatic detection of epileptic seizures in EEG using discrete wavelet transform and approximate entropy[J]. Expert Systems with Applications, 2009, 36(2): 2027-2036.

[82] Mallat S G . A theory for multiresolution signal decomposition: the wavelet representation[J]. IEEE Transactions on Pattern Analysis & Machine Intelligence, 1989, 11(7): 674-693.

[83] Hassan M K, Rahman M M. Percolation on a multifractal scale-free planar stochastic lattice and its universality class[J]. Physical Review E, 2015, 92(4): 40101.

[84] Dayeen F R, Hassan M K. Multi-multifractality, dynamic scaling and neighbourhood statistics in weighted planar stochastic lattice[J]. Chaos, Solitons & Fractals, 2016, 91: 228-234.